키워드로 보는 생활과 안전

도서출판 윤성사 141

키워드로 보는
생활과 안전

초판 1쇄	2022년 3월 7일
지 은 이	류상일, 양기근, 채진, 이달별, 황희영, 엄영호, 주성빈, 조민상, 송유진, 김정숙 손선화, 이근혁, 김선희
펴 낸 이	정재훈
펴 낸 곳	도서출판 윤성사
주 소	서울특별시 서대문구 서소문로 27, 충정리시온 제지층 제비116호
전 화	대표번호_02)313-3814 / 영업부_02)313-3813 / 팩스_02)313-3812
전자우편	yspublish@daum.net
등 록	2017. 1. 23

ISBN 979-11-91503-52-4 (93350)

값 19,000원

ⓒ 류상일 외, 2022

저자와의 협의에 따라 인지를 생략합니다.

이 책의 전부 또는 일부 내용을 재사용하려면 반드시 사전에 저작권자와
도서출판 윤성사의 동의를 받아야 합니다.

잘못 만들어진 책은 구입하신 서점에서 교환 가능합니다.

···종재난·미래재난·대응요령·발생양상·복잡·다양·가스라이팅·비대면 범죄·데이트폭력·상호연계·예측·인류
···속·복합재난·기후변화·과학기술·4차산업혁명·삶의 질·발전과 진보·AI·코로나19·미세먼지·물부족

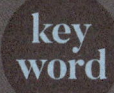

키워드로 보는

life and safety: everything you need to know

생활과 안전

류상일 · 양기근 · 채진 · 이달별 · 황희영 · 엄영호 · 주성빈
조민상 · 송유진 · 김정숙 · 손선화 · 이근혁 · 김선희

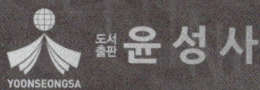

머리말

life and safety: everything you need to know

인류는 초기부터 오늘날까지 끊임없이 재난과 공존해 왔다. 초기 인류의 의식주 발전도 되돌아보면, 인류의 생존을 높이기 위한 방안이었다. 좀 더 위생적으로 조리된 음식과 인류의 몸을 보호하고 체온을 유지하기 위한 옷, 그리고, 재난과 짐승으로부터 인류를 보호하기 위한 집이 그것이다. 그러나 인류는 과학과 기술의 비약적인 발전으로 인하여, 언제부터인가 스스로 자만에 빠져 재난을 신의 영역이 아닌, 극복할 수 있는 인간의 영역으로 간주하고 말았다. 이로 인하여 오늘날 재난은 더욱 많아지고 있고, 더욱 거대해지며, 더 많은 새로운 유형의 재난이 등장하게 되면서 인류에게 더 큰 위험으로 다가오고 있다.

특히, 최근 기후 변화로 인하여 태풍과 홍수, 가뭄, 폭염, 폭설 등 자연재난은 증가되고 있으며, 또한 과학과 기술의 발전과 변화로 인하여 화재, 붕괴, 교통사고 등 인위재난 역시 강도가 세지고 있다. 마찬가지로, 코로나19와 같은 감염병, 비대면 범죄의 증가 등 사회재난도 계속적으로 인류를 위협하고 있다.

그러나 재난에 대한 관심은 몇몇 연구자들이 전부일 뿐 정부와 시민들은 발전에만 관심을 가지고, 재난과 같은 인류 발전의 부작용에는 뒷전이다. 이에 이 책은 시민들이 일상생활을 하면서 겪을 수 있는 다양한 유형의 재난에 대하여 시민의 입장에서 쉽게 접근하였고, 시민들이 궁금해 할 만한 재난을 시민 대응 요령을 중심으로 살펴보았다. 즉, 제1편 자연과 안전에서는 태풍, 홍수, 가뭄, 화산 등 자연재난에 대하여 설명하였고, 제2편 인간과 안전에서는 화재, 교통사고, 원전사고 등 인위재난에 대하여 설명하였다. 제3편 사회와 안전에서는 테

키워드로 보는 **생활과 안전**

러, 감염병, 데이트폭력, 보이스피싱, 항생제 오남용 등 사회재난과 신종재난 전반에 대하여 기술하였다. 마지막 제4편 미래 안전에서는 재난 발생 추이와 생활과 안전의 중요성과 미래의 재난안전 전망에 대하여 설명하였다.

  이 책은 다음의 세 가지 내용에 초점을 두고 집필되었다. 첫째, 시민들이 일상생활에서 겪을 수 있는 48가지의 재난 유형에 대하여 'QR 코드'를 활용한 동영상을 함께 시청할 수 있게끔 하였다. 둘째, 유형별 위험 요인에 대하여 이론적인 접근보다는 시민들의 입장에서 궁금하게 생각하는 것과 시민들의 대응 요령 위주로 쉽게 설명하고자 하였다. 셋째, 재난 유형별 생각해 보기 코너에는 더욱 심화된 학습을 위한 'QR 코드' 영상을 수록하였다. 이를 통하여 교양 차원에서 재난과 안전을 배우는 학생들과 일반 시민들이 생활안전에 대응할 수 있도록 하는 데 목적을 두었다.

  이 책의 집필에 함께해 준 저자들과 윤성사 정재훈 대표님께 진심으로 감사드리며, 또한 꼼꼼하게 교정과 편집을 해주시고, 표지 디자인을 맡아 애써 준 모든 분께 이 자리를 빌려 감사의 말씀을 드린다.

2022년 2월
저자 일동

차 례

머리말 · 4

✱ 제1편 자연과 안전　　　　　　　　　　　　　　9

　1. 태풍 · 11
　2. 홍수 · 16
　3. 가뭄 · 21
　4. 폭염 · 30
　5. 강풍 · 35
　6. 낙뢰 · 40
　7. 대설 · 47
　8. 풍랑 · 54
　9. 한파 · 58
　10. 황사 · 66
　11. 지진 · 72
　12. 지진해일 · 77
　13. 조류 대발생(녹조와 적조) · 82
　14. 화산 · 87

✱ 제2편 인간과 안전　　　　　　　　　　　　　　95

　15. 화재 · 97
　16. 초고층건물 화재 · 102
　17. 교통사고 · 106
　18. 터널사고 · 111
　19. 교량사고 · 115
　20. 지하철 안전사고 · 120
　21. 붕괴사고 · 125
　22. 원전사고 · 130
　23. 폭발사고 · 135
　24. 환경오염사고 · 140
　25. 화생방사고 · 146
　26. 지하공간 안전사고 · 151
　27. 승강기 안전사고 · 156

키워드로 보는 **생활과 안전**

✱ 제3편 사회와 안전   161

- 28. 테러 · 163
- 29. 감염병 · 168
- 30. 미세먼지 · 174
- 31. 안전디자인 · 179
- 32. 해외여행 안전 · 184
- 33. 학교안전 · 192
- 34. 학교폭력 · 197
- 35. 아동 학대 · 203
- 36. 가정폭력 · 211
- 37. 데이트폭력 · 217
- 38. 가스라이팅 예방 · 222
- 39. 보이스피싱 예방 · 227
- 40. 물놀이 안전사고 · 233
- 41. 식중독 · 238
- 42. 건강기능식품 안전 · 242
- 43. 항생제 내성 · 247
- 44. 어린이제품 안전사고 · 251
- 45. 생활화학제품과 살생물제 · 256
- 46. 전기안전사고 · 261
- 47. 온열기 및 주방 안전 · 266
- 48. 가스 안전 · 270

✱ 제4편 미래 안전   277

- 49. 재난 발생 추이와 생활과 안전의 중요성 · 279
- 50. 미래의 재난안전 전망 · 281

찾아보기 · 287
저자 소개 · 288

* 태풍
홍수
가뭄
폭염
강풍
낙뢰
대설
풍랑
한파
황사
지진
지진해일
조류 대발생(녹조와 적조)
화산

제1편

life and safety: everything you need to know

자연과 안전

종재난 · 미래재난 · 대응요령 · 발생양상 · 복잡 · 다양 · 가스라이팅 · 비대면 범죄 · 데이트폭력 · 상호연계 · 예측 · 인류
속 · 복합재난 · 기후변화 · 과학기술 · 4차산업혁명 · 삶의 질 · 발전과 진보 · AI · 코로나19 · 미세먼지 · 물부족

키워드로 보는
생활과 안전

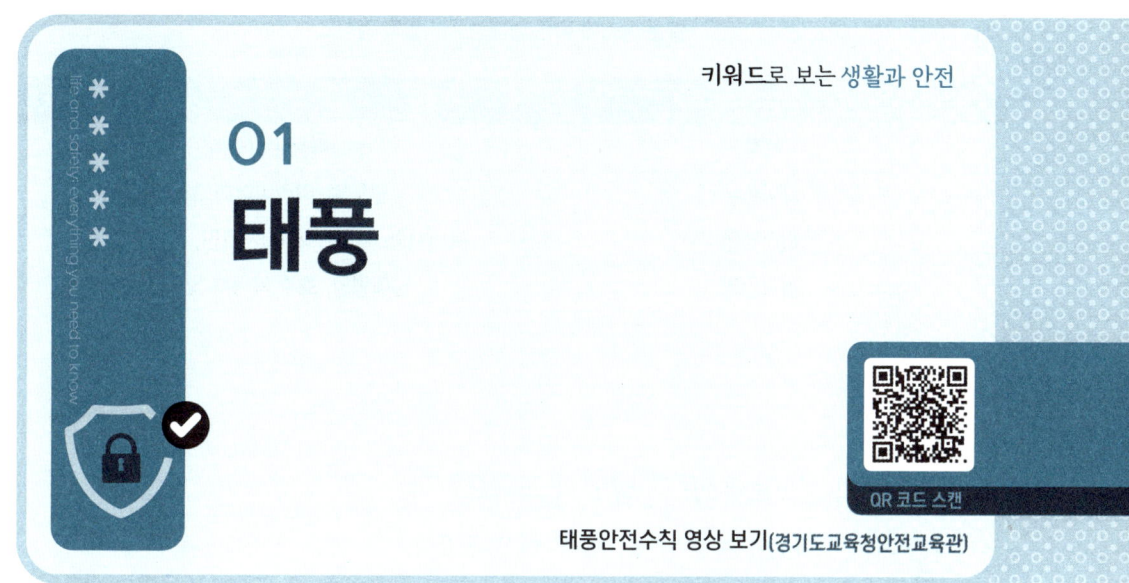

어떤 걸 태풍이라고 하나요?

열대성 저기압은 최대 풍속이 16m/s 이하로 순회하는 구름과 뇌우로 구성된 상태이며, 열대성 폭풍은 최대 풍속이 17~32m/s로 순환하는 강한 뇌우로 구성된 형태이다. 태풍(颱風, typhoon)은 북태평양 남서해상에서 발생하는 열대성 저기압 중에서 최대 중심 최대 풍속이 1초당 17m/s 이상의 폭풍우를 동반하고 있는 기상 현상을 말한다(조석현, 2019: 28).

태풍 이름은 지역마다 달라요.

태풍은 발생 장소에 따라서 명칭을 달리한다. ① 북태평양 서부에서는 태풍, ② 인도양과 아라비아해 및 벵골만에서 발생하는 열대성 저기압은 사이클론(cyclone)이라고 부르며, ③ 북대서양, 카리브해, 멕시코만, 북태평양 동부에서 발생하는 열대성 저기압은 허리케인(hurricane)으로 불린다. 한편, ④ 남태평양, 호주 북동부 및 북서부에서 발생하는 열대성 저기압은 윌리윌리(willy-willy)라고 한다. 이처럼 태풍은 발생 장소에 따라서 명칭이 각각 다르다(양기근 외, 2016: 34).

⟨발생 장소에 따른 열대성 저기압의 명칭⟩

명칭	발생 장소
태풍	북태평양 서부
사이클론	인도양, 아라비아해, 벵골만
허리케인	북대서양, 카리브해, 멕시코만, 북태평양 동부
윌리윌리	남태평양, 호주 북동부 및 북서부

자료: 양기근 외(2016: 34).

* 태풍 주의보와 경보는 어떤 때 발령이 되나요?

우리나라 태풍 주의보와 경보 발령 기준은 다음과 같다.

종류	주의보	경보
태풍	태풍으로 인하여 강풍, 풍랑, 호우, 폭풍해일 현상 등이 주의보 기준에 도달할 것으로 예상될 때	태풍으로 인하여 다음 중 어느 하나에 해당하는 경우 ① 강풍(또는 풍랑) 경보 기준에 도달할 것으로 예상될 때 ② 총 강우량이 200mm 이상 예상될 때 ③ 폭풍해일 경보 기준에 도달할 것으로 예상될 때
강풍	육상에서 풍속 50.4km/h(14m/s) 이상 또는 순간풍속 72.0km/h(20m/s) 이상이 예상될 때. 다만, 산지는 풍속 61.2km/h(17m/s) 이상 또는 순간풍속 90.0km/h(25m/s) 이상이 예상될 때	
풍랑	해상에서 풍속 50.4km/h(14m/s) 이상이 3시간 이상 지속되거나 유의파고가 3m 이상이 예상될 때	
호우	3시간 강우량이 60mm 이상 예상되거나 12시간 강우량이 110mm 이상 예상될 때	
폭풍해일	천문조, 폭풍, 저기압 등의 복합적인 영향으로 해수면이 상승하여 발효기준값 이상이 예상될 때. 다만, 발효기준값은 지역별로 별도 지정	

자료: 기상청 날씨누리 기상특보 발표 기준(https://www.weather.go.kr/w/index.do).

☀ 태풍이 오기 전에 어떤 준비가 필요하나요?

① 태풍의 진로 및 도달 시간을 파악하여 어떻게 대피할지를 생각하여야 한다. 즉, TV, 라디오, 인터넷, 스마트폰 등으로 기상 상황을 미리 파악하여 어떻게 할지를 준비하는 게 필요하다. 특히, 스마트폰 애플리케이션(안전디딤돌)을 통하여 재난정보를 파악하여 주변 사람들과 공유하는 게 중요하다.

② 또한, 산간·계곡, 하천, 방파제 등 위험지역에서는 주변에 있는 사람들과 함께 안전한 곳으로 이동하여야 한다. 그리고, 저지대나 상습 침수지역, 산사태 위험지역, 지하공간이나 붕괴 우려가 있는 노후주택·건물 등에서는 주변에 있는 사람들에게 알려주고 안전한 곳으로 이동하여야 한다.

③ 특히, 바람에 날아갈 위험이 있는 지붕, 간판 등은 미리 결박하고, 창문은 창틀에 단단하게 테이프 등으로 고정하는 게 필요하다.

④ 그리고 하천이나 해변, 저지대에 주차된 차량은 안전한 곳으로 이동하여야 하고, 가족과 함께 가정의 하수구나 집 주변의 배수구를 미리 점검하고 막힌 곳은 뚫어야 한다.

⑤ 가장 중요한 것은 가족과 함께 비상용품을 준비하여 재난에 대비하는 게 중요하다. 그리고 상수도 공급이 중단될 수 있으므로 욕실 등에 미리 물을 받아 두어야 하고, 정전에 대비하여 비상용 랜턴, 양초, 배터리 등을 미리 준비해 두는 것도 필요하다. 외출은 자제하고 연세 많은 어르신 등은 수시로 안부를 확인하여야 한다.[1]

☀ 태풍이 지나갈 때는

① 나와 가족, 지인들의 안전을 위하여 외출은 자제하고 정보를 지속적으로 청취하며 정보가 필요한 사람들과 공유한다.

② 특히, 침수된 도로, 지하차도, 교량 등에서는 차량의 통행을 엄격히 금지한다. 일반적으로 차량 바퀴에 1/3 이상 물이 잠길 경우 부력에 의하여 차량이 물에 떠서 전복될 수 있기 때문에 운행을 하여서는 절대 안 된다.

---

[1] 기상청 날씨누리(https://www.weather.go.kr/w/index.do).

③ 건물, 집안 등 실내에서의 안전수칙을 미리 알아 두고 가족과 함께 확인하여야 한다. 특히, 가스 누출로 2차 피해가 발생할 수 있으므로 미리 차단하고, 감전 위험이 있는 집 안팎의 전기시설은 만지지 않도록 하여야 한다.
④ 공사장, 전신주, 지하공간 등 위험지역에는 접근하지 않도록 하여야 한다.[2]

✱ 태풍이 지나가고 나서도 해야 할 일이 있나요?

태풍이 지나가고 나서는,

① 우선, 가족과 지인의 안전 여부를 주위 사람들과 함께 확인하여야 한다. 연락이 되지 않고 실종이 의심될 경우에는 가까운 경찰서에 신고하여야 한다. 다음, 태풍으로 인한 피해 여부를 주변에 있는 사람들과 함께 확인하여야 한다.
② 파손된 시설물(주택, 상하수도, 축대, 도로 등)은 가까운 시·군·구청이나 행정복지센터(주민센터)에 신고가 필요하다. 이때, 파손된 사유 시설을 보수 또는 복구할 때에는 반드시 사진을 찍어두는 게 필요하다.
③ 주변에 있는 사람들과 함께 태풍으로 인한 2차 피해를 방지하여야 한다. 물이 빠져나가고 있을 때에는 기름이나 동물 사체 등 오염된 경우가 많으므로 물에서 멀리 떨어져 있도록 하여야 한다. 또한, 수돗물이나 저장되었던 식수는 오염 여부를 확인한 후에 사용하여야 하고, 침수된 주택은 가스와 전기차단기가 내려가 있는지 확인하고, 한국가스안전공사(1544-4500)와 한국전기안전공사(1588-7500) 또는 전문가의 안전점검 후에 사용하여야 한다. 특히, 태풍으로 피해를 입은 주택 등은 가스가 누출될 수 있으므로 창문을 열어 충분히 환기하고, 성냥불이나 라이터는 환기 전까지 사용하지 말아야 한다.[3]

---

[2] 기상청 날씨누리(https://www.weather.go.kr/w/index.do).
[3] 국민재난안전포털(https://www.safekorea.go.kr/idsiSFK/neo/main/main.html).

> ### 요약(Wrap-up)
> 태풍은 17m/s 이상의 열대성 저기압을 말한다.
> 태풍의 진로를 사전에 파악하는 게 가장 중요하다.
> 침수된 도로(타이어 1/3 이상 물이 차오르면)는 절대 진입을 금지한다.
> 파손 시설물은 복구 전, 반드시 사진을 찍어 둔다.

* 생각해 보기   태풍의 이름은 어떻게 만들어지는 걸까요?

[QR 코드 스캔]
태풍의 이름은 어떻게 만들어지나 영상 보기(YTN 사이언스)

| 참고 문헌 |

조석현(2019). 『재난관리론』. 화수목.
양기근 외(2016). 『재난관리론』. 대영문화사.
경기도교육청안전교육관. 태풍 안전 수칙(https://youtube.com/watch?v=sBj3pwL3fec
&feature=share).
국민재난안전포털(https://www.safekorea.go.kr/idsiSFK/neo/main/main.html).
기상청 날씨누리 기상특보 발표 기준(https://www.weather.go.kr/w/index.do).
YTN 사이언스. 태풍의 이름은 어떻게 만들어지나?(https://youtu.be/KADipX1EYxI).

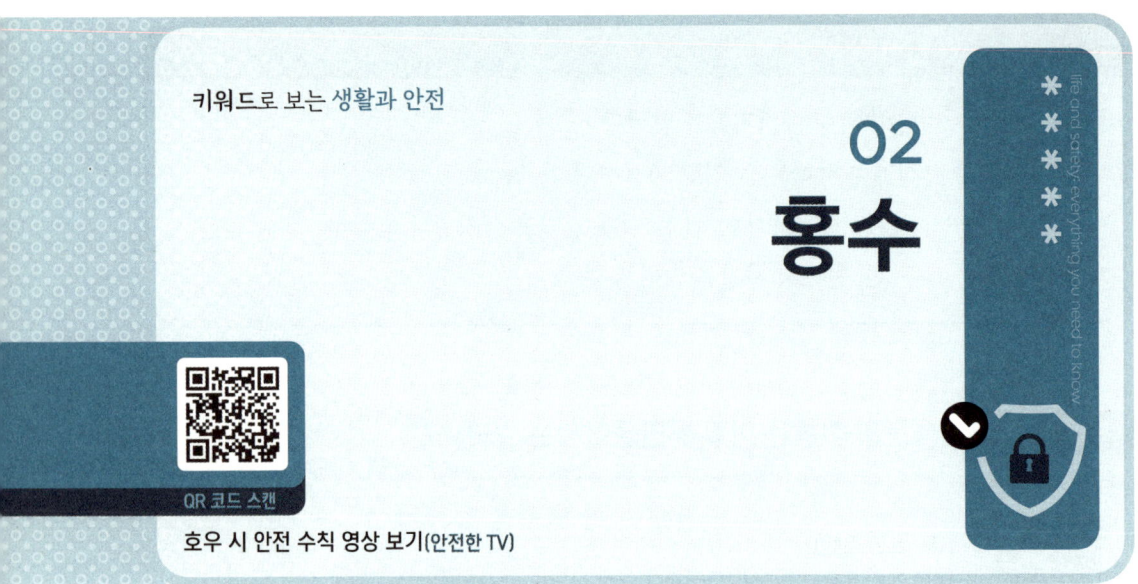

02 홍수

키워드로 보는 생활과 안전

QR 코드 스캔
호우 시 안전 수칙 영상 보기(안전한 TV)

✱ 무엇을 홍수라고 하나요?

홍수(洪水, flood)는 강물이 하천의 제방을 넘어 주변 지대로 흘러넘치는 것을 말한다. 홍수는 주로 장마 전선, 태풍 등의 영향으로 비가 많이 내리는 여름에 발생한다. 홍수가 발생하면 저지대의 농경지와 가옥, 산업단지 등이 침수되어 피해가 발생한다. 농경지가 침수되면 농경지에서 자라던 작물의 상품성이 없어지거나 가격이 크게 떨어진다. 가옥이나 산업단지가 침수되면 피해는 더 커진다. 특히 우리나라는 하천 양안에 제방을 쌓고 범람원을 주거지나 경지로 이용하고 있는 지역이 많으므로 제방이 붕괴되면 큰 피해가 발생한다.

✱ 홍수의 주된 원인은 무엇일까요?

집중호우로 인하여 작은 하천 또는 강의 수위가 갑자기 높아지거나 범람하면 대피할 시간적 여유 없이 돌발 홍수가 발생한다. 평화스럽던 하천이 갑자기 격노한 죽음의 하천으로 돌변하여 무서운 속도로 빠르게 흘러 자갈, 나무, 집, 건물, 교량뿐만 아니라 사람을 포함하여 그 경로에 있는 모든 것을 떠내려 보내는 가공할 힘을 가지고 흐르게 된다. 홍수는 항상 우리 주위에서 발생하여 재산 피해와 인명 피해를 초래하며, 환경과 경제는 홍수의 영향에 중요한 역할을 한다. 홍수터 지역에서의 인구밀도의 증가, 도시화, 자연 및 자연자원과 관련된 생활 방식을 현저하게 바꾼 경우도 홍수의 일부 원인이 된다.

❋ 홍수는 우리 생활에 어떤 영향을 주나요?

① 홍수는 주택과 작은 건축물에 영향을 준다. 주택은 침수, 붕괴되거나 휩쓸려 내려간다. 주로 기초에 결속되지 않은 목조나 가벼운 재료를 사용한 주택의 수면 상승은 주택을 물에 뜨게 한다. 또한 침수로 인한 피해, 주택의 기초 침하나 붕괴, 쓰레기에 의한 피해 등도 발생한다.
② 홍수는 사람들의 건강과 관련된 영향을 미친다. 홍수는 일반적으로 부상자보다 사망자가 더 많다. 홍수는 감염성 질병과 같은 2차적인 수인성 위협을 받기도 한다.
③ 홍수는 농업 부문에 상당한 영향을 미친다. 홍수의 가장 취약한 부분은 농업 부문이다. 농작물의 침수는 가장 대표적인 홍수 피해이다. 예외적으로 일부 지역에서는 홍수가 가져다주는 풍부한 영양분과 미세한 흙으로 토지의 영양을 증대시키는 장점이 있다.
④ 홍수는 경제적으로 대부분의 산업에 부정적인 영향을 미친다. 재정적인 부담은 물론 지역과 국가의 경제 성장에 장애를 가져다주며, 가정의 수입, 기업의 생산 감소, 실업, 수입의 불균형, 국가 수입의 감소 등과 같은 경제적인 영향을 미친다.

❋ 홍수의 피해를 감소할 수 있는 방안이 있을까요?

홍수 피해를 줄이는 방법으로는 댐 건설, 삼림녹화사업, 제방 및 배수시설 정비, 하천의 폭 넓히기, 투수성 포장재 사용 등이 있다. 댐은 비가 많이 내리기 전에 댐 수위를 낮추었다가 비가 많이 올 때 물을 가두어 홍수를 조절한다. 한편, 투수성 포장재를 사용하면 지면의 빗물 흡수 능력을 키울 수 있고, 하천 주변에 유수지를 두면 물 저장 능력을 향상할 수 있다. 용수 공급과 전력 생산을 위해서는 댐으로 조성된 호수에 많을 물을 저장하고 있어야 한다. 그런데 홍수 예방을 위해서는 호수의 수위를 낮은 상태로 유지하여야 한다. 따라서 다목적 댐이 홍수 예방에 도움이 되기 위해서는 기상 예보가 정확하여야 한다. 즉, 홍수가 발생할 수 있는 많은 비가 언제 어디에서 내릴 것인지를 정확하게 알 수 있다면 미리 호수 수위를 낮추어 홍수 조절을 할 수 있다.

*
홍수발생 전에 준비할 것이 무엇이 있나요?

1) 가족 각자의 역할 분담
① 평상시 예방 대책의 역할과 자연재난 시의 가족구성원 각자의 역할을 분담한다.
② 노약자, 병자, 유아 등이 있는 경우 누가 보호할지에 대하여 상의한다.

2) 주택의 위험한 곳 확인
① 집 주위와 집안의 위험한 곳이 있는지 확인한다.
② 방치할 수 없는 위험한 곳은 우기(雨期) 전에 보수 및 보강을 한다.

3) 비상용품의 확인과 교체 및 확보
① 가족구성원을 염두에 두고 필요한 물품이 준비되어 있는지 확인한다.
② 정기적으로 새로운 물품으로 교체하고, 담당자를 지정해 둔다.

4) 자연재난 시 비상연락 방법과 피난 장소의 확인
① 가족과 헤어졌을 때의 연락 방법과 피난 장소를 확인한다.
② 피난 경로상의 위험지역에 대하여 서로 이야기하고, 가능한 휴일 등을 이용하여 확인하도록 한다.

5) 호우, 태풍 발생 시 가족 대책
① 태풍과 집중호우에 관한 정보를 주의 깊게 듣는다.
② 휴대용 라디오를 준비한다.
③ 함부로 외출하지 말고 외출한 경우에는 신속히 귀가한다.
④ 집 주변을 살피고 바람에 날릴 수 있는 물건은 없는지 확인하여 집 안으로 옮기거나 단단히 고정한다.
⑤ 현관과 창문 틈에 비닐 테이프를 붙인다.

⑥ 정전에 대비하여 회중전등과 양초를 준비하고 예비 전지도 잊지 않는다.
⑦ 언제든지 피난할 수 있도록 가정용 비상용품을 미리 준비해 둔다.
⑧ 침수에 대비하여 가재도구를 가능한 높은 장소로 옮긴다.
⑨ 병자, 유아, 노약자 등은 안전한 장소로 이동한다.
⑩ 가스, 전원 등 재난 발생 우려가 있는 시설은 완전히 차단한다.
⑪ 가족회의를 통해 다시 한번 피난 장소와 피난 경로를 확인해 둔다.

6) 홍수 위험이 있는 장소
① 홍수가 일어나기 쉬운 장소는 하천이 급격히 굽은 곳, 하천이 합류하는 곳, 과거 하천이 었던 곳 등이다.
② 태풍과 호우 시에는 물이 불어 수압이 높아지고, 제방이 붕괴되며, 일시에 물이 불어 오르는 경우가 많다.
③ 하천 주변을 걸을 때에는 충분한 경계가 필요하다.

*
홍수 예보·경보 시 무엇을 준비하여야 하나요?
① 홍수 피해가 예상되는 지역의 주민은 라디오나 TV, 인터넷을 통하여 기상 변화를 알아둔다.
② 홍수가 우려되면 피난 가능한 장소와 길을 사전에 숙지한다.
③ 갑작스러운 홍수가 발생하였으면 높은 곳으로 빨리 대피한다.
④ 비탈면이나 산사태가 일어날 수 있는 지역에 가까이 가지 않는다.
⑤ 바위나 자갈 등이 흘러내리기 쉬운 비탈면 지역의 도로 통행을 삼가고, 도로를 지날 때 주위를 잘 살핀 후 이동한다.
⑥ 홍수 예상 시 전기차단기를 내리고 가스 밸브를 잠근다.
⑦ 침수된 지역에서 자동차를 운전하지 않는다.
⑧ 지정된 대피소에 도착하면 반드시 도착 사실을 알리고, 통제에 따라 행동한다.
⑨ 침수 주택은 가스·전기차단기가 오프(off)에 있는지 확인하고, 기술자의 안전조사가 끝난 후 사용한다.

⑩ 수돗물이나 저장 식수도 오염 여부를 반드시 조사 후에 사용한다.

> **요약(Wrap-up)**
>
> 홍수는 강물이 하천의 제방을 넘어 주변 지대로 흘러넘치는 것을 말한다.
> 홍수 발생 전에 가족구성원 각자의 역할을 분담한다.
> 홍수 피해가 예상되는 지역은 라디오나 TV, 인터넷을 통하여 기상 변화를 알아둔다.

생각해 보기 다음 영상을 보고 홍수 시 행동 요령에 대하여 생각해 보세요.

[QR 코드 스캔]
'역대급 폭우'라던 9년 전 서울! 산사태와 한강 범람... 영상 보기(엠빅뉴스)

| 참고 문헌 |
채진(2021). 『재난관리론』, 동화기술.
한국방재학회(2012). 『방재학개론』. 구미서관.
국민재난안전포털(https://www.safekorea.go.kr/idsiSFK/neo/main/main.html).
기상청(www.kma.go.kr).
안전한 TV. 갑자기 많은 비가 많이 내리는 집중호우 발생 증가! 호우 시 안전 수칙
　　　(https://youtu.be/mwh7pxaV1Y8).
엠빅뉴스. '역대급 폭우'라던 9년 전 서울! 산사태와 한강 범람, 강남 침수...도시 마
　　　비였다!(https://youtu.be/ve-kjAzfjkI).
한강홍수통제소(www.hrfco.go.kr).

키워드로 보는 생활과 안전

03 가뭄

가뭄 발생 시 국민행동 요령 영상 보기(안전한 TV)

✱ 어떤 걸 가뭄이라고 하나요?

가뭄(drought)은 장기간의 강수(降水) 부족에 의하여 인간 및 동·식물의 생육에 피해를 발생시키는 비정상적인 기상수문학적 현상을 의미한다. 기후학적으로는 연 강수량이 기후 값의 75% 이하이면 가뭄, 50% 이하이면 심한 가뭄으로 분류한다. 가뭄은 분류하는 기준에 따라, 일반적으로 기상학적 가뭄, 농업적 가뭄, 수문학적 가뭄, 사회경제적 가뭄으로 구분된다(Wilhite & Glantz, 1985).

1) 기상학적 가뭄(meteorological drought)

기상학적 가뭄은 일정 기간 평균 강수량보다 적은 강수로 인하여 건조한 날이 지속되는 것을 의미하며, 정상 상태와 비교하여 건조 정도 및 건조 상태의 지속 기간에 기초한 개념이다(김지은 외, 2021). 기상학적 가뭄의 경우 강수 부족의 원인으로 작용하는 대기 상태가 지역적 상황에 따라 상이하다는 점에서 개별 지역에 따라 고려되어야 한다(신정훈 외, 2021).

2) 농업적 가뭄(agricultural drought)

농업적 가뭄은 농업에 영향을 주는 가뭄으로서 작물의 생육을 유지하는 데 필요한 수분 부족을 의미한다. 농업적 가뭄에 영향을 주는 기상·수문 인자들로는 강수량 부족, 실제 증발산량과 잠재 증발산량의 차이, 토양 수분 부족, 지하수 및 저수지량 부족 등이 있다(신정훈 외, 2021). 일반적으로 농업적 가뭄은 기상학적 가뭄 후에 발현되며 농업적 가뭄 이후에는 수문학적 가뭄이 발생한다.

3) 수문학적 가뭄(hydrological drought)

전반적인 수자원 공급의 부족을 수문학적 가뭄이라고 하며, 특히 댐, 저수지, 하천 등의 수량 부족을 의미한다. 하천수, 저수지 및 지하수 공급원에 해당되는 강수 부족량과 그 기간에 따라 가뭄의 빈도와 심도가 결정되며 인간의 물 수요에 따른 공급 부족이 수문학적 가뭄을 야기하기도 한다. 일반적으로 수문학적 가뭄은 기상학적 가뭄이나 농업적 가뭄의 발생 시기보다 시간적으로 지체되는 특성을 가진다.[1]

4) 사회경제적 가뭄(socioeconomic drought)

사회경제적 가뭄은 물에 대한 사회적 수요가 공급량을 초과하여 발생하는 농업·공업·생활용수 등의 부족을 의미하며, 기상·농업·수문학적 가뭄 인자와 경제적인 물의 수요·공급과 연관되어 있다(신정훈 외, 2021).

*
다른 자연재해와 구별되는 가뭄의 특징은 무엇인가요?

가뭄은 강수 등의 자연 현상이나 인위적 행위에 의하여 영향을 받는 물의 공급과 수요 간의 상호 작용으로 발생하는데, 특히 주된 원인은 장기간 동안 강수의 부족에 기인한다. 가뭄은 태풍이나 집중호우 등 다른 자연재해와는 달리 그 시작과 끝이 명확하지 않으며, 가뭄 발생 시 피해가 지속되는 기간이 길고 피해지역이 광범위하기 때문에 사회·경제적으로 겪는 피해가 매우 크다(박종용 외, 2012). 여타의 자연재해와 구별되는 가뭄의 구체적인 특징은 다음과 같다.[2]

---

[1] 수문기상 가뭄정보 시스템(https://hydro.kma.go.kr/help/menu901.do).
[2] 이하의 내용은 국가가뭄정보포털(https://www.drought.go.kr/menu/m30/m31.do)의 내용을 참조함.

① 가뭄은 진행 속도가 느리다. 대부분의 자연재해는 예보 없이 순식간에 발생하지만 가뭄의 경우 발생하기까지 수개월 이상 걸리며 여러 계절, 수년, 심지어 수십 년까지 지속되기도 한다. 가뭄의 피해는 가뭄이 지속되는 기간에 비례적으로 증가하며 그 피해는 정상적인 강우기가 시작된 후에도 지속된다.

② 가뭄은 장기간에 걸쳐 발생한다. 다른 자연재해(태풍, 홍수, 지진 등)의 경우 그 발생 시점을 시각적으로 확인할 수 있고 즉각적인 피해를 몸으로 체감할 수 있는 반면, 가뭄은 그 시작과 끝이 명확하지 않으며 장기간에 걸쳐 피해가 발생하기 때문에 다른 재해와 구별되는 특성을 보인다.

③ 가뭄의 피해는 광범위하다. 일부 지역에 국한되어 피해가 발생하는 다른 자연재해들과는 달리 가뭄은 경제적, 사회적, 환경적으로 폭넓게 지속적인 영향을 미치게 되어 그 피해가 광범위하다.

④ 비용 손실이 크다. 1987~1989년 미국에서 발생한 가뭄으로 인한 비용 손실은 약 390억 달러로 추산되며 전 인구의 70%가 피해를 보았다. 피해가 큰 다른 재해의 경우 비용 손실은 태풍이 70억 달러, 지진이 300~400억 달러로 추산되고 있다.

⑤ 가뭄 해소를 위한 대책 수립이 어렵다. 가뭄에 대한 정확하고 보편적인 정의의 부재는 어떤 지역이 가뭄에 처해 있고, 또 가뭄이 얼마나 심각한지 추산하는 것을 어렵게 하고 있다. 이로 인하여 정책결정자들은 가뭄의 영향이 분명하게 나타날 때까지 조치를 취하는 데 혼란을 겪게 되며, 물을 대체하는 대체제가 존재하지 않는다는 본연적인 한계로 인하여 가뭄 해소를 위한 대책 수립이 어렵다.

* 가뭄 예·경보 발령 기준은 어떻게 되나요?

현재 우리나라는 가뭄에 대한 사전 예측·예방 능력 강화를 위하여 기관별 가뭄 정보를 통합한 '가뭄 예·경보제'를 2017년 1월부터 실시하고 있다. 가뭄 예·경보 기준은 다음과 같다.

〈가뭄 예·경보 기준〉

구분	가뭄 예·경보 기준
관심	[농업용수] (논) 영농기(4월~10월) 평년 저수율의 70% 이하인 경우 (밭) 영농기(4월~10월) 토양 유효 수분율 60% 이하 [기상가뭄] 최근 6개월 누적 강수량을 이용한 표준 강수지수 -1.0 이하(평년 대비 약 65%) 이하로 기상가뭄이 지속될 것으로 예상되는 경우로 하되, 지역별 강수 특성을 반영할 수 있음. *표준 강수지수: 일정 기간의 누적 강수량과 과거 동일 기간의 강수량을 비교하여 가뭄 정도를 나타내는 지수 [생활 및 공업용수] 하천 및 수자원시설의 수위가 평년에 비하여 낮아 정상적인 용수 공급을 위하여 생활 및 공업용수의 여유량을 관리하는 등 가뭄 대비가 필요한 경우
주의	[농업용수] (논) 영농기(4월~10월) 평년 저수율의 60% 이하 / 비영농기 저수율이 다가오는 영농기 모내기 용수 공급에 물 부족이 예상되는 경우 (밭) 영농기 토양 유효 수분율 45% 이하 [기상가뭄] 최근 6개월 누적 강수량을 이용한 표준 강수지수 -1.5 이하(평년 대비 약 55%) 이하로 기상가뭄이 지속될 것으로 예상되는 경우로 하되, 지역별 강수 특성을 반영할 수 있음. [생활 및 공업용수] 하천 및 수자원시설의 수위가 낮아 하천의 하천 유지 유량이 부족하거나 댐·저수지에서 하천 유지용수 공급 등의 제한이 필요한 경우
경계	[농업용수] (논) 영농기(4월~10월) 평년 저수율의 50% 이하 (밭) 영농기(4월~10월) 토양 유효 수분율 30% 이하 [기상가뭄] 최근 6개월 누적 강수량을 이용한 표준 강수지수 -2.0 이하(평년 대비 약 45%) 이하로 기상가뭄이 지속될 것으로 예상되는 경우로 하되, 지역별 강수 특성을 반영할 수 있음. [생활 및 공업용수] 하천 및 수자원시설에서 생활 및 공업용수 부족이 일부 발생하였거나 발생이 우려되어 하천 유지용수, 농업용수 공급의 제한이 필요한 경우
심각	[농업용수] (논) 영농기(4월~10월) 평균 저수율의 40% 이하인 경우 (밭) 영농기(4월~10월) 토양 유효 수분율 15% 이하 ※ 위와 같은 상황에서 대규모 가뭄 피해가 발생하였거나 예상되는 경우 관계부처 협의를 통하여 결정 [기상가뭄] 최근 6개월 누적 강수량을 이용한 표준 강수지수 -2.0 이하(평년 대비 약 45%) 이하가 20일

이상 기상가뭄이 지속되어 전국적인 가뭄 피해가 예상되는 경우로 하되, 지역별 강수 특성을 반영할 수 있음.
[생활 및 공업용수]
하천 및 수자원시설에서 생활 및 공업용수 부족이 확대되어 하천 및 댐·저수지 등에서 생활 및 공업용수 공급 제한이 발생하였거나 필요한 경우

자료: 농업가뭄관리시스템(http://adms.ekr.or.kr/baseInfo/baseInfo2Main.do)

* 가뭄의 정도는 어떻게 알 수 있나요?

가뭄에 영향을 미치는 인자들을 이용하여 다양한 가뭄지수(drought index)가 개발되어 활용되고 있다. 주요 가뭄지수는 아래와 같다.

1) PDSI(Palmer Drought Severity Index) : 파머 가뭄지수

1965년에 개발된 파머 가뭄지수는 기후가 상이한 두 지역에 대한 지역적인 편차를 고려함으로써 시간과 공간의 일관된 비교를 통하여 얻어지는 가뭄지수로 개발되어 세계적으로 널리 사용되고 있는 가뭄지수이다. 가뭄의 심도를 수분 부족량과 수분 부족 기간의 함수로 나타낸 값으로 대상지역의 실제 강수량과 기후학적으로 필요한 강수량과의 차이를 계산함으로써 수분편차를 계산한다. 지수가 높은 값을 나타낼수록 수분 상태가 양호함을 나타내고, -1.0 이하부터 약한 가뭄을 의미한다.[3]

2) SGI(Standardized Groundwater level Index) : 표준 지하수지수

블룸필드와 머천트(Bloomfield & Marchant, 2013)에 의하여 고안된 표준 지하수지수는 월별 평년 대비 지하수위의 높고 낮은 정도를 나타내는 표준화지수로 주로 지하수를 수원으로 사용하는 미급수 지역에 대한 가뭄 판단의 참고자료로 활용할 수 있다. 0보다 작을수록 예년 같은 월의 수위보다 낮은 지하수위 상태임을 의미한다.

3) SPI(Standardized Precipitation Index) : 표준 강수지수

가뭄은 강수량의 부족에 의하여 시작된다는 아이디어에 착안해 맥키 외(Mckee et al., 1993)

---
[3] 국가가뭄정보포털(https://www.drought.go.kr/menu/m40/m46.do).

에 의하여 개발된 표준 강수지수는 특정한 시간에 대한 계산 단위를 3, 6, 9, 12개월 등과 같이 설정하고, 시간 단위별 강수 부족량을 계산하여 각각의 용수공급원이 가뭄에 미치는 영향을 산정한다(박재규 외, 2016). 지수가 높은 값을 나타낼수록 수분 상태가 양호함을 나타내고 -1.0 이하부터 건조 상태를 의미한다.

4) SMI(Soil Moisture Index) : 토양수분지수

토양수분지수는 토양 수분의 유효수분 백분율에 따라 가뭄지수를 산정한다. 강수량, 기온, 풍속, 습도, 토양, 물리 특성 자료를 이용하여 계산하며 주로 농업가뭄 판단에 활용된다. -1은 약한 가뭄을 나타내고, 지수 값이 낮을수록 가뭄 정도가 심함을 의미한다.[4]

5) MSWSI(Modified Surface Water Supply Index) : 수정지표수 공급지수

수정지표수 공급지수는 복잡한 지형 조건과 다양한 물 공급 특성을 가진 우리나라의 수문학적 가뭄을 평가하기 위하여 SWSI(Surface Water Supply Index)를 보완한 가뭄지수이다. 우리나라에서 관측되고 있는 수문 인자 중 사용 가능한 인자인 우수량, 댐 유입량, 하천유량, 지하수위를 활용하여 계산한다. 지수가 높은 값을 나타낼수록 수분 상태가 양호함을 나타내고 -1.0 이하부터 보통가뭄을 의미한다.[5]

✱ 가뭄 시 생활 행동 요령[6]

> **핵심 행동 요령**: 평상시 생활 속에서 가족 모두가 함께 작지만 소중한 물 절약 운동에 참여해 가뭄을 슬기롭게 극복한다.

1) 주방이나 세탁할 때에는 물을 절약할 수 있도록 가족 모두가 함께 동참한다.

① 식기류 세척 시에는 물을 틀어놓지 말고 받아서 사용한다.

---

[4] 국가가뭄정보포털(https://www.drought.go.kr/menu/m40/m46.do).
[5] 국가가뭄정보포털(https://www.drought.go.kr/menu/m40/m46.do).
[6] 국민재난안전포털(https://www.safekorea.go.kr/idsiSFK/neo/sfk/cs/contents/prevent/prevent12.html?menuSeq=126)의 내용을 참조함.

② 식기에 묻은 음식물 찌꺼기는 휴지로 닦고 세척을 한다.
③ 세탁할 때는 한꺼번에 모아서 한다.
④ 채소나 과일을 씻을 때에는 물을 틀어놓지 말고 받아서 사용한다.
⑤ 수도꼭지나 관의 누수를 철저히 점검한다.

2) 화장실이나 욕실에서는 물을 절약할 수 있도록 가족 모두가 함께 동참한다.
① 세수할 때는 물을 틀어놓지 말고 받아서 사용한다.
② 목욕할 때는 물을 틀지 말고 샤워기로 적당량만 사용한다.
③ 머리를 감는 동안 물은 잠그고, 샴푸, 린스 사용량을 줄인다.
④ 양치질을 할 때는 반드시 컵을 사용한다.
⑤ 면도할 때는 틀어놓지 말고, 세면기에 약간만 받아놓고 면도기를 씻는다.
⑥ 절약형 샤워 꼭지나 수량 조절기를 부착하여 사용한다.

3) 실외에서는 물을 절약할 수 있도록 가족 모두가 함께 동참한다.
① 잔디 물주기는 정확한 시기에 맞추어서 필요할 때에만 준다.
② 정원이나 꽃밭에는 한 번 사용한 허드렛물을 재사용한다.
③ 나무나 큰 식물에는 윗덮개를 하여 수분의 증발과 잡초의 번식을 막는다.
④ 건물 앞 인도나 도로변 청소는 빗자루를 사용하고 물청소는 가급적 자제한다.
⑤ 세차는 자동잠금장치가 있는 호스를 이용하고, 적당량의 물로 비누칠한 후 세차한다.
⑥ 호스관, 꼭지, 연결부 등의 누수를 방지한다.

* 가뭄 시 농촌 행동 요령[7]

핵심 행동 요령: 관정 개발, 논물 가두기 등 농업용수를 확보하고, 논두렁 바르기, 비닐 깔기 등 농업용수 손실을 방지하여 지역 주민들과 함께 가뭄을 슬기롭게 극복한다.

[7] 국민재난안전포털(https://www.safekorea.go.kr/idsiSFK/neo/sfk/cs/contents/prevent/prevent12.html?menuSeq=126)의 내용을 참조함.

1) 논농사 시에는 물을 사전에 확보하기 위하여 지역 주민들과 함께 물 절약에 동참한다.
① 물을 끌어올 수 있는 시설(수로)이나 물을 퍼올릴 수 있는 장비(양수기), 파종기, 전기시설, 송수 호스는 수시 점검한다.
② 물 손실 방지를 위하여 수로, 논두렁 등을 정비한다.
③ 못자리 급수 조절 등을 통한 모(벼) 노화 방지를 한다.
④ 집단못자리, 논물 걸러대기(간단 관개), 건답직파 등을 통하여 물을 절약한다.
⑤ 모내는 시기가 늦어 모를 못 낸 논은 다른 작물을 파종한다.
⑥ 모 활착 기간 중에는 최소한 습기를 유지한다.
⑦ 물이 가장 필요한 활착기(5~6월), 유수형성기(6~7월), 수잉기(穗孕期, 7~8월)에 중점 급수를 실시한다.
⑧ 관정 등 이용 가능한 용수원을 사전에 개발한다.
⑨ 대파용 종자 및 대체작물 재배계획을 미리 세워둔다.

2) 밭작물 재배 시에는 물 부족으로 인한 피해를 줄이기 위하여 지역 주민들과 함께 동참한다.
① 밭작물 재배지역 비닐 피복하기 및 절수 재배를 한다.
② 이동식 스프링클러 등을 이용하여 농작물이 시들지 않도록 관리한다.
③ 밭작물 토양 수분이 알맞을 때 파종, 해충 방제 등 육묘 관리를 한다.
④ 토양 피복이 가능한 곳에서는 볏짚·비닐을 깔아 토양 수분 증발을 최소화한다.
⑤ 밭작물 파종·정식 지연 지역은 늦게 심을 수 있는 대체작물을 재배한다.

요약(Wrap-up)

다른 자연재해와 구별되는 가뭄의 특성에 대하여 알아본다.
가뭄을 측정하는 지표에 대하여 알아본다.
가뭄 발생 시 행동 요령에 대하여 알아본다.

> **생각해 보기** 지역별 가뭄지수를 비교해 보세요.

[QR 코드 스캔]
국가가뭄정보포털 지역별 가뭄지수(국가가뭄정보포털)

| 참고 문헌 |

김지은·이배성·유지영·권현한·김태웅(2021). 기후변화 시나리오에 따른 용수구역 기반 소구역의 가뭄 전망 및 갈수빈도 해석: 김천시 지역을 중심으로. 「한국습지학회지」, 23(1): 14-26.

신정훈·김준경·염민교·김진평(2021). 인공신경망 알고리즘을 활용한 가뭄 취약지역 분석. 「한국재난정보학회 논문집」, 17(2): 329-340.

박종용·유지영·이민우·김태웅(2012). 우리나라 가뭄 위험도 평가: 자료기반 가뭄 위험도 지도 작성을 중심으로. 「대한토목학회논문집 B」, 32(4B): 203-211.

박재규·이준호·양성기·김민철(2016). 표준강수지수를 활용한 제주도 가뭄의 공간적 분류 방법 연구. 「한국환경과학회지」, 25(11): 1511-1519.

국가가뭄정보포털(https://www.drought.go.kr/menu/m30/m31.do).

농업가뭄관리시스템(http://adms.ekr.or.kr/baseInfo/baseInfo2Main.do).

안전한 TV. 가뭄 발생 시 국민 행동 요령(https://youtu.be/Qq6r8SZM8TM).

Bloomfield, J. & Marchant, B.P. (2013). Analysis of groundwater drought building on the standardised precipitation index approach. *Hydrology and Earth System Sciences*, 17(12): 4769-4787.

Mckee, T. B., Doesken, N. J., Kleist, J.(1993). The relationship of drought frequency and duration to time scale. In *Proc. 8th Conf. Apl. climatol*, 17: 179-187. American Meteorological Society Boston.

Wilhite, D.A. & Glantz, M.H. (1985). Understanding the drought phenomenon: The role of definitions. *Water International*, 10(3): 111-120.

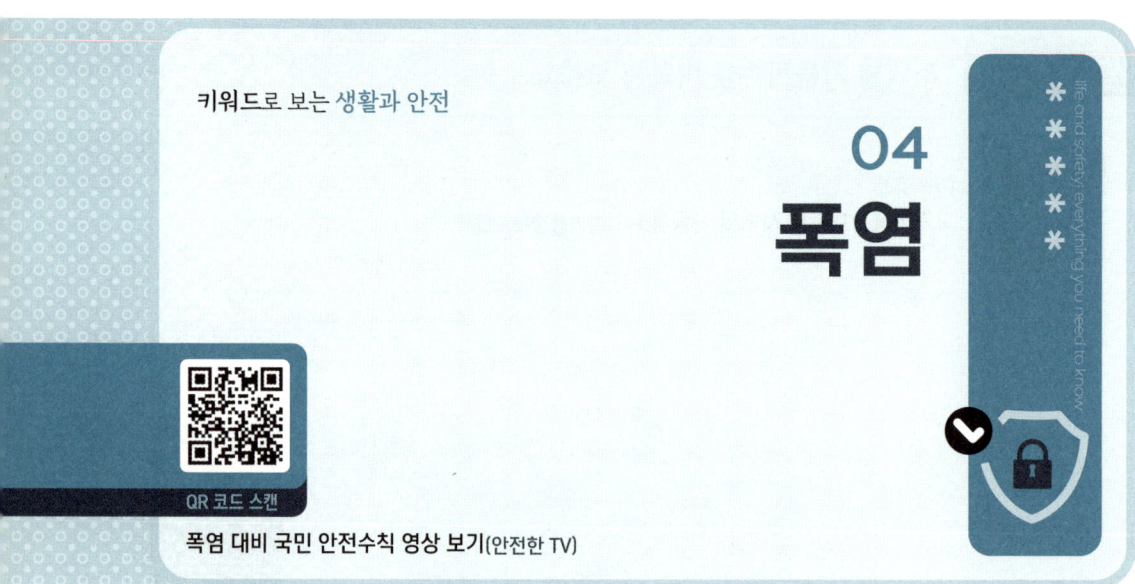

키워드로 보는 생활과 안전

04
폭염

* 폭염은 무엇인가요?

폭염연구센터(Heatwave Research Center)에 따르면, 폭염(暴炎, heatwave)은 비정상적인 고온 현상이 수일에서 수십 일간 지속되며 막대한 인명 및 재산 피해를 가져오는 자연재해로 정의된다. 일반적으로 열파(熱波), 혹서(酷暑), 혹서기(酷暑期)라고도 한다.

* 폭염특보 발효 기준은 어떻게 되나요?

폭염의 기준은 국가별로 상이하다. 우리나라의 경우 기상청의 폭염 특보 기준은 일 최고 기온이 33℃ 이상인 날이 이틀 이상 지속될 것으로 예측되면 폭염 주의보를, 35도 이상 지속될 것으로 예측되면 폭염 경보를 각각 발령한다. 폭염의 기준이 되는 기온 및 지속 기간이 국가별로 조금씩 상이한 것은 폭염이 단순한 날씨 현상을 넘어서 인체, 생태계, 사회경제 시스템에 미치는 개별 국가의 고유한 영향을 함께 고려하여야 한다는 점을 시사한다고 할 수 있다(서지유 외, 2020).

⟨폭염특보 발표 기준⟩

구분		내용
폭염	주의보	폭염으로 인하여 다음 중 어느 하나에 해당하는 경우 ① 일 최고 체감 온도 33℃ 이상인 상태가 2일 이상 지속될 것으로 예상될 때 ② 급격한 체감 온도 상승 또는 폭염 장기화 등으로 중대한 피해 발생이 예상될 때
	경보	폭염으로 인하여 다음 중 어느 하나에 해당하는 경우 ① 일 최고 체감 온도 35℃ 이상인 상태가 2일 이상 지속될 것으로 예상될 때 ② 급격한 체감 온도 상승 또는 폭염 장기화 등으로 광범위한 지역에서 중대한 피해 발생이 예상될 때

자료: 기상청 날씨누리 기상특보 발표 기준(https://www.weather.go.kr/w/index.do).

＊ 폭염은 심각한 자연재해인가요?

폭염은 직접적인 인명 피해로 직결된다는 점에서 그 심각성을 더하고 있다. 폭염의 경우 계절의 영향을 받는 태풍 또는 홍수와 같이 주기적인 피해를 발생시키진 않지만, 폭염으로 인한 사망자 발생은 전 세계적으로 증가하는 추세에 있다. 폭염으로 인한 국내외 인명 피해 사례는 다음과 같다.

⟨국가별 폭염 사망자 수⟩

발생 연도	발생지역	최고 기온	사망자
1987	그리스	45℃	1,000명
1988	미국 중동부	-	5,000~1만 여명
1994	일본 오사카	39.1℃	1,400명
	한국	38.4℃	3,027명 (1991~1993년 같은 기간 내 사망률과 비교해 72.9% 증가)
1995	미국 시카고	41℃	738명
1998	인도	-	3,000명
2003	유럽 전역	40℃ 이상	4만 명(프랑스 15,000명)
2006	프랑스	39℃	1,388명

	러시아	40℃ 이상	55,336명(산불에 의한 사망자 포함)
2010	인도	42~45℃	150명 이상
	일본	40℃	503명

자료: 송교욱(2013: 2) 인용.

인명 피해 이외에도 폭염이 미치는 사회경제적 영향은 매우 크다. 특히, 우리나라의 경우 폭염으로 인한 사망자의 대부분이 60대 이상의 노령자, 실외 및 야외 근무자, 무직업자 등과 같은 사회적·경제적 취약계층에 집중되어 있다는 점에서 폭염은 사회적 양극화를 심화시키는 원인으로 작용할 수 있다(김도우 외, 2014).

✱ 폭염이 오기 전에 어떤 준비가 필요하나요?

① 여름철에는 항상 기상 상황에 주목하며 주변 사람들과 함께 정보를 공유한다. TV, 라디오, 인터넷 등을 통하여 무더위와 관련한 기상 상황을 수시로 확인하는 것이 필요하다.

② 열사병 등 온열질환의 증상과 가까운 병원 연락처 등을 가족이나 이웃과 함께 미리 파악하고 어떻게 조치하여야 하는지를 알아 둔다. 특히 어린이, 노약자, 심뇌혈관 질환자 등 취약계층은 더위에 약하므로 건강관리에 더욱 유의하여야 하며, 더위로 인한 질병(땀띠, 열경련, 열사병, 울열증, 화상 등)에 대한 증상과 대처 방법을 사전에 알아 두는 것이 필요하다.

③ 폭염예보에 맞추어 무더위에 필요한 용품이나 준비 사항을 가족이나 이웃과 함께 확인하고 정보를 공유한다. 에어컨, 선풍기 등을 사전에 점검하고 집안 창문에 직사광선을 차단할 수 있도록 커튼이나 천, 필름 등을 설치한다. 외출하는 경우를 대비하여 창이 긴 모자, 햇빛 가리개, 선크림 등 차단제를 준비하고 혹시 모를 정전에 대비하여 손전등, 비상, 식음료, 부채, 휴대용 라디오 등을 미리 확인해 두고 오래된 주택의 경우 변압기를 사전에 점검하여 과부하에 대비한다. 그리고 단수에 대비하여 생수를 사전에 준비하고, 생활용수는 욕조에 미리 받아두는 것이 필요하다.

④ 건강 실내 냉방온도, 여름철 가장 더운 시간 등의 무더위 안전 상식을 숙지해 둔다.[1]

---

1) 기상청 날씨누리(https://www.weather.go.kr/w/weather/warning/safetyguide/heatwave.do).

✳ 폭염 발생 시 어떤 행동 요령이 필요하나요?

① 일반 가정에서는 가족들과 함께 야외활동을 최대한 자제하고, 외출이 꼭 필요한 경우에만 창이 넓은 모자와 가벼운 옷차림을 하고 물병을 반드시 휴대한다. 물은 많이 마시되 카페인이 들어간 음료나 주류는 마시지 않는다. 냉방이 되지 않는 실내에서는 햇볕을 가리고 맞바람이 불도록 환기를 하고 창문이 닫힌 자동차 안에는 노약자나 어린이를 홀로 남겨 두지 않는다. 부득이하게 거동이 불편한 노인, 신체허약자, 환자 등을 남겨두고 장시간 외출할 경우에는 친인척, 이웃 등에게 부탁하고 전화 등으로 수시로 안부를 확인하는 것이 필요하다. 현기증, 메스꺼움, 두통, 근육 경련 등의 증세가 보일 경우 즉시 시원한 곳으로 이동하여 휴식을 취하고 시원한 음료를 천천히 마신다.

② 직장에서는 직원들과 함께 휴식시간은 장시간 한 번에 쉬기보다는 짧게 자주 가지며 가급적 야외행사 및 스포츠 경기 등 각종 외부 행사를 자제한다. 그리고 점심시간 등을 이용하여 10~15분 정도의 낮잠으로 개인 건강을 유지하고 편한 복장으로 출근하여 체온을 낮추도록 노력한다. 냉방이 되지 않는 실내에서는 햇볕이 실내에 들어오지 않도록 하고, 환기가 잘 되도록 선풍기를 켜고 창문 또는 출입문을 열어 둔다. 특히, 건설 현장 등 실외 작업장에서는 폭염 안전수칙(물, 그늘, 휴식)을 항상 준수하고, 취약시간(오후 2~5시)에는 '무더위 휴식시간제'를 적극 시행한다.

③ 초·중·고등학교에서는 에어컨 등 냉방장치 운영이 곤란한 경우를 대비하여 단축수업, 휴교 등 학사 일정 조정을 검토하고 식중독 사고가 발생하지 않도록 주의한다. 냉방이 되지 않는 실내에서는 햇볕이 실내에 들어오지 않도록 하고, 환기가 잘 되도록 선풍기를 켜고 창문이나 출입문을 열어 두고 가급적 운동장에서의 체육활동 및 소풍 등 각종 야외활동을 자제한다.

④ 축사·양식장에서는 지역 주민들과 함께 축사 창문을 개방하고 지속적인 환기를 실시하며, 적정 사육 밀도를 유지한다. 비닐하우스, 축사 천장 등에 물 분무 장치를 설치하여 복사열을 낮추고, 양식 어류는 꾸준히 관찰하고 얼음을 넣는 등 수온 상승을 억제한다. 가축·어류 폐사 시에는 신속하게 방역기관에 신고하고 조치를 따른다.

⑤ 외부에 외출 중인 경우나 자택에 냉방기가 설치되어 있지 않은 경우 가장 더운 시간에는 인근 무더위쉼터로 이동하여 더위를 피하고, 평상시 안전디딤돌앱, 시·군·구 홈페이지

등을 활용하여 무더위쉼터의 위치를 확인해 둔다.[2]

요약(Wrap-up)

폭염 발효 기준에 대하여 알아본다.

폭염의 심각성에 대하여 알아본다

폭염 진행 단계별 행동 요령을 숙지한다.

 생각해 보기   내가 사는 지역의 폭염일수는 며칠일까요?

[QR 코드 스캔]
기상청 기상자료 개방포털 폭염일수 확인(기상청 기상자료개발포털)

---

[2] 기상청 날씨누리(https://www.weather.go.kr/w/weather/warning/safetyguide/heatwave.do).

| 참고 문헌 |

김도우·정재학·이종설·이지선(2014). 우리나라 폭염 인명 피해 발생 특징. 「대기」, 24(2): 225-234.

서지유·원정은·최정현·이옥정·김상단(2020). H-지수를 이용한 폭염 정량화 및 미래 폭염 전망. 「한국방재학회」 논문집, 20(6): 421-435.

송교욱(2013). 폭염에 취약한 계층을 위한 긴급대책. 「BDI 정책포커스」 제207호.

기상청 날씨누리(https://www.weather.go.kr/w/weather/warning/safetyguide/heatwave.do)

기상청 날씨누리 기상특보 발표 기준(https://www.weather.go.kr/w/index.do).

기상청 기상자료개발포털(https://data.kma.go.kr/climate/heatWave/selectHeatWaveDmap.do?pgmNo=106).

안전한 TV. 지구온난화로 해마다 심해지고 있는 폭염! 건강을 지키자! 폭염 대비 국민 안전수칙(https://youtu.be/yXQeLH2QAAs).

폭염연구센터(https://www.heatwavekorea.org/).

키워드로 보는 생활과 안전

05 강풍

QR 코드 스캔

강풍 대비 안전수칙 영상 보기(안전한 TV)

* 어떤 걸 강풍이라고 하나요?

강풍(强風, gale)은 바람이 일정 속도 이상으로 발생하여 인명 및 재산 피해를 유발하는 재해를 말하며, 육상에서 풍속 14m/s 이상(50.4km/h) 또는 순간 풍속 20m/s(72km/h) 이상이 예상될 때 주의보를, 육상에서 풍속 21m/s(75.6km/h) 이상 또는 순간 풍속 26m/s(93.6km/h) 이상이 예상될 때 경보를 발령한다.

미국 기상청은 강풍을 34~47노트(63~87km/h, 17.5~24.2m/s 또는 39~54마일/시간)의 지속적인 지상풍으로 정의하고 있다.

* 강풍특보 발표 기준은 어떻게 되나요?

기상특보란 기상에 갑작스러운 변화나 이상 현상이 생겼을 때 특별히 하는 보도를 말한다. 즉, 기상특보는 각종 기상 현상으로 인하여 재해 발생의 우려가 있을 때 이를 경고하기 위하여 발표하는 기상 예보이다. 따라서 이러한 기상특보는 일상생활에서 중요한 의미를 지니므로 늘 관심을 갖고 대비할 필요가 있다.

대한민국 기상청의 기상특보는 주의보와 경보로 나뉜다. 주의보는 재해가 일어날 우려가 있는 경우나 사회, 경제활동에 큰 영향을 미칠 가능성이 있을 경우 이를 발표하는 예보이다. 경보는 중대한 재해가 일어날 수 있음을 경고하는 예보이다. 특보를 발표하게 되는 기상 현상의 종류는 강풍·풍랑·호우·대설·건조·해일(폭풍해일·지진해일)·한파·태풍·황사·폭염이다.[1] 기상예비특보란 지금 확실한 것은 아니지만 가까운 장래에 기상 현상으로 인하여 재해 발생의 우려가 있으리라고 예측될 때 이를 예고하기 위하여 발표하는 정보, 즉 기상특보가 발표될 가능성이 있음을 예고하는 정보를 말한다.

〈강풍특보 발표 기준〉

구분		내용
강풍	주의보	육상에서 풍속 50.4km/h(14m/s) 이상 또는 순간 풍속 72.0km/h(20m/s) 이상이 예상될 때. 다만, 산지는 풍속 61.2km/h(17m/s) 이상 또는 순간 풍속 90.0km/h(25m/s) 이상이 예상될 때
	경보	육상에서 풍속 75.6km/h(21m/s) 이상 또는 순간 풍속 93.6km/h(26m/s) 이상이 예상될 때. 다만, 산지는 풍속 86.4km/h(24m/s) 이상 또는 순간풍속 108.0km/h(30m/s) 이상이 예상될 때

자료: 기상청 날씨 누리 기상특보 발표 기준(https://www.weather.go.kr/w/weather/warning/standard.do).

＊ 강풍 진행 단계별 행동 요령은?

강풍으로 간판, 조립식 지붕, 도로변 가로수, 전신주, 신호기 등의 옥외 시설물이 추락하거나 도로변 가로수가 쓰러질 경우 인명 피해가 발생할 수 있다. 따라서 다음의 평상시 강풍 대비와 강풍 발생 시 행동 요령을 숙지하여 가족이나 이웃과 주변에 있는 사람들과 함께 피해를 사전에 예방할 수 있도록 미리 준비하여야 한다.[2]

＊ 평상시 강풍대비

① 문과 창문을 잘 닫아 움직이지 않도록 하고 안전을 위하여 집 안에서 머무르도록 합니다.

---

1) 기상청 기상특보 도움말(https://www.kma.go.kr/HELP/html/help_wrn001.jsp).
2) 국민재난안전포털(https://www.safekorea.go.kr/idsiSFK/neo/main/main.html).

② 노후된 창문은 강풍으로 휘어지거나 파손될 위험이 있으니 사전에 교체 또는 보강합니다.
③ 유리창 파손 시 유리 파편에 의한 피해를 줄이기 위하여 창문에 유리창 파손 대비 안전필름을 붙입니다.
④ 창문틀과 유리창 사이가 벌어져 있으면 유리창 파손의 위험이 높아지므로, 창문틀과 유리창 사이에 틈새가 없도록 보강해 주고 테이프를 붙일 때에는 유리가 창틀에 고정되어 흔들리지 않도록 합니다.
⑤ 간판이나 교회 철탑과 같은 옥외 설치물의 경우 강풍으로 인한 파손 시 2차 피해를 초래할 수 있으므로 강풍 발생 전 반드시 고정하거나 보강합니다.
⑥ 강풍에 날아갈 가능성이 있는 외부의 모든 물건은 강풍 발생 전 제거하거나 실내로 안전하게 이동합니다.
⑦ 해안지역에서는 파도에 휩쓸릴 위험이 있으니 바닷가로 나가지 않습니다.
⑧ 강풍 발생 전 시·군·구청에 연락하여 집 근처의 죽은 나무나 가지를 사전에 제거합니다.
⑨ 비닐하우스의 경우 취약 부분을 사전에 보강하고, 주위의 물건이 강풍에 날아와 피해를 입지 않도록 주변을 미리 정리합니다.
⑩ 강풍에 노출되는 전선들은 누전이나 감전사고가 발생하지 않도록 전선 연결 부위를 사전에 점검하고 필요할 경우 교체합니다.[3]

＊ 강풍 발생 시 행동 요령

> 야외활동을 자제하고 주변의 독거노인 등 건강이 염려되는 분들의 안부를 살피고 가족이나 이웃과 주변에 있는 사람들과 함께 강풍에 대처한다.

① 노약자, 장애인 등이 거주하는 가정의 경우에는 비상시 대피 방법과 연락 방법을 가족 또는 이웃 등과 사전에 의논합니다.
② 대피 시에는 쓰러질 위험이 있는 나무 밑이나 전신주 밑을 피하고 안전한 건물을 이용합

---

3) 기상청 날씨누리(https://www.weather.go.kr/w/index.do).

니다.

③ 유리창 근처는 유리가 깨지면 다칠 위험이 있으므로 피하도록 합니다.

④ 강풍 발생 시 지붕 위나 바깥에서의 작업은 위험하니 자제하고 가급적 집 안팎의 전기 수리도 하지 않습니다.

⑤ 운전 중 강풍이 발생할 경우에는 반대편에서 오는 차량을 주의하고 가급적 속도를 줄여 사고를 줄이기 위한 방어 운전을 합니다.

⑥ 강풍 발생 시 인접한 차로의 차와 안전한 거리를 유지하고, 강한 돌풍은 차를 차선 밖으로 밀어낼 수 있으므로 주의합니다.

⑦ 바닷가는 파도에 휩쓸릴 위험이 있으니 나가지 않습니다.

⑧ 공사장 작업이나 크레인 운행 등 야외작업을 중지합니다.

⑨ 공사장과 같이 날아오는 물건이 있거나 낙하물의 위험이 많은 곳은 가까이 가지 않도록 합니다.

⑩ 손전등을 미리 준비하여 강풍에 의한 정전 발생에 대비하고 유리창이 깨지면 파편이 흩어질 수 있으니 신발이나 슬리퍼를 신어 다치지 않도록 합니다.

⑪ 강풍이 지나간 후 땅바닥에 떨어진 전깃줄에 접근하거나 만지지 않습니다.

⑫ 강풍으로 파손된 전기시설 등 위험 상황을 발견하였을 때에는 감전 위험이 있으니 접근하거나 만지지 말고 119나 시·군·구청에 연락하여 조치를 취하도록 합니다.

⑬ 강풍 발생으로 전력선이 차량에 닿는 경우, 차 안에 머무르면서 차의 금속 부분에 닿지 않도록 주의하고 주위 사람들에게 위험을 알리고 119에 연락하여 조치를 취하도록 합니다.

요약(Wrap-up)

강풍은 바람이 일정 속도 이상으로 발생하여 인명 및 재산 피해를 유발하는 재해를 말한다.

강풍에 대한 특보 기준을 미리 알아두고 강풍특보나 응급 상황 시 즉시 대처할 수 있도록 하는 것이 중요하다.

* 　**생각해 보기**　강풍특보 발표 기준은?

[QR 코드 스캔]
여름철 기상특보, 알고 보자 영상 보기(SKbroadband전주방송)

| 참고 문헌 |
양기근 외(2016). 『재난관리론』. 대영문화사.
국민재난안전포털(https://www.safekorea.go.kr/idsiSFK/neo/main/main.html).
기상청 날씨누리 기상특보 발표 기준(https://www.weather.go.kr/w/index.do).
안전한 TV. 계절과 상관없이 자주 발생하고 있는 강풍 대비 안전 수칙을 알아보세요
(https://youtu.be/ogTdyPRvGpc).
SKbroadband전주방송. 여름철 기상특보, 알고 보자!(https://youtu.be/qjhKwkck6NU).

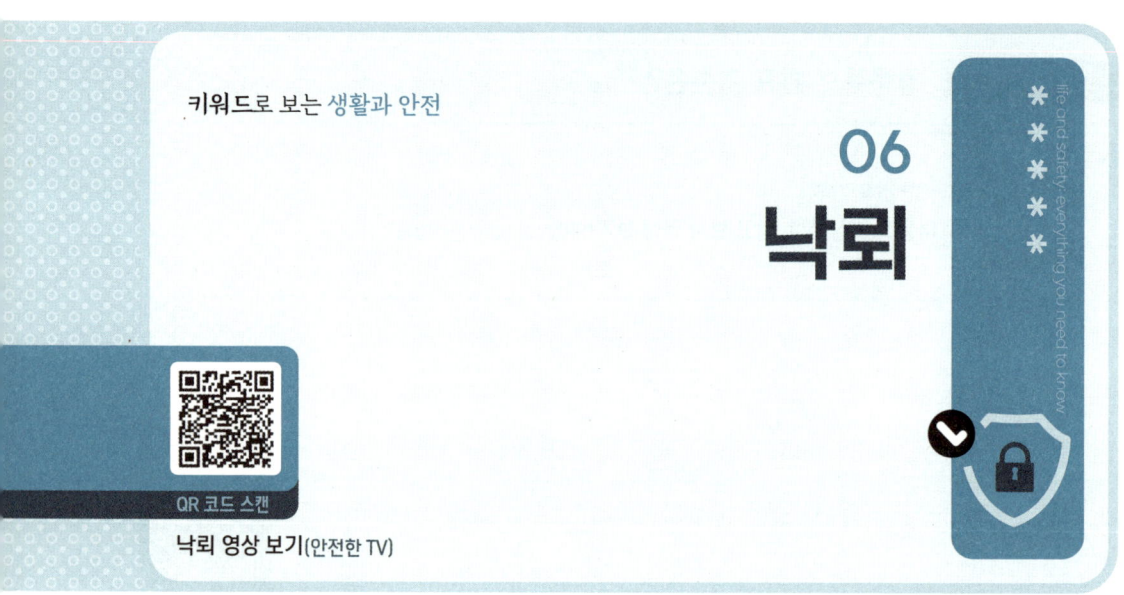

키워드로 보는 생활과 안전

06 낙뢰

낙뢰 영상 보기(안전한 TV)

*
무엇을 낙뢰라고 하나요?

낙뢰(落雷, thunderbolt)는 구름과 대지 사이에서 발생하는 방전 현상을 말한다. 낙뢰는 생각보다 많이 발생한다. 통계에 따르면, 우리나라에서 낙뢰는 매년 14만 건 정도 발생한다. 최근의 기상 이변 심화, 지구온난화는 낙뢰발생률을 급격히 높이고 있다. 미항공우주국(NASA)은 지구 대기 온도가 1℃ 상승 시 낙뢰 발생 가능성은 5~6% 증가한다고 한다. 1세기 전보다 낙뢰 발생 가능성이 30% 이상 증가한 것이다(반기성, 2014).

*
낙뢰 피해는 간접 피해가 더 커

번개는 보통 히로시마(廣島)에 투하된 원폭의 10,000분의 1에 해당하는 에너지를 가지고 있다.[1] 그렇기에 낙뢰를 맞으면 피해가 클 수밖에 없다. 낙뢰로 인한 피해는 벤저민 프랭클린(Benjamin Franklin)이 피뢰침을 만든 후 다양한 피뢰침이 보급되면서 획기적으로 줄어들었

---

[1] 히로시마 원폭의 에너지는 67TJ, 번개의 에너지는 평균 5GJ이다. 줄(joule)은 에너지 또는 일의 국제 단위이다. 기호는 라틴 대문자 J. 1줄은 1뉴턴의 힘으로 물체를 1미터 이동하였을 때 한 일이나 이에 필요한 에너지다(1줄=1뉴턴×1미터=1와트×1초).

다(네이버 지식백과).

낙뢰 피해의 유형은 크게 직접적 피해와 간접적 피해로 나눌 수 있다. 직접적 피해는 낙뢰 감전사고, 가옥과 삼림 화재, 건축물과 설비의 파괴 등이다. 직접적 피해는 국소적으로 발생한다. 따라서 피해 확산의 우려는 적다. 피뢰침 설치나 낙뢰 시 안전행동요령에 따라 행동하여 낙뢰사고 피해를 줄일 수 있다. 간접적 피해는 낙뢰에 의해 발생하는 2차적 피해를 말한다. 전력설비의 정전, 통신설비의 통신 두절, 철도 등 교통시설의 불통, 공장과 빌딩의 조업 중단을 들 수 있다. 낙뢰사고는 간접 피해가 훨씬 더 큰 영향을 주는 특성이 있다. 간접적 피해는 주로 산업시설, 국가기반시설 등의 대형시설에 떨어진 낙뢰에 의한 피해를 말한다. 시설 자체의 피해는 물론, 그 여파가 전국적으로 광범위한 지역에 걸쳐 영향을 준다. 따라서 사회·경제적 손실과 사회 혼란, 심한 경우 치안 붕괴까지도 유발할 수 있다(네이버 지식백과).

* 낙뢰의 피해는 어떨 때 자주 생길까?

미국 해양대기청(NOAA)의 2006년부터 2013년까지 낙뢰 피해 분석 자료에 따르면, 해당 기간 중 미국에서 낙뢰로 인한 사상자는 총 261명으로 사망자의 81%가 남성이었다. 낚시(11%), 캠핑(6%), 보트타기(5%), 해변 활동(5%) 등 수상 레저활동 중 발생한 피해가 가장 자주 일어났으며, 축구(5%), 골프(3%) 등의 스포츠 활동 중에 발생한 피해도 컸다(반기성, 2014).

* 낙뢰의 위험이 있을 때 피하려면 어떻게 하여야 할까?

미국 골프협회가 제안한 내용을 보면 다음과 같다(반기성, 20147). 벼락은 높은 곳에 떨어지기 쉬우므로 자세를 낮추고 될 수 있는 대로 움푹 들어간 곳이나 동굴로 피하는 것이 좋다. 라디오에서 찍찍 하는 잡음이 들려오면 빨리 피한다.

자료: 네이버 지식백과.

평지 부근에 나무가 있다면 그림과 같이 앙각이 45° 이내의 곳으로 피하되 나무는 높아서 벼락을 유인하는 효과가 있으므로 나무에서 1m 떨어진 곳으로 피하여야 한다. 피뢰침은 그림과 같이 보호각이 보통 60°이므로 앙각이 30° 이상인 곳으로 피한다. 사람이 많은 곳은 피하고, 자동차, 전차, 비행기 등은 전기적으로 차폐돼 있으므로 그 안에 머물면 안전하다. 머리핀, 장신구, 시계, 금속성 도구 등을 멀리 치운다. 금속이든 비금속이든 사람의 머리보다 위로 나와 있으면 벼락을 유인하는 효과가 증대한다. 따라서 벼락을 피하려면 금속성 도구를 버리는 것으로는 불충분하며 자세를 낮추는 것이 상책이다. 강한 낙뢰가 있을 것 같으면 TV의 콘센트를 빼어놓고 전선의 안전차단기를 내려놓는 것이 좋으며, 전등과의 거리도 1m 이상 떨어진 곳이 안전하다.

* 낙뢰 예상 시 행동 요령[2]

> 기상청의 태풍·호우가 예보된 때에는 낙뢰를 동반하는 경우가 많으므로 사전에 거주 지역에 영향을 주는 시기를 파악하고, 낙뢰가 발생되기 전에 피해를 예방하기 위한 조치를 취하도록 한다.

---

2) 국민재난안전포털(https://www.safekorea.go.kr/idsiSFK/neo/main/main.html).

① 낙뢰 예보 시에는 외출하지 말고 집안에 머무릅니다.
② 야외에서 일을 하거나 등산, 골프, 낚시 등을 계획할 할 경우에는 기상정보를 미리 확인하고 가급적 야외활동을 자제합니다.
③ 낙뢰가 예상될 때는 우산보다는 비옷을 준비합니다.

* 낙뢰 발생 시 행동 요령

> 번개를 보면 신속히 안전한 곳으로 대피하고, 집안에서는 외출을 자제한다. 또한, '30-30 낙뢰 안전규칙'을 지켜야 한다.

1) 가정에서는 가족들과 함께 피해에 대비한다.
① 스마트폰, 라디오 등을 통하여 기상정보를 파악하고 될 수 있으면 외출을 자제합니다.
② 텔레비전 안테나 전선을 따라 전류가 흐를 수 있으므로 전자제품의 취급에 주의가 필요합니다.
③ 가옥 내에서는 전화기나 전기제품 등의 플러그를 빼어 두고, 전등이나 전기제품으로부터 1m 이상의 거리를 유지합니다.
④ 창문을 닫고, 감전 우려가 있으므로 샤워나 설거지 등을 하지 않습니다.

2) 산에서는(대피장소: 동굴, 물이 없는 움푹 파인 곳) 위험지역을 신속히 벗어난다.
① 갑자기 하늘에 먹구름이 끼면서 돌풍이 몰아칠 때, 특히 바람이 많은 산골짜기 위의 정상 등지에서는 낙뢰 위험이 크므로 신속히 하산합니다.
② 높은 곳은 위험하므로 정상부에서는 낙뢰 발생 시 신속히 낮은 지대로 이동합니다.
③ 번개를 본 후 30초 이내에 천둥 소리를 들었다면 신속히 안전한 장소로 대피하여 즉시 몸을 낮추고 물이 없는 움푹 파인 곳이나 동굴 안으로 대피합니다.
④ 정상부 암벽 위나 키 큰 나무 밑은 위험하므로 즉시 안전한 장소로 이동합니다.
⑤ 등산용 스틱이나 우산같이 긴 물건은 땅에 뉘어 놓고, 몸에서 떨어뜨립니다.
⑥ 대피 때에는 지면에서 10cm 정도 이상 높은 절연체 위에 있는 것이 좋습니다.

⑦ 등산장비 중 매트리스나 밧줄(로프), 침낭, 배낭 등을 깔고 몸을 웅크리고 앉는 것이 좋으며, 젖은 땅에 엎드리는 것은 매우 위험합니다.

* 번개를 본 이후 천둥소리가 들릴 때까지 시간을 센 후, 이 시간이 30초 또는 더 작다면 즉시 건물이나 자동차와 같은 안전한 장소로 이동합니다. 이후 마지막 천둥소리가 난 후 최소한 30분 정도 더 기다렸다 움직이는 것이 좋습니다.

3) 야외(대피장소: 건물, 자동차 안, 물이 없는 움푹 파인 곳 등)**에서는 위험지역을 신속히 벗어난다.**
① 벌판이나 평지에서는 몸을 가능한 한 낮게 하고 물이 없는 움푹 파인 곳으로 대피합니다.
② 평지에 있는 키 큰 나무나 전봇대에는 낙뢰가 칠 가능성이 크므로 피합니다.
③ 골프, 들일, 낚시 중일 때는 골프채, 삽, 괭이 등 농기구, 낚싯대 등을 즉시 몸에서 떨어뜨리고 몸을 가능한 한 낮추어 건물이나 낮은 장소로 대피합니다.
④ 낙뢰는 주위 사람에게도 위험을 줄 수 있으므로 대피할 때에는 다른 사람들과는 5~10m 이상 떨어지되, 무릎을 굽혀 자세를 낮추고 손을 무릎에 놓은 상태에서 앞으로 구부리고 발을 모읍니다.
⑤ 낙뢰는 산골짜기나 강줄기를 따라 이동하는 성질이 있으므로 하천 주변에서의 야외 활동을 자제합니다.
⑥ 마지막 번개 및 천둥 후 30분 정도까지는 안전한 장소에서 대피합니다.
⑦ 자동차에서는 차를 세우고 라디오 안테나를 내린 채 차 안에서 그대로 기다립니다.

*
낙뢰에 맞은 때 응급처치

> 낙뢰에 의한 감전 및 화재 사고 시 가능한 한 빠른 응급구조를 위하여 119에 연락하고 최대한 빨리 응급처치를 한다.

① 낙뢰로부터 안전한 장소로 주변인들과 함께 피해자를 옮기고 의식 여부를 살핍니다.
② 의식이 없으면 즉시 호흡과 맥박의 여부를 확인하고 호흡이 멎어 있을 때에는 인공호흡을, 맥박도 멎어 있으면 인공호흡과 함께 심장 마사지를 합니다. 또한 119 또는 인근 병

원에 긴급 연락하고, 구조요원이 올 때까지 주변인들과 함께 피해자를 응급조치하고 피해자의 체온을 유지시킵니다.

③ 피해자가 맥박이 뛰고 숨을 쉬고 있다면, 주변인들과 함께 피해자의 다른 상처를 가능한 빨리 찾습니다. 몸에서 낙뢰가 들어가고 빠져 나온 부위의 화상을 체크하며, 신경계 피해, 골절, 청각과 시각의 손상을 체크합니다.

④ 의식이 있는 경우에는 주변인들과 함께 피해자 자신이 가장 편한 자세로 안정을 취하게 합니다. 감전 후 대부분 환자가 전신 피로감을 호소하기 마련입니다.

⑤ 환자가 흥분하거나 떠는 경우에는 말을 거는 등의 방법으로 환자가 침착해지도록 합니다.

⑥ 등산 등 즉시 의사의 치료를 받을 수 없는 장소에서 사고가 일어나더라도 절대로 단념하지 말고 필요하다면 인공호흡, 심장 마사지, 지혈 등의 처치를 계속합니다.

⑦ 환자의 의식이 분명하고 건강해 보여도, 감전은 몸의 안쪽 깊숙이까지 화상을 입히는 경우가 있으므로 빨리 병원에서 응급 진찰을 받을 필요가 있습니다.

요약(Wrap-up)

낙뢰 예보 시 외출을 삼가고 외부에 있을 땐 자동차 안, 건물 안, 지하 등 안전한 곳으로 대피한다.

30-30 안전규칙을 지킨다.
- 번개가 친 이후 30초 이내에 천둥이 울리면, 즉시 안전한 장소로 대피한다.
- 마지막 천둥소리가 난 후 30분 정도 더 기다린 후에 움직인다.

*

생각해 보기 낙뢰시 행동 요령은?

[QR 코드 스캔]
낙뢰가 떨어질 때는 어떻게 대처해야 할까요 영상 보기(YTN)

갑자기 벼락이 친다면…나무로? 자동차로?

[QR 코드 스캔]
갑자기 벼락이 친다면… 영상 보기(JTBC)

| 참고 문헌 |

국민안전처 보도자료(2017.6.29.). 낙뢰사고 주의, 7~8월 가장 많이 발생(56%).
반기성(2014), 『지구과학산책』. 네이버 지식백과.
안전한 TV. 국민안전수칙 낙뢰의 원인과 위력.
국민재난안전포털(https://www.safekorea.go.kr/idsiSFK/neo/main/main.html).
기상청(www.kma.go.kr).
네이버 지식백과(https://terms.naver.com/entry.naver?docId=3578708&cid=58947&categoryId=58981).
위키백과(https://ko.wikipedia.org).
JTBC 뉴스룸. 갑자기 벼락이 친다면…나무로? 자동차로?(https://youtu.be/T9v7yug7E1I).
YTN. 낙뢰가 떨어질 때는 어떻게 대처해야 할까요?(https://youtu.be/Q4o5uiKwxdc).

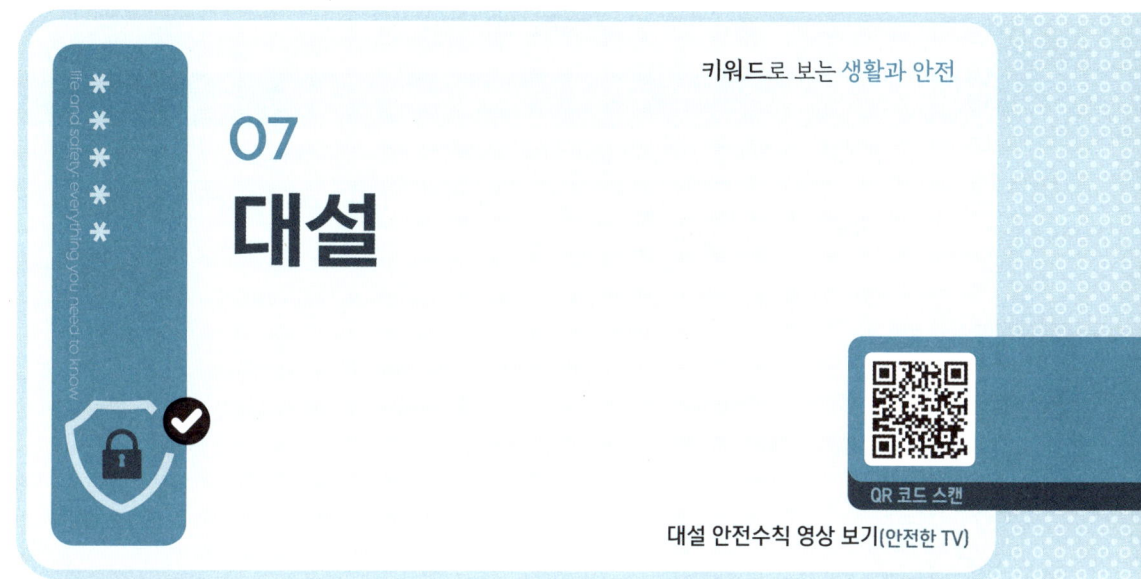

07 대설

키워드로 보는 생활과 안전

대설 안전수칙 영상 보기(안전한 TV)

*무엇을 대설이라고 하나요?

대설(大雪, heavy snow)은 짧은 시간에 많은 양의 눈이 오는 기상 현상으로, 각종 피해를 유발한다. 우리나라는 겨울철(11~3월)에 시베리아의 찬 대륙성 고기압이 우리나라로 확장되면서 강한 북서 계절풍이 되어 강한 바람과 한파의 피해가 자주 나타나고, 찬 대륙성 고기압이 따뜻한 서해 해상 또는 동해 해상을 지나면서 습윤해지고 이 습윤해진 공기가 지형의 영향을 받아 서해안과 영동지방에 대설, 폭풍설 등의 재해를 발생시킨다(양기근 외, 2016).

*대설특보 발표 기준은 어떻게 되나요?

우리나라의 경우, 대설주의보는 24시간 신적설이 5cm 이상 예상될 때 발령되고, 대설경보는 24시간에 신적설이 20cm 이상, 산지의 경우에는 30cm 이상이 예상될 때 발령된다.

<대설특보 발표 기준>

구분		내용
대설	주의보	24시간 신적설이 5cm 이상 예상될 때
	경보	24시간 신적설이 20cm 이상 예상될 때. 다만, 산지는 24시간 신적설이 30cm 이상 예상될 때.

자료: 기상청 날씨 누리 기상특보 발표 기준(https://www.weather.go.kr/w/weather/warning/standard.do).

＊ 대설 진행 단계별 행동 요령은?

＊ 평상시 대설 대비

대설은 짧은 시간에 급격히 눈이 쌓이게 되므로 눈사태, 교통 혼잡, 쌓인 눈으로 인한 시설물 붕괴 등의 피해가 발생될 수 있다. 사전에 다음과 같이 가족이나 이웃과 함께 준비한다.

자료: 국민재난안전포털(https://www.safekorea.go.kr/idsiSFK/neo/main/main.html).

1) 내 지역의 정보는 가족이나 이웃과 함께 미리 확인하고 공유합니다.
- 내가 거주하거나 생활하는 지역의 눈사태, 붕괴위험시설물 등 재해 위험 요소는 과거 피해 자료를 통하여 사전에 가족이나 이웃과 함께 확인합니다.

2) 재난에 대한 위험정보를 수신할 수 있도록 가족이나 이웃과 함께 준비합니다.
- TV, 라디오, 인터넷 등으로 기상정보를 미리 파악하고, 스마트폰에 안전디딤돌 앱을 설치하여 대설, 풍랑 등 기상특보나 눈사태, 시설물 붕괴 등 재난 예·경보를 수신할 수 있도록 합니다.

3) 가족이나 이웃과 함께 사전에 누가 무엇을 어떻게 할 것인지 약속을 정합니다.
① 비상시를 대비하여 지역 대피 장소(국민재난안전포털, www.safekorea.go.kr나 지자체 홈페이지

의 임시대피소, 이재민임시주거시설 등 참고)와 안전한 이동 방법에 대하여 가족이나 이웃과 함께 숙지하고, 어린이 등 재해 약자들에게 알려주어야 합니다.
② 가족이나 이웃이 각각 이동할 때를 대비하여 다시 만날 장소를 사전에 정합니다.

4) 비상시 가족이나 이웃과 함께 안전한 이동 방법, 대피 요령 등을 자세히 알아둡니다.
◆ 비상 상황이 예견될 때에는 가족이나 이웃에게 즉시 연락하여 함께 안전한 곳으로 이동할 수 있도록 하고, 상황이 급박할 경우에는 즉시 그 자리를 피하고 가족과는 따로 연락하여 자신의 이동 경로를 알려주도록 합니다.

5) 재난이 발생할 경우를 대비하여 비상용품을 사전에 가족이나 이웃과 함께 준비합니다.
① 응급약품, 손전등, 식수, 비상식량, 라디오, 휴대폰 충전기, 휴대용 버너, 연료, 담요 등 비상용품을 사전에 한 곳에 구비해 둡니다.
② 차량이 있는 경우에는 연료를 미리 채워 둡니다. 차량이 없을 경우 차량이 있는 가까운 지인이나 이웃과 같이 이동할 수 있도록 사전에 약속해 둡니다.

✱ 대설 예보 시 행동 요령

> TV, 라디오, 인터넷 등에서 대설이 예보된 때에는 사전에 거주지역에 영향을 주는 시기를 파악하고, 대설이 발생되기 전에 피해를 예방하기 위한 조치를 가족이나 이웃과 함께 취하도록 한다.

1) 대설지역 및 지속 시간 등을 파악하여 언제, 어떻게, 누구와 대피할지를 생각합니다.
① TV, 라디오, 인터넷, 스마트폰 등으로 기상 상황을 미리 파악하여 언제, 어떻게, 누구와 무엇을 할지를 준비합니다.
② 스마트폰 앱 '안전디딤돌'을 통하여 기상상황을 파악하여 정보를 필요로 하는 사람들과 공유합니다.

2) 산간 고립지역·붕괴 위험시설물 등 위험지역에서는 주변에 있는 사람들과 함께 안전한 곳으로 이동합니다.
① 눈사태 위험지역, 노후주택 등 붕괴 위험이 있는 건물의 주민은 주변에 있는 사람들에게 알려주고 위험지역에 있는 사람들과 함께 안전한 곳으로 이동 준비를 합니다.
② 자가용 이용을 자제하고 대중교통(지하철, 버스 등) 수단을 이용합니다.
③ 눈 피해 대비용 안전장구(체인, 모래주머니, 삽 등)를 휴대합니다.

3) 주택이나 차량 등의 보호를 위하여 사전에 어떻게 할지를 가족이나 이웃과 함께 대비합니다.
① 선박이나 어망·어구 등은 사전에 결박하여 피해를 최소화하도록 합니다.
② 수산 증·양식시설은 어류 등이 동사하지 않도록 보온 조치를 합니다.
③ 공사장, 비탈면이 있는 지역은 안전 상태를 미리 확인합니다.

* 대설 특보 시 행동 요령

> 외출을 자제하고, 외출을 할 경우에는 대중교통을 이용하거나 자동차의 월동 장비를 반드시 구비하여야 한다. 보온 유지를 위하여 외투, 장갑, 모자 등을 착용한다.

1) 일반 가정에서는 가족들이 함께
① 눈이 많이 올 때에는 되도록 외출을 자제하여 피해를 사전에 방지합니다.
② 내 집 앞, 내 점포 앞 보행로와 지붕 및 옥상에 내린 눈은 가족이나 이웃과 함께 치워 사고를 예방합니다.
③ 노후가옥은 가족이나 이웃과 함께 쌓인 눈의 무게로 무너지지 않도록 안전점검과 보강을 하고, 고립이 우려되는 지역은 경찰서, 관공서와 비상연락 체계를 유지하도록 합니다.
④ 외출 시에는 바닥면이 넓은 운동화나 등산화를 착용하고, 주머니에 손을 넣지 말고 보온 장갑 등을 착용하여 체온을 유지합니다.
⑤ 출·퇴근을 평소보다 조금 일찍 하고, 자가용 대신 지하철, 버스 등 대중교통을 이용합니다.

2) 자동차 운전 중에는 가족이나 동승자가 함께

① 되도록 외출을 자제하고 대중교통을 이용하며, 부득이 차량을 이용할 경우에는 반드시 차량용 안전장구(체인, 염화칼슘, 삽 등)를 휴대합니다.
② 차량으로 장거리 이동 시에는 월동장비, 연료, 식음료 등을 사전에 준비하고 기상 상황을 미리 확인하도록 합니다.
③ 커브길, 고갯길, 고가도로, 교량, 결빙 구간 등에서는 특히 사고 위험이 높으므로 서행하고, 교통사고 예방을 위하여 안전거리를 두고 운행합니다.
④ 차량 이동 중 고립되었을 때에는 가능한 수단을 통하여 구조 연락을 취하고, 동승자와 함께 체온을 유지하고 돌아가면서 휴식을 취하도록 합니다.
⑤ 한 사람은 반드시 깨어 있어야 하며 야간에는 실내등을 켜거나 색깔 있는 옷을 눈 위에 펼쳐놓아 구조요원이 쉽게 찾을 수 있도록 합니다.
⑥ 차량이 고립·정체된 경우 되도록 차량에서 대기하고, 부득이 차량을 벗어날 경우 연락처와 열쇠를 꽂아 둔 채로 대피합니다.

3) 농·어촌, 공장 등에서는 가족이나 이웃, 직원이 함께

① 비닐하우스, 가설 건축물 등은 가족이나 이웃과 함께 미리 점검하고, 지붕에 눈이 쌓이기 전에 치워 두거나, 받침대 등으로 미리 보강하여 피해를 예방합니다.
② 농촌에서는 가족이나 이웃과 함께 작물을 재배하지 않는 곳은 비닐을 걷어내고, 수산 증·양식장은 어류 등이 동사하지 않도록 보온 조치를 합니다.
③ 공장, 시장 비가림 시설, 주거용 비닐하우스, 창고 등 가설 패널을 이용한 구조물은 쌓인 눈의 무게에 취약하므로 직원들과 함께 안전한 곳으로 이동합니다.

✱ 대설 후 행동 요령

> 큰 눈이 멈춘 후에는 주변의 피해를 확인하고, 가까운 행정복지센터(주민센터) 등에 신고하여 보수·보강을 하도록 한다.

1) 가족 및 지인의 안전 여부를 주위 사람들과 함께 확인합니다.
◆ 가족 및 지인과 연락하여 안전 여부를 확인하고, 연락이 되지 않고 실종이 의심되는 경우에는 가까운 경찰서에 신고합니다.

2) 대설로 인한 피해 여부를 주변에 있는 사람들과 함께 확인합니다.
① 대피 후 집으로 돌아온 경우에는 노후주택 등이 안전에 위험이 있을 수 있으므로, 출입하기 전에 반드시 피해 여부를 확인합니다.
② 파손된 시설물(주택, 상하수도, 축대, 도로 등)이 있을 경우에는 가까운 행정복지센터(주민센터)나 시·군·구청에 신고합니다.
③ 파손된 사유시설을 보수 또는 복구할 때는 반드시 사진을 찍어 둡니다.
④ 고립된 지역에 있을 경우에는 무리하게 운전하여 이동하지 말고, 119 또는 112 등에 신고하거나 주변에 도움을 요청합니다.

3) 대설로 인한 2차 피해를 주변에 있는 사람들과 함께 방지합니다.
① 대설 후, 한파가 이어져 빙판이 생길 수 있으니 외출 시 따뜻하게 옷을 입고 미끄럼에 주의하도록 합니다.
② 가스, 전기가 차단되었을 때, 한국가스안전공사(1544-4500)와 한국전기안전공사(1588-7500) 또는 전문가의 안전 점검 후에 사용합니다.
③ 대설로 가스가 누출될 수 있으므로 창문을 열어 충분히 환기하고, 성냥불이나 라이터는 환기 전까지 사용하지 않습니다.
④ 붕괴 위험이 있는 시설물은 점검 후에 출입하도록 합니다.

요약(Wrap-up)

대설은 짧은 시간에 많은 양의 눈이 오는 기상 현상으로 각종 피해를 유발한다. 대설주의보는 24시간 신적설이 5cm 이상 예상될 때 발령되고, 대설경보는 24시간에 신적설이 20cm 이상, 산지의 경우에는 30cm 이상이 예상될 때 발령된다.

✱ 생각해 보기 | 대설 시 행동 요령은?

 **[QR 코드 스캔]**
대설 시 행동 요령 영상 보기(안전한 TV)

|참고 문헌|
양기근 외(2016). 『재난관리론』. 대영문화사.
안전한 TV. 대설 시 행동 요령.
안전한 TV. 쌓이면 무서운 재난이 되는 눈! 대설 안전수칙(https://youtu.be/4RTKST09z9w).
국민재난안전포털(https://www.safekorea.go.kr/idsiSFK/neo/main/main.html).
기상청(www.kma.go.kr).

키워드로 보는 생활과 안전

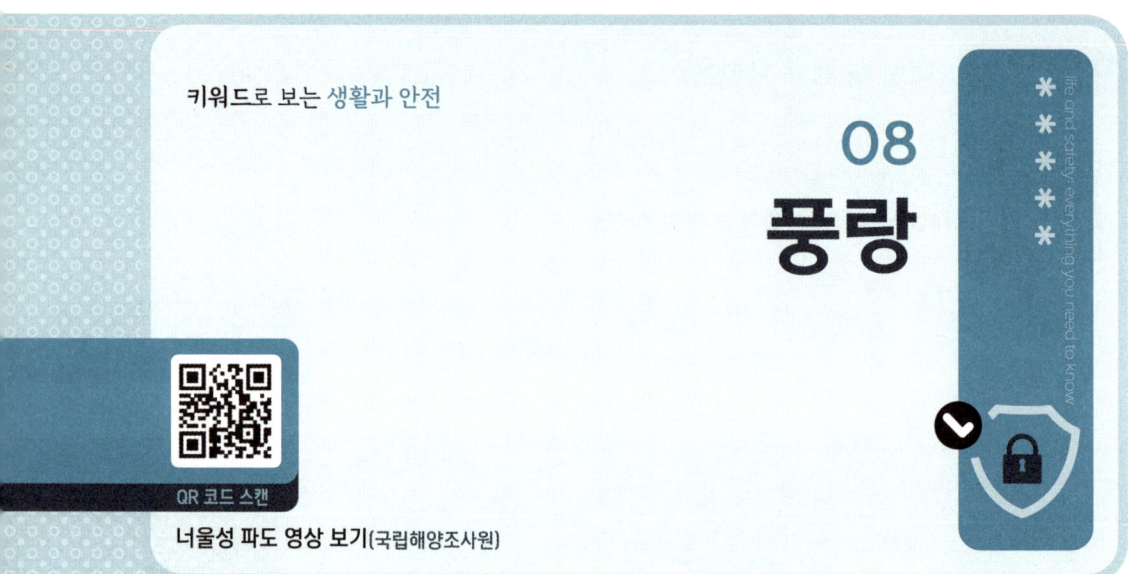

08
풍랑

QR 코드 스캔
너울성 파도 영상 보기(국립해양조사원)

*
무엇을 풍랑이라고 하나요?

풍랑(風浪, wind wave)은 해상에서 바람에 의하여 일어나는 파도이다. 풍파(風波)라고도 불리는 풍랑은 오로지 바람의 힘으로만 파도를 일으키는 것을 말한다. 풍랑은 공기의 속도를 뜻하는 풍속과 바람이 불어온 거리, 일정한 방향으로 이동하는 풍속이 연속적으로 분 시간에 영향을 받는다. 바람이 불기 시작하면 짧은 주기의 표면파가 생기고, 시간이 지나 파고가 높아지면 장주기의 파로 변한다. 풍랑의 마루는 뾰족한 편이고 파장과 주기가 짧다는 특징이 있다.

*
풍랑특보 발표 기준은 어떻게 되나요?

풍랑주의보는 해상에서 풍속 50.4km/h(14m/s) 이상이 3시간 이상 지속되거나 유의 파고가 3m 이상이 예상될 때 발령되고, 풍랑경보는 해상에서 풍속 75.6km/h(21m/s) 이상이 3시간 이상 지속되거나 유의 파고가 5m 이상이 예상될 때 발령된다.

〈풍랑특보 발표 기준〉

구분		내용
풍랑	주의보	해상에서 풍속 50.4km/h(14m/s) 이상이 3시간 이상 지속되거나 유의 파고*가 3m 이상이 예상될 때
	경보	해상에서 풍속 75.6km/h(21m/s) 이상이 3시간 이상 지속되거나 유의 파고가 5m 이상이 예상될 때

* 유의 파고: 특정 시간 내에 일어나는 모든 파도의 높이 중 가장 높은 파고부터 1/3 높이 파고의 평균

자료: 기상청 날씨 누리 기상특보 발표 기준(https://www.weather.go.kr/w/weather/warning/standard.do).

풍랑과 너울은 어떻게 다른가요?

풍랑은 해상에서 바람에 의하여 일어나는 파도인데 비하여 그 장소에 바람이 없어도 멀리서 전해 오는 것은 너울이라 한다. 이 둘을 비교하면 풍랑은 파(波)의 마루가 뾰족하고 파장과 주기는 비교적 짧지만, 너울은 파의 마루가 완만하게 보이고 파장은 수십m, 길 때는 100m에 달하며, 주기도 풍랑의 짧은 것이 2초 정도인 데 비하여 너울은 가장 짧은 것이 5~6초이다. 바람에 따라 미세한 파도가 나타나다가 풍속이 1~2m/s 이상이 되면 보통 풍랑이라고 하는 파도가 된다(양기근 외, 2016).

그리고 바람에 의하여 발생한 풍랑과 너울을 종합적으로 이르는 말을 파랑(波浪, wave)이라고 한다.

〈풍랑과 너울의 구분〉

구분	풍랑	너울
주기	2~8초	5~15초
파장	수~수십m	수백m
성인	직접 바람에 의하여 일어난다.	바람이 없어도 전파된다.
특징	마루 부분이 뾰족하다. 발달 단계의 강제파이다.	마루 부분이 둥글다. 쇠약 단계의 자유파이다.

마루 : 극댓값, 골 : 극솟값
파고 : 골에서 마루 사이의 높이
파장 : 파의 길이

〈용어 설명〉
마루와 골: 마루는 위로 볼록한 꼭대기 점을 말하고, 골은 아래로 오목한 골짜기 점을 말함.
파고: 파고는 골에서 마루까지의 높이를 말함.
파장: 파장은 파의 길이를 나타내고, 마루에서 그다음 마루, 골에서 그다음 골까지의 거리를 말함.
주기: 주기적인 반복운동 혹은 물리적인 양의 요동에서 한 번의 왕복이 일어나는 데 걸리는 기간을 말함.

자료: 이석형(2002); 소방방재청(2010).

풍랑특보 시 대비 요령

① TV, 라디오 등을 통하여 풍랑정보를 수시로 확인하고 관공서의 재난 예·경보를 청취합시다.
② 해안가의 낚시꾼, 야영객, 행락객 등은 인근의 안전한 곳으로 대피합시다.
③ 지붕 위나 바깥에서의 작업은 위험하니 피해야 합니다.
④ 파도에 휩쓸릴 위험이 있으니 바닷가로 나가지 않도록 주의합니다.
⑤ 높은 파도가 발생할 위험이 있는 방파제, 방조제 등에 가지 맙시다.
⑥ 항해 중 또는 조업 어선은 인근 선박이나 관계 기관(어업무선국 등)에 연락하고 대피합시다.
⑦ 수산 증·양식시설을 고정하고 지지대로 보강하여 높은 파도와 강풍에 유실되지 않도록 사전 조치합시다.
⑧ 양식자재·해상작업대 등은 안전한 장소로 미리 이동 조치합시다.
⑨ 집 안팎의 전기 수리는 하지 맙시다.

요약(Wrap-up)

대풍랑은 해상에서 바람에 의하여 일어나는 파도인데 비하여 그 장소에 바람이 없어도 멀리서 전해 오는 것은 너울이라 한다.
풍랑주의보는 해상 풍속 14m/s 이상(3시간 이상 지속), 유의 파고 3m 초과 이상 예상될 때 발령되고, 풍랑경보는 해상 풍속 21m/s 이상(3시간 이상 지속), 유의 파고 5m 초과 이상이 예상될 때 발령된다.

> * **생각해 보기**   너울성 파도 대처 요령은?
>
>
> **[QR 코드 스캔]**
> 너울성 파도에 따른 피해 예방 및 행동요령 영상 보기(안전한 TV)

너울성 파도 시에는 해안가 위험 축대나 시설물은 사전에 철거하고, 방파제 근처가 가장 위험하므로 피하는 것이 가장 좋다.

| 참고 문헌 |

소방방재청(2010). 재난상황관리 정보-해파(Sea wave).
양기근 외(2016). 『재난관리론』. 대영문화사.
국립해양조사원. 너울성 파도(https://youtu.be/irogjtAwSpk).
국민재난안전포털(https://www.safekorea.go.kr/idsiSFK/neo/main/main.html).
안전한 TV. 너울성 파도에 따른 피해 예방 및 행동요령(https://youtu.be/Ew0E4uw2zHw).

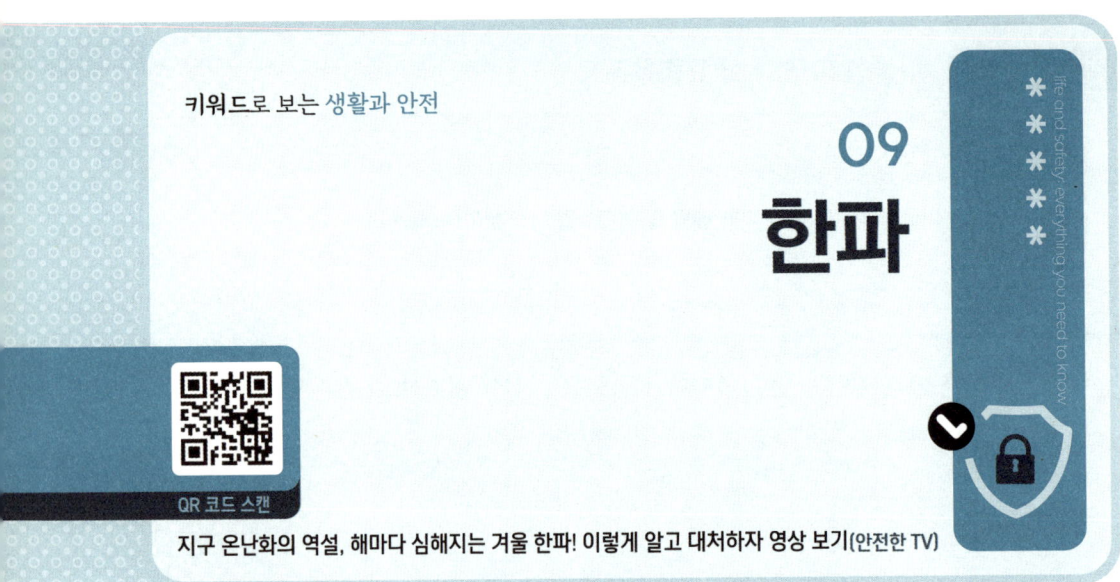

키워드로 보는 생활과 안전

09 한파

지구 온난화의 역설, 해마다 심해지는 겨울 한파! 이렇게 알고 대처하자 영상 보기(안전한 TV)

* 무엇을 한파라고 하나요?

한파(寒波, cold wave)란 일정 기준 이하의 기온 하강으로 인하여 인명 및 재산 피해를 유발하는 재해를 말한다. 한파 일수는 아침 최저 기온이 영하 12℃ 이하일 때 일수이다. 발생 원인은 여러 가지가 있지만, 한반도를 내습하는 한파는 대부분 급격한 서고동저형 기압 배치로 인한 서쪽의 대륙성 고기압의 확장에 따른 결과이다. 최근엔 지구온난화로 인한 북극 한파로 북반구에 한파가 오는 경우가 많다.

* 한파특보 발표 기준은 어떻게 되나요?

한파주의보는 10월~4월에 다음 중 하나에 해당하는 경우에 발령된다.

① 아침 최저 기온이 전날보다 10℃ 이상 하강하여 3℃ 이하이고 평년값보다 3℃가 낮을 것으로 예상될 때
② 아침 최저 기온이 -12℃ 이하가 2일 이상 지속될 것이 예상될 때
③ 급격한 저온 현상으로 중대한 피해가 예상될 때

한파경보는 10월~4월에 다음 중 하나에 해당하는 경우에 발령된다.
① 아침 최저 기온이 전날보다 15℃ 이상 하강하여 3℃ 이하이고 평년값보다 3℃가 낮을 것으로 예상될 때
② 아침 최저 기온이 -15℃ 이하가 2일 이상 지속될 것이 예상될 때
③ 급격한 저온 현상으로 광범위한 지역에서 중대한 피해가 예상될 때

〈한파특보 발표 기준〉

구분		내용
한파	주의보	10월~4월에 다음 중 하나에 해당하는 경우 ① 아침 최저 기온이 전날보다 10℃ 이상 하강하여 3℃ 이하이고 평년값보다 3℃가 낮을 것으로 예상될 때 ② 아침 최저 기온이 -12℃ 이하가 2일 이상 지속될 것이 예상될 때 ③ 급격한 저온 현상으로 중대한 피해가 예상될 때
	경보	10월~4월에 다음 중 하나에 해당하는 경우 ① 아침 최저 기온이 전날보다 15℃ 이상 하강하여 3℃ 이하이고 평년값보다 3℃가 낮을 것으로 예상될 때 ② 아침 최저 기온이 -15℃ 이하가 2일 이상 지속될 것이 예상될 때 ③ 급격한 저온 현상으로 광범위한 지역에서 중대한 피해가 예상될 때

자료: 기상청 날씨 누리 기상특보 발표 기준(https://www.weather.go.kr/w/weather/warning/standard.do).

* 한파 진행 단계별 행동 요령은?

평상 시 행동 요령

한파는 저체온증, 동상, 동창 등의 한랭질환을 유발할 수 있으며, 심하면 사망에 이르게 된다. 그뿐만 아니라 농·축·수산 분야의 재산 피해와 전력 급증으로 생활 불편을 초래하기도 한다. 겨울철에는 다음 사항을 숙지하여 가족이나 이웃과 함께 피해를 사전에 예방할 수 있도록 미리 준비한다.

자료: 국민재난안전포털(https://www.safekorea.go.kr/idsiSFK/neo/main/main.html).

1) 겨울철에는 항상 기상 상황에 주목하며 주변 사람들과 함께 정보를 공유한다.
- ◆ TV, 라디오, 인터넷 등을 통하여 한파와 관련한 기상 상황을 수시로 확인합니다.

2) 저체온증 등 한랭질환의 증상과 가까운 병원 연락처 등을 가족이나 이웃과 함께 사전에 파악하고 어떻게 조치하여야 하는지를 알아 둔다.
① 집에서 가까운 병원 연락처를 알아 두고, 본인과 가족의 저체온증 등 증상을 확인합니다.
② 어린이, 노약자, 심뇌혈관 질환자 등 취약계층은 추위에 약하므로 건강관리에 더욱 유의하여야 합니다.
③ 추위로 인한 질병(저체온증, 동상, 참호족·침수족, 동창 등)에 대한 증상과 대처 방법을 사전에 알아 둡니다.

3) 한파 예보에 맞추어 추위에 필요한 용품이나 준비 사항을 가족이나 이웃과 함께 확인하고 정보를 공유한다.
① 보일러, 배관, 난방기구 등은 사전에 사용할 수 있도록 정비하고 화재에 주의합니다.
② 동파 방지를 위하여 계량기 등은 미리 보온 조치를 합니다.
③ 외출할 때를 대비하여 내복, 목도리, 모자, 장갑 등을 준비합니다.
④ 정전에 대비하여 손전등, 비상 식음료, 휴대용 라디오 등을 미리 준비합니다.
⑤ 단수에 대비하여 생수를 준비하고, 생활용수는 욕조에 미리 받아 둡니다.
⑥ 오래된 주택은 변압기를 사전에 점검하여 과부하에 대비합니다.
⑦ 장거리 운행계획이 있다면 빙판길 교통사고 등이 발생할 수 있으므로 신중히 판단합니다.

4) 한파 안전 상식
① 무리한 신체활동이나 장시간 야외활동은 자제하고, 주기적으로 따뜻한 곳에서 휴식을 취합니다.
② 충분한 영양 섭취와 수분 공급을 유지하고 따뜻한 옷과 담요, 음료 등으로 체온을 유지합니다.
③ 선천성 질환이나 만성질환(내분비계, 심뇌혈관, 신경계, 감염병, 피부질환 등)이 있는 경우 주치의와 상의하여 동절기 기간에 적절한 예방과 치료를 받아야 합니다.

④ 한파는 호흡기나 순환기 질환의 발병률을 높이고 심각한 경우는 사망에 이르게 합니다.
⑤ 한파가 지속될 때 실내 기온이 4℃ 떨어지면 심혈관 질환 사망 위험이 5% 높아지고, 저온에서는 혈액 유속이 더욱 느려지며, 혈청 피브리노겐 수준이 높아져 뇌경색 발병 위험을 높게 만듭니다.

5) 취약계층 안전 확인
◆ 어린이, 노약자 등은 사전에 연락처를 확인하고 한파 대처 상황을 꼼꼼하게 챙깁니다.

한파 발생 시 행동 요령

> TV, 라디오, 인터넷 등에서 한파가 예보된 때에는 최대한 야외활동을 자제하고, 주변의 독거노인 등 건강이 염려되는 분들의 안부를 살펴본다.

1) 일반 가정에서는 가족들과 함께
① 야외활동은 되도록 자제하고, 부득이 외출을 하는 경우에는 내복, 목도리, 모자, 장갑 등으로 노출 부분의 보온에 유의하여야 합니다.
② 외출 후에는 손발을 씻고 과도한 음주나 무리한 일은 피하도록 합니다. 또한, 당뇨 환자, 만성 폐질환자 등은 미리 독감 예방접종을 하여야 합니다.
③ 심한 한기, 기억 상실, 방향 감각 상실, 불분명한 발음, 심한 피로 등을 느낄 때는 저체온 증세를 의심하고 바로 병원으로 가야 합니다.
④ 동상에 걸렸을 때는 비비거나 갑자기 불에 쬐어서는 안 되며, 따뜻한 물로 세척 후에 보온을 유지한 채로 즉시 병원으로 가야 합니다.
⑤ 외출 시에는 되도록 대중교통을 이용하고, 가족에게 행선지와 시간 계획을 알려 둡니다.
⑥ 거동이 불편한 노인, 신체허약자, 환자 등을 남겨두고 장시간 외출할 경우에는 친인척, 이웃 등에 보호를 부탁합니다.
⑦ 특히, 연세 많은 어르신, 장애인이 홀로 거주하는 경우 수시로 전화 등을 통하여 안부를 확인합니다.

⑧ 빙판길 낙상사고를 줄이기 위해서는 보폭을 줄이고 굽이 낮고 미끄럼이 방지된 신발을 신는 등 주의하여야 합니다.

> 〈빙판길 낙상사고 줄이는 요령〉
> ① 보폭을 평소보다 10~20% 줄입니다.
> ② 굽이 낮은 미끄럼 방지 밑창 신발을 신습니다.
> ③ 옷 주머니에 손을 넣거나, 스마트폰을 보면서 걷지 않습니다.
> ④ 가능한 한 손에 물건을 들고 다니지 않습니다.
> ⑤ 응달진 곳을 피하고, 급격한 회전을 하지 않습니다.
> ⑥ 움직임을 둔하게 하는 무겁고 두꺼운 외투는 피합니다.
> ⑦ 넘어질 때는 무릎으로 주저앉으면서 옆으로 굴러 피해를 최소화합니다.
> ⑧ 진정제, 수면제 등 어지럼 유발 약물 복용자는 외출을 삼갑니다.

⑨ 수도계량기, 수도관, 보일러 배관 등은 헌옷 등 보온재로 채우고 외부는 테이프로 밀폐시켜 찬 공기가 들어가지 않도록 합니다.
⑩ 장기간 집을 비우게 될 때는 수도꼭지를 조금 열어 물이 흐르도록 하여 동파를 방지하고, 수도관이 얼었을 때는 미지근한 물이나 드라이로 녹입니다.
⑪ 과도한 전열기 사용을 자제하고, 인화물질을 전열기 부근에 두지 않습니다.
⑫ 전기, 가스, 지역난방 등 시설이 고장난 경우에는 관리기관이나 지자체에 신고하도록 합니다.

2) 자동차 운전 중에는 가족이나 동승자가 함께

① 도로 결빙에 대비하여 스노체인, 염화칼슘, 삽 등 월동용품을 미리 구비하고, 부동액, 축전지, 윤활유 등 자동차 상태를 사전에 점검합니다.
② 운전 전에는 앞 유리의 성에(window frost)를 완전히 제거하고, 운전 중에는 평소보다 저속 운전하며, 차간 거리를 충분히 확보하여 사고를 예방합니다.
③ 미끄러운 길이나 빙판길, 커브길 등에서는 되도록 가속과 멈춤을 하지 말고, 속도를 미리 줄이도록 합니다.

④ 차량 이동 중 고립되었을 때에는 가능한 수단을 통하여 구조 연락을 취하고, 동승자와 함께 체온을 유지하고 돌아가며 휴식을 취하도록 합니다. 한 사람은 반드시 깨어 있어야 하며, 야간에는 실내등을 켜거나 색깔 있는 옷을 눈 위에 펼쳐놓아 구조요원이 쉽게 찾을 수 있도록 합니다.

3) 농·어촌에서는 가족이나 지역 주민과 함께
① 비닐하우스 등 동해(冬害) 피해 방지를 위하여 난방, 온실 커튼, 축열 주머니 등 미리 동해 방지 조치를 취합니다.
② 축사 등은 쌓인 눈에 의한 붕괴 등에 대비하여 보수·보강하고, 샛바람 방지를 위한 보온 덮개와 난방기 등을 준비합니다.
③ 양식장은 사육지 면적의 1% 이상을 별도 확보하여 월동장을 설치하고, 방풍망 등으로 보온 조치합니다.
④ 장기 한파 피해가 예상되면 양식 어류는 조기 출하하여 피해를 예방합니다.

*
한랭질환은 무엇이고 대처 요령은?

한랭질환이란 추위가 직접 원인이 되어 인체에 피해를 입힐 수 있는 질환이며, 대표적으로 저체온증, 동상 등이 있다.

〈한랭질환과 대처 요령〉

한파 질병 종류	증상	대처 요령
저체온증	- 말이 어눌해지거나 기억 장애 발생 - 점점 의식이 흐려짐. - 지속적인 피로감을 느낌 - 팔, 다리의 심한 떨림 증상	1. 신속히 병원으로 가거나 바로 119로 신고합니다. 2. 젖은 옷은 벗기고 담요나 침낭으로 감싸줍니다. 3. 겨드랑이, 배 위에 핫팩이나 더운 물통 등을 둡니다. * 이런 재료가 없는 경우 사람을 껴안는 것도 효과적입니다. 4. 의식이 있는 경우에는 따뜻한 음료가 도움이 될 수 있으나, 의식이 없는 경우 주의합니다.

| 동상 | 1도: 찌르는 듯한 통증, 붉어지고 가려움, 부종
2도: 피부가 검붉어지고 물집이 생김.
3도: 피부와 피하조직 괴사, 감각 소실
4도: 근육 및 뼈까지 괴사 | ※병원을 방문하여 진료를 받는 것이 우선입니다.
1. 환자를 따뜻한 환경으로 옮깁니다.
2. 동상 부위를 따뜻한 물(38~42℃)에 담급니다.
　* 38~42℃ : 동상을 입지 않는 부위를 담갔을 때 불편하지 않을 정도의 온도
3. 얼굴 귀: 따뜻한 물수건을 대주고 자주 갈아줍니다.
4. 손, 발: 손가락, 발가락 사이에 소독된 마른 거즈를 끼웁니다.
　* 습기를 제거하고 서로 달라붙지 않게 함.
5. 동상 부위를 약간 높게 합니다.
　* 부종 및 통증을 줄여줍니다.
6. 다리, 발 동상 환자는 들것으로 운반합니다.
　* 다리에 동상이 걸리면 녹고 난 후에도 걸어서는 안 됩니다. |

자료: 국민재난안전포털(https://www.safekorea.go.kr/idsiSFK/neo/main/main.html).

요약(Wrap-up)

한파란 일정 기준 이하의 기온 하강으로 인하여 인명 및 재산 피해를 유발하는 재해를 말한다.

한파에 대한 특보 기준과 질병 상식 등을 미리 알아 두어 한파특보나 응급 상황에 즉시 대처할 수 있도록 한다.

생각해 보기 한랭질환의 예방수칙은?

[QR 코드 스캔]
한랭질환 예방수칙 영상 보기(고려대학교병원 건강고대로 고고TV)

| 참고 문헌 |
고려대학교 병원 건강고대로 고고TV. 한랭질환의 예방수칙은?
국민재난안전포털(https://www.safekorea.go.kr/idsiSFK/neo/main/main.html).
기상청 날씨누리 기상특보 발표 기준(https://www.weather.go.kr/w/index.do).
안전한 TV. 지구 온난화의 역설, 해마다 심해지는 겨울 한파! 이렇게 알고 대처하자
(https://youtu.be/oW7xGFiIdiw).

키워드로 보는 생활과 안전

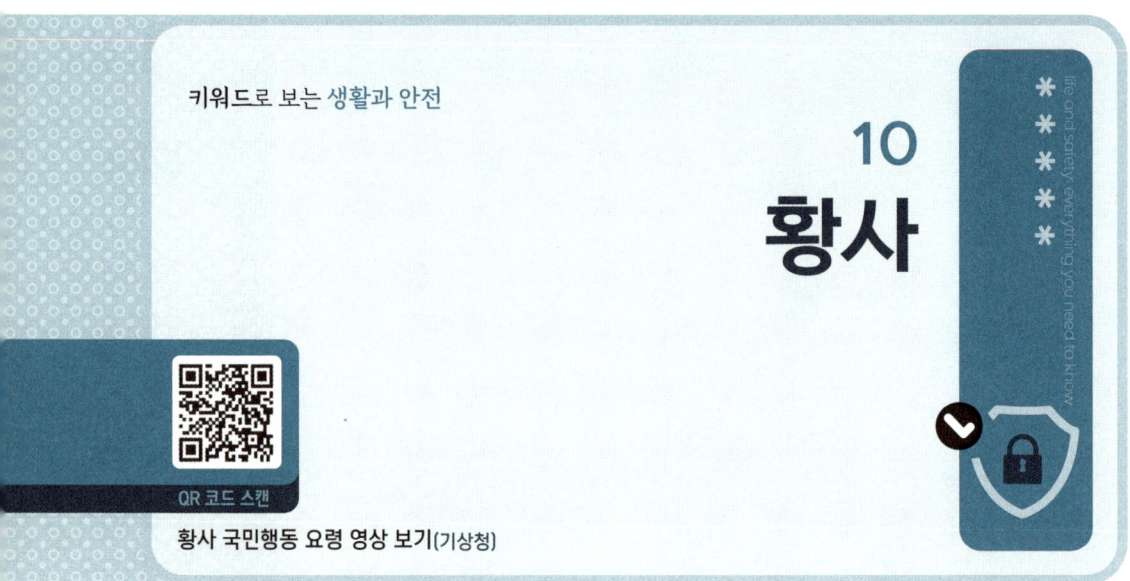

10
황사

QR 코드 스캔
황사 국민행동 요령 영상 보기(기상청)

무엇을 황사라고 하나요?

황사(黃砂, yellow dust)는 봄철 중국 대륙이 가물 때 중국 북부의 고비사막, 타클라마칸사막 및 황허(黃河) 상류의 광활한 황토지대에 흙먼지가 강한 상승 기류를 타고 3~5km 상공으로 날려 올라가 초속 30m 정도의 편서풍을 타고 우리나라에 떨어지는 현상이다.

일반적으로 황사는 미세먼지(PM10) 농도 $10\mu g/㎥$ 이상일 때 황사라고 한다(국립기상과학원). 황사는 평상시에는 $10~50\mu g/㎥$인 먼지 농도로 황사가 발생하면 $100~500\mu g/㎥$으로 증가하고, 황사의 주성분인 Si(규소), Al(알루미늄), Ca(칼슘), K(칼륨), Na(나트륨) 등의 농도가 상승한다.

황사의 발생 원인은 무엇일까요?

황사 현상은 바람에 의하여 퇴적된 모래와 진흙이 섞여 만들어진 황토지대에서 주로 발생하는데, 대체로 건조지대와 반건조지대에서 모래폭풍과 같은 바람에 의하여 일어난다. 강한 바람이 일면서 모래 또는 먼지 입자가 공중으로 올라가고, 올라간 입자 가운데 크고 무거운 것은 더 이상 상승하지 못하고 부근에 떨어진다. 그러나 작고 가벼운 입자는 대기 상층까지 올라가 떠다니다가 상층 기류를 타고 멀리까지 이동한다. 즉, 건조한 모래먼지는 강한 바람이 불면 조금씩 위로 올라가고, 더욱이 강한 햇빛까지 쐬면 지열로 인하여 대류가 생겨 그 부력으로 인하여 떠오르게 되는데, 이러한 조건이 어우러질 경우 누런 모래먼지는 아주 멀리까지 날아가 아시아 전역에 영향을 미치게 된다.

특히 황사 현상은 3~5월인 봄에 집중적으로 발생하는데, 이는 황사의 발원지인 유라시아대륙의 중심부가 바다와 멀리 떨어져 있어 매우 건조하고, 또 강수량이 적은 데다 겨우내 얼었던 메마른 토양이 녹으면서 부서지기 쉬운 모래먼지가 많이 생기기 때문이다. 이렇게 잘게 부서진 모래먼지가 모래폭풍이나 강한 바람에 쉽게 날려 공중을 떠돌다가 멀리까지 이동해 낙하하는 것이다. 한반도에 영향을 미치는 황사도 이 무렵에 발생한다.

* 황사는 우리 생활에 어떤 영향을 주나요?

황사가 발생하면 시야가 흐려지고 하늘이 황갈색으로 변하며(시정[視程] 악화), 누런색의 고운 먼지가 인체와 물체에 쌓인다(건성 침적). 황사는 입자의 크기가 20㎛ 이하로 상층으로 상승하여 장거리 이동하면서 기상 조건과 입자의 크기에 따라 점차적으로 침적하므로 입자의 크기나 종류에 따라 황사의 영향과 피해 양상도 다르게 나타날 수 있다. 우리나라의 경우 입자의 크기가 작은 미세입자에 의한 문제가 상대적으로 크게 작용하고 있으며 긍정적 영향과 부정적 영향을 동시에 가지고 있다.

1) 부정적 영향
① 태양 빛을 차단, 산란시킴(시정 악화).
② 지구대기의 열 수지에 영향을 미침(복사열 흡수로 냉각 효과).
③ 구름 생성을 위한 응결핵 증가
④ 농작물, 활엽수의 숨쉬는 구멍을 막아 생육에 장애 일으킴.
⑤ 호흡기관으로 깊숙이 침투함.
⑥ 눈 질환 유발
⑦ 빨래, 음식물 등에 침강, 부착
⑧ 항공기 엔진 손상 및 이착륙 시 시정(視程) 악화로 인한 사고 발생 가능성

⑨ 반도체 등 정밀기계의 손상 가능성

2) 긍정적 영향
① 주로 알칼리성 성분이 많이 포함되어 있어 산성비 중화작용
② 산과 호수에 알칼리 성분을 공급하여 토양과 호수의 산성화 방지
③ 서해 등에 풍부한 미네랄 공급 및 정화작용
④ 해양 플랑크톤에 무기염류 제공(생물학적 생산력 증대)
⑤ 토양 속 미생물에 의한 무기염 흡수 강화

✱
황사로 인한 피해에는 무엇이 있을까요?

1) 건강 부문 피해
 황사 발생으로 인한 미세먼지 농도의 증가는 기관지염, 천식 등 호흡기질환, 자극성 결막염 등 안질, 심혈관계 질환을 유발할 수 있으며, 미세먼지에 유해물질이 부착되어 있을 경우 황사의 건강 위해도는 크게 증가한다.

2) 농업 부문 피해
황사가 토양생태계에 미치는 영향 정도는 심각한 수준은 아니나, 식물 생장 저해, 투과율 저하로 시설작물의 생산성 하락 등의 피해가 나타난다.

3) 축산 부문 피해
황사 발생 기간보다 황사가 발생한 후 1~4일 사이에 한우의 호흡기 질환 발생 두수가 증가한다.

4) 산업 부문 피해
조선업계는 황사 발생 시 먼지바람을 피하기 위한 도장작업 일시 중단 등으로 조업 일수 1.2% 증가 및 백화점이나 할인점의 매출도 약 20% 감소할 것으로 전망된다.

5) 교통 부문 피해
육상, 해상 및 항공 부문 교통수단의 중단, 지연 및 사고의 증가를 초래하며, 특히 항공기 결항 등으로 인한 경제적 손실이 발생한다.

✽ 황사 발생 시 무엇을 준비해야 하나요?

1) 일반 가정 및 식품 취급 장소에서는 가족과 직원이 함께
① 가능한 한 외출을 삼가고 외출 시에는 보호안경, 마스크, 긴 소매 의복을 착용하며 귀가 후에는 손발 등을 깨끗이 씻고 양치질을 한다.
② 황사가 들어오지 못하도록 창문을 닫고 공기정화기와 가습기를 사용하여 실내 공기를 쾌적하게 유지한다.
③ 황사에 노출된 채소, 과일, 생선 등 농수산물은 충분히 세척 후 요리한다.
④ 2차 오염을 방지하기 위하여 식품가공·조리 시 손을 철저히 씻고 조리도구, 기구 등이 오염되지 않도록 관리하며 주변 환경을 청결하게 한다.

2) 학교 등 교육기관에서는 교직원들이 함께
유치원생과 초등학생들의 실외 활동을 금지하고 수업 단축 또는 휴업을 한다.
※ 실외학습, 운동경기 등을 중지하거나 연기한다.

3) 축사·시설원예 장소에서는 지역 주민들과 함께
① 운동장이나 방목장에 있는 가축은 축사 안으로 신속히 대피시켜 황사에 노출되지 않도록 한다.
② 축사의 출입문과 창문을 닫아 황사 유입을 최소화하고, 외부의 공기와 접촉을 최대한 적게 한다.
③ 노지에 방치·야적된 사료용 건초, 볏짚 등을 비닐이나 천막으로 덮는다.
④ 비닐하우스, 온실 등 시설물의 출입문과 환기창을 닫는다.
※ 제조업체 등 사업장에서는 불량률 증가, 기계 고장 등을 방지하기 위한 작업 일정 조정, 상품 포장, 청결 상태 유지에 유의한다.

* 황사가 지나간 후 무엇을 해야 하나요?

1) 일반 가정 및 식품 취급 장소에서는 가족과 직원이 함께
① 실내공기를 환기한다.
② 황사에 노출되어 오염된 물품은 충분히 세척 후 사용한다.

2) 학교 등 교육기관에서는 교직원들이 함께
① 학교의 실내·외를 청소하여 먼지를 제거한다.
② 학생들의 건강을 살펴서 감기·안질 환자 등은 쉬게 하거나 일찍 귀가한다.
③ 황사 후 발생할 수 있는 전염병에 대한 예방접종을 실시하거나 식당 등에 대한 소독을 실시한다.

3) 축사 · 시설원예 장소에서는 지역 주민들과 함께
① 비닐하우스·축사 등 시설물, 방목장 사료조, 가축과 접촉되는 기구류 등은 세척하거나 소독을 실시한다.
② 황사에 노출된 가축의 몸에 묻은 황사를 털어낸 후 소독한다.
③ 황사가 끝난 후 2주일 정도 질병의 발생 유무를 관찰한다.
④ 구제역 등의 증세가 나타나는 가축이 발견되면 즉시 신고한다.

> **요약(Wrap-up)**
>
> 황사는 미세먼지(PM10) 농도 10㎍/㎥ 이상일 때 황사라고 한다.
> 황사로 인한 미세먼지 농도의 증가는 기관지염, 천식 등 호흡기 질환, 자극성 결막염 등 안질, 심혈관계 질환을 유발할 수 있다.

✱ 생각해 보기   유령도시 된 베이징…'최악 황사' 한국 괜찮나?

[QR 코드 스캔]
유령도시 된 베이징… 영상 보기(MBC)

| 참고 문헌 |

채진(2021).『재난관리론』. 동화기술.
한국방재학회(2012).『방재학개론』. 구미서관.
MBC 뉴스데스크. 유령도시 된 베이징…'최악 황사' 한국 괜찮나? 2021년 3월 15
    일자.
국민재난안전포털(https://www.safekorea.go.kr/idsiSFK/neo/main/main.html).
기상청(www.kma.go.kr)(https://youtu.be/UGK8JZFAc0w).

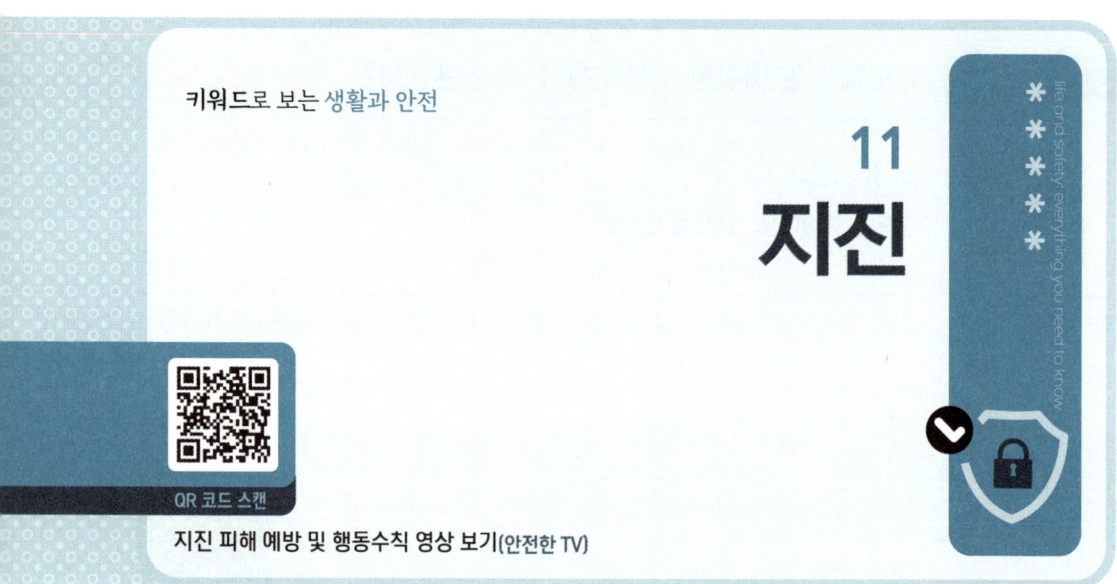

11 지진

키워드로 보는 생활과 안전

지진 피해 예방 및 행동수칙 영상 보기(안전한 TV)

* 무엇을 지진이라고 하나요?

지진(地震, earthquake)이란 지구 내부 특히 지각에서 장시간 쌓인 에너지가 순간적으로 방출되면서 그 에너지의 일부가 지진파의 형태로 사방으로 전파되는 자연 현상이다. 학술적으로는 탄성에너지원(elastic energy)으로부터 지진파가 전파되면서 일으키는 지구의 진동을 말한다.

* 지진의 원인은 무엇일까요?

지진의 직접적인 원인은 암석권에 있는 판(板, plate)의 움직임으로 인하여 직접 지진을 일으키기도 하고, 다른 형태의 지진에너지원을 제공하기도 한다. 판 구조론(Plate Tectonics)은 1960년대 제창된 이론으로 지진대의 문제가 이 이론에 의하여 간단히 설명되었다. 전 지구의 표면이 두께 대략 100km 정도의 조각들이 판으로 나뉘어 있으며, 이 판들이 그 하부의 맨틀에서 발생하는 대류 현상에 의하여 매년 수cm 정도로 대규모 수평 이동을 할 때, 판의 경계에서 판들의 상대운동에 의하여 지층이 변형되다가 깨어지며 지진들이 발생하게 된다는 이론으로 판들의 경계가 지진대를 이루게 된다.

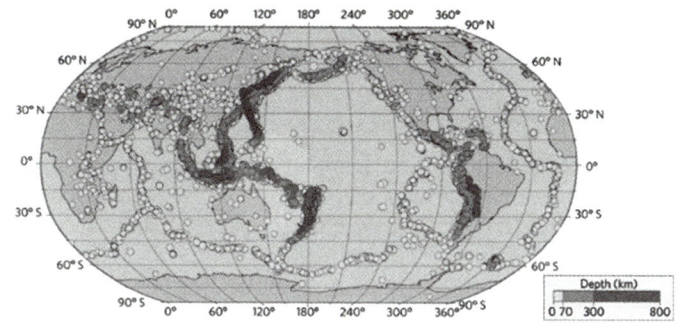

자료: Romanowicz(2008). Using seismic waves to image Earth's internal structure, *Nature*, 451.

[세계의 지진활동 분포]

✱ 지진의 규모와 진도는 어떻게 구별하나요?

국제적으로 '규모'는 소수 첫째 자리의 아라비아 숫자로 표기하고, '진도'는 정수 단위의 로마 숫자로 표기하는 것이 관례이다. 예를 들면 '규모 5.6'과 '진도 IV'와 같은 식이다. 때에 따라서는 진도를 아라비아 숫자로 표기하는 경우도 있으나, 틀린 것은 아니다. 하지만 '리히터지진계로 진도 5.6의 지진'은 틀린 표현이며 '리히터 스케일' 혹은 '리히터 규모 5.6의 지진', 아니면 단순히 '규모 5.6의 지진'이라고 표현하여야 한다. 리히터지진계라는 기계는 존재하지 않는다. 또한, '진도 5.6'은 틀린 표현이며 '규모 5.6'이라 표현하는 것이 옳은 표기법이다. '강도'라는 표현은 지진학에서 사용하지 않는 용어이다.

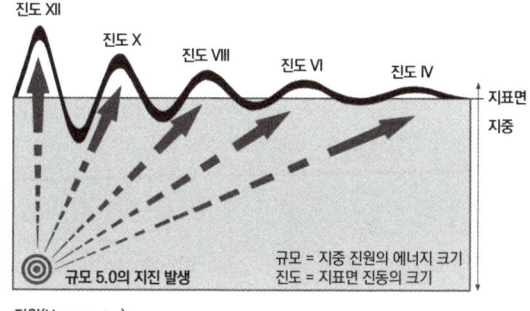

자료: 기상청 날씨누리 기상특보 발표 기준(https://www.weather.go.kr/w/index.do).

[지진의 규모와 진도 구분]

✱ 지진이 발생하기 전에 어떤 준비가 필요하나요?

1) 집 안에서의 안전을 확보한다.
① 탁자 아래와 같이 집 안에서 대피할 수 있는 안전한 대피 공간을 미리 파악해 둔다.
② 유리창이나 넘어지기 쉬운 가구 주변 등 위험한 위치를 확인해 두고 지진 발생 시 가까이 가지 않도록 한다.
③ 깨진 유리 등에 다치지 않도록 두꺼운 실내화를 준비해 둔다.
④ 화재를 일으킬 수 있는 난로나 위험물은 주의하여 관리한다.

2) 집 안에서 떨어지기 쉬운 물건을 고정한다.
① 가구나 가전제품이 흔들릴 때 넘어지지 않도록 고정해 둔다.
② 텔레비전, 꽃병 등 떨어질 수 있는 물건은 높은 곳에 두지 않도록 한다.
③ 그릇장 안의 물건들이 쏟아지지 않도록 문을 고정해 둔다.
④ 창문 등의 유리 부분은 필름을 붙여 유리가 파손되지 않도록 한다.

3) 평상시 가족회의를 통하여 위급한 상황에 대비한다.
① 가스 및 전기를 차단하는 방법을 알아 둔다.
② 머물고 있는 곳 주위의 넓은 공간 등 대피할 수 있는 장소를 알아 둔다.
③ 비상시 가족과 만날 곳과 연락할 방법을 정한다.
④ 응급처치하는 방법을 반복적으로 훈련하여 익혀 둔다.

✱ 지진이 발생할 때 어떻게 하여야 하나요?

1) 튼튼한 탁자 아래에 들어가 몸을 보호한다.
① 지진으로 크게 흔들리는 시간은 길어야 1~2분 정도이다.
② 튼튼한 탁자의 아래로 들어가 탁자 다리를 꼭 잡고 몸을 보호한다.
③ 탁자 아래와 같이 피할 곳이 없을 때에는 방석 등으로 머리를 보호한다.

2) 가스와 전깃불을 차단하고 문을 열어 출구를 확보한다.
① 흔들림이 멈춘 후 당황하지 말고 화재에 대비하여 가스와 전깃불을 끈다.
② 문이나 창문을 열어 언제든 대피할 수 있도록 출구를 확보한다.
③ 흔들림이 멈추면, 출구를 통하여 밖으로 나간다.

3) 집에서 나갈 때는 신발은 꼭 신고 이동한다.
지진이 발생하면 유리 조각이나 떨어져 있는 물체 때문에 발을 다칠 수 있으므로 발을 보호할 수 있는 신발을 신고 이동한다.

4) 계단을 이용하여 밖으로 대피한다.
① 지진이 나면 엘리베이터가 멈출 수 있으므로 타지 말고, 계단을 이용하여 건물 밖으로 대피한다.
② 밖으로 나갈 때에는 떨어지는 유리, 간판, 기와 등에 주의하며, 소지품으로 몸을 보호하면서 침착하게 대피한다.

5) 건물이나 담장으로부터 떨어져 이동한다.
◆ 건물 밖으로 나오면 담장, 유리창 등이 파손되어 다칠 수 있으므로 건물과 담장에서 최대한 멀리 떨어져 가방이나 손으로 머리를 보호하면서 대피한다.

6) 낙하물이 없는 넓은 공간으로 대피한다.
① 떨어지는 물건에 주의하며 신속하게 운동장이나 공원 등 넓은 공간으로 대피한다.
② 이동할 때에는 차량을 이용하지 않고 걸어서 대피한다.

7) 올바른 정보에 따라 행동한다.
① 대피 장소에서는 안내에 따라 질서를 지킨다.
② 지진 발생 직후에는 근거 없는 소문이나 유언비어가 유포될 수 있으므로 라디오나 공공 기관의 안내 방송 등이 제공하는 정보에 따라 행동한다.

요약(Wrap-up)

지진의 원인은 암석권에 있는 판(plate)의 움직임으로 인하여 발생한다.

지진이 발생할 때 튼튼한 탁자 아래에 들어가 몸을 보호한다.

집에서 나갈 때는 신발은 꼭 신고 이동한다.

생각해 보기 한국 지진 안전지대 아니다. 조선시대에는 규모 7.0 강진도 있었네.

 **[QR 코드 스캔]**
한국 지진 안전지대 아니다 영상 보기(엠빅뉴스)

| 참고 문헌 |

채진(2021).『재난관리론』. 동화기술.

Romanowicz, B.(2008). Using seismic waves to image Earth's internal structure, *Nature*, 451.

국민재난안전포털(https://www.safekorea.go.kr/idsiSFK/neo/main/main.html).

기상청 날씨누리 기상특보 발표기준(https://www.weather.go.kr/w/index.do).

안전한 TV. 한반도에 더 큰 지진이 온다면? 지진 피해 예방 및 행동수칙(https://youtu.be/QRVofqxkm5l).

엠빅뉴스. 한국 지진 안전지대 아니다…조선시대에는 규모 7.0 강진도 있었네 (https://youtu.be/jbm32y-7B2A).

12 지진해일

키워드로 보는 생활과 안전

QR 코드 스캔

지진해일 피해 예방 및 행동 요령 영상 보기(안전한 TV)

* 무엇을 지진해일이라고 하나요?

지진해일(地震海溢, tsunami)은 지각의 활동에 의한 지진이나 지반의 함몰, 상승, 폭발 등과 같은 화산활동에 의하여 지층의 수평 이동이나 수직 이동으로 인하여 바다에서 발생하는 대단히 긴 주기를 갖는 해양파(海洋波)를 말한다. 지진해일은 만(灣)이나 항구에서 상당한 해일 또는 진동을 발생시켜 해안지역에서의 침수 및 해안구조물에 심한 피해를 준다(채진, 2021).

* 지진해일은 어떻게 이동하나요?

전 세계의 모든 해안 지방이 지진해일에 노출될 수 있지만, 거대하고 파괴력이 있는 지진해일의 대부분은 태평양과 주변 해역에서 발생한다. 이는 태평양의 규모가 거대하고 이 지역에서 대규모 지진이 많이 발생하기 때문이다. 지진해일파는 파(波)의 마루와 마루 사이의 파장과 주기가 길기 때문에 일반적인 해양파와 구분되는데, 파장은 보통 심해에서 100km를 넘고 주기는 10분에서 한 시간에 이른다.

우리나라의 경우 일본 서해안 지진대에서 규모 7.0 이상의 지진이 보고되면 약 1~2시간 후 우리나라의 동해안에 지진해일이 도달하게 된다.

아래의 그림은 1960년 5월 22일 계기 관측 사상 가장 큰 규모 9.5의 지진이 칠레 남부지방에서 발생하였다. 이에 따른 일련의 지진이 칠레 남부지역을 강타하였으며 며칠 사이 1,000km 길이의 단층을 파괴시켰다. 그림은 이 지진으로 인한 지진해일 주행 시간을 시간 단위로 나타낸 것이다.

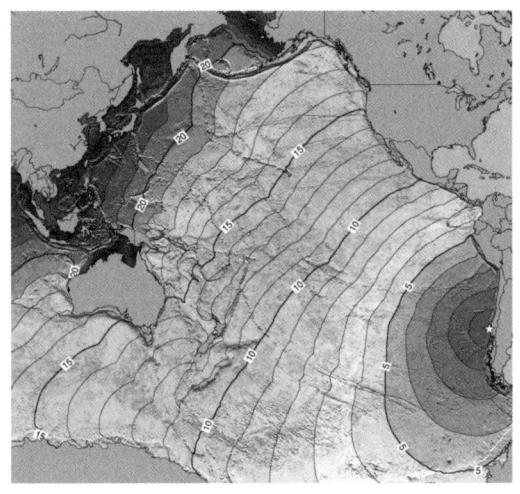

[지진해일의 이동]

＊ 지진해일의 높이는 어느 정도 되나요?

지진해일이 해안선에 접근하면 해안선과 상호 작용을 일으켜 에너지의 일부가 반사되기도 한다. 해안선에서의 지진해일의 크기는 30m 이상인 것도 있으며, 10m 정도의 것은 흔히 발생된다. 우리나라의 경우 태평양에서 발생된 지진해일은 일본이 가로막고 있어 직접적인 피해는 받지 않고 있으나 일본 근해에서 지진해일이 발생할 경우 우리나라 동해안에서 큰 피해를 입게 된다.

＊ 지진해일 주의보와 경보는 어떤 때 발령이 되나요?

우리나라 지진해일 주의보와 경보 발령 기준은 다음과 같다.

〈지진해일 주의보와 경보 발령 기준〉

주의보	경보
한반도 주변 해역(21N~45N, 110E~145E) 등에서 규모 7.0 이상의 해저지진이 발생하여 우리나라 해안가에 해일 파고 0.5~1.0m 미만의 지진해일 내습이 예상될 때	한반도 주변 해역(21N~45N, 110E~145E) 등에서 규모 7.0 이상의 해저지진이 발생하여 우리나라 해안가에 해일 파고 1.0m 이상의 지진해일 내습이 예상될 때

자료: 기상청 날씨누리 기상특보 발표 기준(https://www.weather.go.kr/w/index.do).

* 우리나라에서는 지진해일 피해 사례가 있나요?

1983년 5월 26일 일본 아키다현(秋田縣) 서쪽 해역에서 발생한 규모 7.7의 지진으로 일본은 물론 우리나라와 러시아를 포함한 동해상에 큰 지진해일이 발생하였다. 이 지진해일로 인하여 일본에서는 지진해일의 높이가 15m까지 기록되었으며, 러시아에서는 5m, 우리나라 동해안 임원에서는 3.1m의 해일 높이를 기록하였다. 주민 제보에 따르면, 가장 피해가 컸던 임원항에서는 '꽝'하는 폭음과 함께 수심 5m의 항구 바닥이 드러날 정도로 한꺼번에 물이 빠져나갔다가 10분쯤 후 '쏴'하는 소리와 함께 다시 밀려왔다고 한다. 이 지진해일은 5명(사망 1명, 실종 2명, 부상 2명)의 인명 피해와 선박 피해 81척(전파 47척, 반파 34척), 건물 및 시설 피해 등 총 3억 7천여만 원의 재산 피해를 발생시켰다. 이 지진해일은 지진이 발생한 후 77분 만에 울릉도에, 112분 후에는 포항에 도달하였다.

〈우리나라의 지진해일 피해 사례〉

일시	지진해일 발생 지점	지진해일 발생 원인	규모	지진해일 내습지역
1940. 8. 2	일본 홋카이도(北海道) 서쪽 해역	지진	7.5	동해안
1964. 6. 16	일본 니가타(新潟) 서쪽 해역	지진	7.5	동해안
1983. 5. 26	일본 아키다(秋田) 서쪽 해역	지진	7.7	동해안
1993. 7. 12	일본 오쿠시리섬(奧尻島) 북서 해역	지진	7.8	동해안

✱ 지진해일이 발생하면 어떻게 하여야 하나요?

① 내가 있는 지역이 지진해일의 위험이 있는 지역인지 미리 확인해 둔다.
② 해안가에 있을 때 지진을 느꼈다면 곧 지진해일이 올 수도 있으니 도로 혼잡 등을 고려하여 최대한 빨리 해안이나 하천을 벗어나 높은 곳으로 대피한다.
③ 해안에서 지진을 느끼거나 지진해일 특보가 발령되면 지진해일 긴급대피 장소나 높은 곳으로 대피한다. 피할 시간이 없다면 주변에 있는 철근 콘크리트로 된 튼튼한 건물의 3층 이상인 곳 또는 해발 고도 10m 이상인 곳(언덕, 야산 등)으로 대피한다.
④ 지진해일이 오기 전에는 해안의 바닷물이 갑자기 빠져나가거나, 기차와 같은 큰 소리를 내면서 다가오기도 한다. 이러한 경우에는 높은 곳으로 대피한다.
⑤ 지진해일은 한 번의 큰 파도로 끝나지 않고 수시간 동안 여러 번 반복될 수 있다. 지진해일 특보가 해제될 때까지 낮은 곳으로 가지 않는다.

✱ 지진해일 시 선박에 있을 때 어떻게 하여야 하나요?

① 해안가에서 조업 중인 선박은 지진해일 발생 여부를 인지한 후, 시간적 여유가 있다면 선박을 수심이 깊은 지역으로 이동한다.
② 지진해일이 내습하면 항만 등에서 그 파고는 거대해지고 유속이 급격하게 증가하므로 선박의 안전에 특히 주의하여야 한다.
③ 선박에 대한 조치가 끝난 후에 자신이 육지에 있다면 동료들과 함께 신속히 고지대로 대피한다.[1]

---

[1] 국민재난안전포털(https://www.safekorea.go.kr/idsiSFK/neo/main/main.html).

요약(Wrap-up)

지진해일은 지진이나 지반의 함몰, 상승, 폭발, 화산활동에 의하여 발생한다.
지진해일이 발생하면 최대한 빨리 해안이나 하천을 벗어나 높은 곳으로 대피한다.
조업 중인 선박은 수심이 깊은 지역으로 이동한다.

*
생각해 보기   일본은 진짜 한국의 방파제 역할을 할까?

 [QR 코드 스캔]
일본은 진짜 한국의 방파제 역할을 할까 영상 보기(싸2코)

| 참고 문헌 |
기상청(2012). 한반도 역사지진 기록, 국립기상연구소.
채진(2021).『재난관리론』. 동화기술.
한국방재학회(2012).『방재학개론』. 구미서관.
국민재난안전포털(https://www.safekorea.go.kr/idsiSFK/neo/main/main.html).
기상청(www.kma.go.kr).
싸2코. 일본은 진짜 한국의 방파제 역할을 할까?(https://youtu.be/rJqvYnDg9xo).
안전한 TV. 지진 해일 피해 예방 및 행동 요령(https://youtu.be/yuARNQxUr44).

키워드로 보는 생활과 안전

13
조류 대발생: 녹조와 적조

QR 코드 스캔

미세조류의 색깔에 따라 달라지는 적조와 녹조 영상 보기(YTN 웨더&라이프)

* 무엇을 조류라고 하나요?

조류(藻類, algae)는 강이나 바다 등 물속에 사는 작은 생물로 엽록소를 가지고 있어 광합성 작용을 하고 1차 생산자로 수생태계의 에너지 공급원으로 꼭 필요하다. 사는 곳에 따라 바다-해조류, 민물-담수조류, 서식 방법에 따라 부착조류, 부유조류 분류되며, 담수조류는 규조류(갈색), 녹조류(옅은 녹색), 남조류(남색)로 구분한다.[1]

* 녹조와 적조 어떤 차이일까요?

수중에 살고 있는 미세한 광합성 단세포인 미세조류가 비정상적으로 번성해 민물의 색깔이 녹색으로 변하면 녹조 현상, 바닷물의 색깔이 적색으로 변하면 적조 현상이라 하며, 이 두 가지 현상을 통칭해 유해 조류 대발생(Harmful Algal Bloom: HAB)이라고 한다.[2] 녹조는 식수와 연계되어 재난 상황이 발생할 수 있으며, 적조는 해안가 근처의 양식장 어류의 집단 폐사

---
1) 물환경정보시스템 재인용(http://water.nier.go.kr/web/contents/contentView/?pMENU_NO=196).
2) 대한민국 정책브리핑-녹조와 적조의 습격, 체계적 조사와 과학기술로 대응을-(https://www.korea.kr/news/cultureColumnView.do?newsId=148739023).

등의 피해를 야기시킬 수 있어 관리가 필요하다.

자료: 물환경정보시스템(http://water.nier.go.kr/web/contents/contentView/?pMENU_NO=196)

[녹조와 적조 현상]

녹조의 원인은 무엇일까요?

질소와 인을 포함한 오염물질, 예를 들면 생활하수나 산업폐수, 쓰레기, 비료 등이 유입되어 비정상적인 조류의 발생으로 녹조(綠藻, water bloom)가 나타날 수 있다. 오염물질의 유입 이외에도 일사량이나 수온, 물 순환의 정체 등으로 인하여 나타나게 된다. 다음 그림처럼 오염물질의 유입으로 영양물질이 풍부한 부영양화(富營養化, eutrophication)가 나타나고, 햇빛과 수온, 물 순환이 정체되면서 남조류가 성장하는 환경이 만들어지게 된다.

환경부는 독성물질이 배출될 수 있는 유해 남조류 4종을 지정하여 관리하고 있으며, 구체적으로 마이크로시스티스(Microcystis), 아나베나(Anabaena), 오실라토리아(Oscillatoria), 아파니조메논(Aphanizomenon)이다.

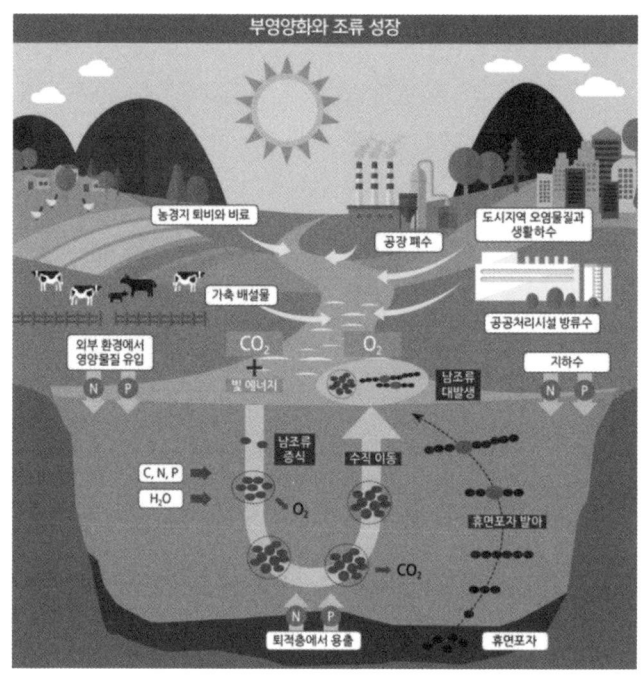

[부영양화와 조류 성장]

자료: 환경부 홈페이지.

＊ 적조는 왜 발생하나요?

적조(赤潮, red tide)는 주로 바다에서 발생된다. 해류 및 조류의 소통이나 순환이 원활하지 않은 경우 일조량, 수온 등으로 인하여 적조생물이 비정상적으로 번식하게 되어 나타난다. 적조생물의 종류는 전 세계적으로 약 200여 종 정도가 있으며, 우리나라의 경우 약 70여 종이 있다. 여름철 남해안에서 발생하는 적조는 코클로디니움(Cochlodinium)의 편모류가 주요 원인이 된다.

＊ 녹조를 줄이기 위한 행동 요령은?

일상생활에서의 세제 사용 줄이기, 음식물 쓰레기 분리 배출, 우천 시 퇴비 사용 자제, 오폐수의 하천 유입 금지 등의 친환경 습관은 녹조를 줄이는 데 중요하다.

가정에서의 친환경 생활습관

세제사용 줄이기! / 음식물쓰레기 줄이기! / 비오기전 퇴비사용 자제! / 오폐수 하천에 유입금지!
환경마크인증 획득한 / 별도로 분리배출, / 축산농가에서는 퇴비(비료) / 오폐수가 하천에 유입되지
친환경제품 사용 / 기름기 등은 닦아서 배출 / 사용을 자제 / 않게 관리

자료: 환경부 홈페이지.

[가정에서의 친환경 생활 습관]

* 녹조가 발생하였는데 왜 제거하지 않나요?

녹조의 발생은 영양물질, 일사량, 수온, 물순환의 정체 등 녹조 발생에 적합한 환경이 갖추어지게 되면 발생하는데, 반면 한 가지라도 여건이 맞지 않으면 자연 소멸된다. 따라서 수생태계를 위해 녹조 제거제는 신중하게 사용하는 것이 더 중요하다.[3]

* 적조를 없애는 방법은?

적조를 없애는 방법으로는 약품 살포를 통한 화학적 방법이나, 초음파 등의 물리적 방법, 천적을 활용한 생물학적 방법 등 다양하게 개발되고 있다. 그러나 해양의 살포가 가져오는 해양생태계의 영향 및 안전성이 확인되지 않은 경우 대량 살포의 위험성이 존재한다. 따라서 현재까지는 가장 친환경적인 황토를 살포하여 제거하고 있다.[4]

* 조류경보 시 행동 요령은?

조류가 발생하면 수영 등의 물놀이는 하지 않으며 녹조가 몸에 닿은 경우 깨끗한 물로 씻도록 한다. 낚시는 자제하며, 녹조가 발생한 물을 바로 마시는 것은 삼간다. 반려동물이나 가축 등이 근처에 가지 않도록 주의하며, 물에 젖은 털의 경우 핥지 않도록 한다.

---

[3] 물환경시스템(http://water.nier.go.kr/web/board/12/?pMENU_NO=197).
[4] 적조정보시스템(https://www.nifs.go.kr/red/info_2.red).

자료: 환경부 홈페이지.

[수상레저, 수영, 낚시 자제]

요약(Wrap-up)

미세조류의 비정상적 번성을 유해 조류 대발생이라고 하고, 주로 강이나 호수에는 녹조, 바다에는 적조가 발생한다.

녹조와 적조는 생활용수 및 농업용수의 문제가 발생할 수 있고, 어류들의 집단 폐사로 이어진다.

*생각해 보기 | 녹조가 발생하였던 물은 이제 마실 수 없다?

[QR 코드 스캔]
녹조 그것이 궁금하다 영상 보기(환경부)

| 참고 문헌 |
대한민국 정책브리핑, 녹조와 적조의 습격, 체계적 조사와 과학기술로 대응을
  (https://www.korea.kr/news/cultureColumnView.do?newsId=148739023).
물환경정보시스템(http://water.nier.go.kr/web/contents/contentView/?pMENU_NO=196).
적조정보시스템(https://www.nifs.go.kr/red/info_2.red).
환경부. 녹조 그것이 궁금하다!(https://youtu.be/_xboeEgBUeQ).
YTN 웨더. 미세조류의 색깔에 따라 달라지는 적조와 녹조(https://youtu.be/JRqKsOZj8V0).

키워드로 보는 **생활과 안전**

14
화산

화산이 폭발하는 원리는 무엇일까 영상 보기(EBS 컬렉션)

* 무엇을 화산이라고 하나요?

화산(火山, volcano)이란 땅속 깊은 곳의 마그마(magma)가 지각의 갈라진 틈이나 약한 부분으로 분출되는 것을 의미하며, 이때 용암, 화산가스, 화성쇄설물 등이 분출되어 분화구 주변에 쌓여 만들어진 지형이다. 현재 활동하고 있고 분화가능성이 있는 화산, 최근 1만 년 이내에 분화하였던 이력이 있는 경우 활화산(活火山)이라고 하며, 향후 분화 가능성이 없는 화산은 사화산(死火山)이라고 한다.

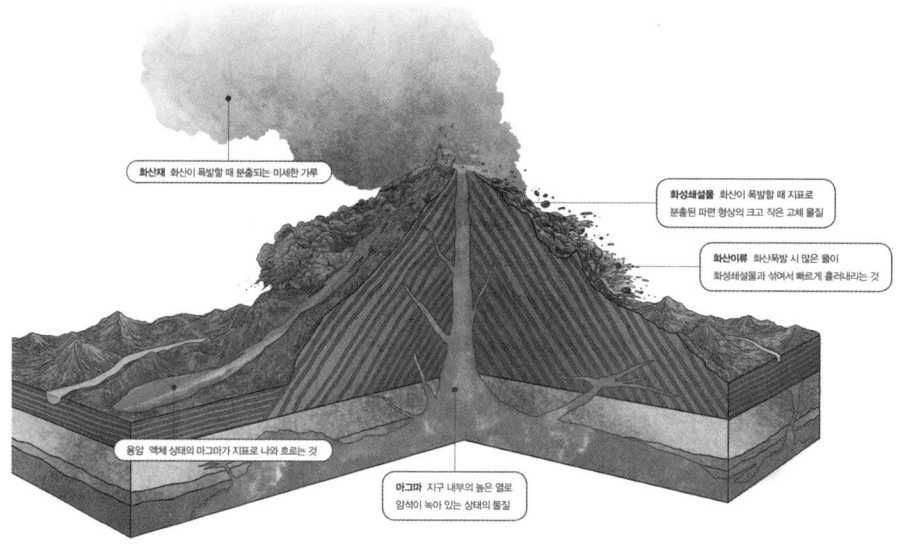

자료: 행정안전부(2017). 화산 국민행동요령.

[화산 활동]

화산 폭발의 전조 현상은 무엇일까요?

화산 폭발이 발생하기 전에 화산체 주변의 암석에 자기장과 전기 저항의 변화가 나타난다. 또한 분화구 호수나 주변 우물, 분기공 또는 온천의 온도가 상승하게 되며, 지표에서도 열 유량의 변화가 나타난다. 가스 성분이 변화하고 화산 사면의 경사가 증가하는 현상이 나타나게 된다(해양수산부, 2016).

세계의 주요 화산대는 어디인가요?

우리나라의 경우 백두산이 고려시대인 946년과 947년에 대분화가 있었던 것으로 기록되어 있으며 가장 마지막 화산 활동은 1903년이다. 한라산과 울릉도 역시 화산으로 형성된 지형이다. 전 세계적으로 화산이 밀집하여 분포되어 있는 지대를 화산대(火山帶, vo;cano zone)라고 하며, 주로 지진대와 거의 일치하는 것으로 나타난다. 우리나라는 환태평양 화산대에 속해 있으며, 태평양을 둘러싸고 있는 지역으로 지구상에 분포하고 있는 활화산의 약 60~70%가 속하여 있다. 일본의 경우 약 108개의 활화산이 활동하고 있으며, 연평균 15개의 화산에서 분화가 나타난다. 중국은 9개의 활화산 및 잠재적으로 분화가 가능한 휴화산이 존재하고 있으며 백두산 역시 포함되어 있다(해양수산부, 2016).

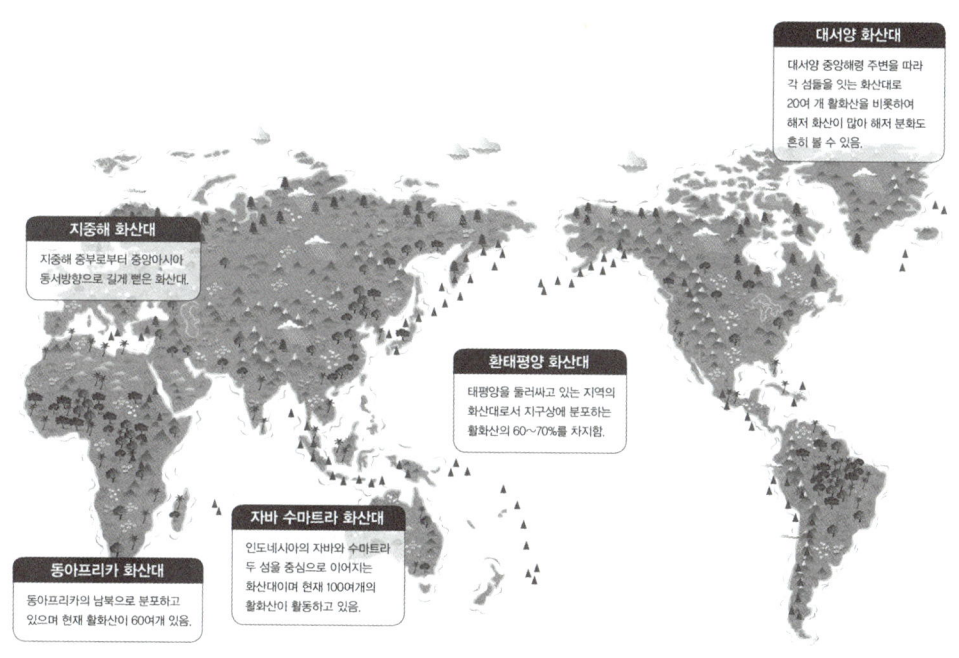

자료: 행정안전부(2017). 화산 국민행동요령.

[세계의 주요 화산대 현황]

어떤 재해가 발생되나요?

화산 활동은 크게 네 가지의 피해가 예상된다. 먼저, 화산재에 의한 피해이다. 화산재가 높이 올라갔다가 내려오면서 대기오염을 초래할 수 있고, 화산재로 인하여 태양이 가려져 이상 저온 현상이 나타날 수 있다. 화산재로 인한 화산구름은 항공 운행을 통제하며 대규모 정전 사태 등의 피해가 우려된다. 화산이류(火山泥流) 및 화성쇄설물(火成碎屑物)에 의한 피해는 지형을 변화시키고 산사태와 홍수를 일으킬 수 있다. 용암에 의한 피해는 토지가 용암에 덮이게 되고 산불이 발생된다. 지표수의 오염은 화산재나 화산이류 등으로 인하여 강과 호수가 오염되는 문제가 발생한다. 이외에도 경제적 위기와 많은 인명 피해가 나타날 수 있어 미리 대비 및 대응하고 대피할 수 있는 계획을 수립하는 것이 중요하다.

자료: 기상청. 쉽고 재미있게 배우는 1분 지진과학교실(화산).

[화산에 의한 재해]

* 백두산은 영화 속 이야기인가요?

946년 화산폭발지수(VEI) 7에 해당되는 대규모 분화가 있었으며 이는 폼페이를 멸망시킨 베수비오 화산의 100배 규모이다. 당시 백두산의 화산재가 일본 혼슈(本州) 북부와 홋카이도(北海道) 남쪽까지 날아갔다고 한다. 백두산은 2002년부터 2006년까지 약 3천여 건의 지진이 발생하는 등 화산 활동이 지속적으로 관측되고 있어 향후 분화의 가능성 역시 배제할 수 없다. 2017년과 2018년의 백두산 화산 활동에 대한 모니터링 결과는 다행히 안정적인 것으로 판단되지만 안심할 수는 없다.

* 화산폭발지수란 무엇인가요?

화산폭발지수(Volcanic Explosivity Index: VEI)는 화산 폭발의 크기를 정량화하기 위하여 가장 규모가 컸던 화산 폭발을 8로 부여하고, 분출량, 화산재 상승 높이 등에 따라 젠틀(gentle)부터 메가콜로살(mega-colossal)의 단계로 구분한 것을 의미한다.

〈화산폭발지수별 물리적 특성〉

VEI	분출량	관측 특징	화산재 분출 높이(km)	발생 빈도	최근 1만 년 내 발생 건수
0	< 104㎥	non-explosive	< 0.1	항상	many
1	> 104㎥	gentle	0.1~1	매일	many
2	> 106㎥	explosive	1~5	주 1회	3,477
3	> 107㎥	severe	3~15	년 1회	868
4	> 0.1㎦	cataclysmic	10~25	≥ 10년	421
5	> 1㎦	paroxysmal	> 25	≥ 50년	166
6	> 10㎦	colossal	> 25	≥ 100년	51
7	> 100㎦	super-colossal	> 25	≥ 1,000년	5
8	> 1,000㎦	mega-colossal	> 25	≥ 10,000년	0

자료: 해양수산부(2016) 재인용.

* 화산재 낙하 시 어떻게 행동하여야 될까요?

1) 낙하 전

| 문틈이나 환기구는 물 묻힌 수건으로 막고, 창문은 테이프로 막는다. | - | 배수로가 화산재로 막히지 않도록 낙수받이나 배수관을 지붕 홈통으로부터 분리한다. | - | 만성기관지염이나 폐기종, 천식 환자는 실내에 머무르도록 한다. | - | 급수용으로 빗물수집 시설 사용 시에는 빗물 수집시설과 탱크에 연결된 파이프를 분리한다. |

2) 낙하 중

| 가급적 실내에 머무른다. | - | TV나 라디오로 재난방송을 청취한다. | - | 실외에 있을 경우 자동차나 건물 등으로 신속하게 대피한다. | - | 마스크나 손수건, 옷으로 코와 입을 막는다. |

| 각막 손상 위험이 있으므로 콘택트렌즈를 착용하지 않는다. | → | 물에 화산재가 들어간 경우, 가라앉은 후 윗물을 사용한다.
※ 물에 화산재가 들어 있어도 대개의 경우 건강에는 악영향은 없다. | → | 채소는 잘 씻어 먹도록 한다. |

3) 낙하 후

| 고글과 마스크를 착용하고 실내·외 및 자동차를 신속하게 청소한다. | → | 가전제품은 청소하기 전에 전원을 차단한다. | → | 밖에서 입은 옷은 갈아입고 몸을 깨끗이 씻는다. | → | 수거한 화산재는 튼튼한 비닐봉투에 넣어 지정된 장소에 버린다. |

| 화산재가 날리지 않도록 물을 가볍게 뿌리거나 젖은 걸레를 사용한다. |

자료: 행정안전부(2017). 화산 국민행동요령.

✳ 화산재 대비 물품이 있을까요?

화산재로 인하여 외출이 통제될 수 있으므로 필요한 물품을 미리 준비하여야 한다. 방진 마스크와 방호 안경을 구비하고, 1명당 1일 약 4리터의 음료수를 최저 3일분은 준비하도록 하며, 음식을 준비한다. 전화제품 등의 화산재 방지를 위하여 랩을 준비하며, 건전지로 이용 가능한 라디오와 배터리, 휴대용 램프, 손전등 등이 필요하다. 동절기의 경우 난로 및 연료, 모포, 의류 등을 준비해놓고, 의약품과 구급함을 미리 채워놓도록 한다. 빗자루, 삽, 쓰레기 봉투 등의 청소용품과 비상 상황을 대비한 현금, 차량용 방재용품 등을 준비하는 것이 필요하다.

요약(Wrap-up)

화산이란 마그마의 분출에 따른 화산 활동을 의미한다.

우리나라는 세계의 주요 화산대에 속해 있어, 절대 안전하다고 생각하면 안 된다.

영화 속 백두산은 실제 이야기가 될 수 있으니 백두산에 관심을 갖도록 한다.

*
생각해 보기   백두산 화산 폭발이 발생하면 서울 롯데월드는 무너질까?

[QR 코드 스캔]
백두산 폭발하면 서울 강남이... 영상 보기(엠빅뉴스)

| 참고 문헌 |

해양수산부(2016). 대형 화산폭발 위기대응 실무매뉴얼. 해양수산부.
행정안전부(2017). 화산 국민행동요령.
기상청. 쉽고 재미있게 배우는 1분 지진과학교실(화산).(https://www.weather.go.kr/weather/earthquake_volcano/doc/eqkclass_11.pdf).
엠빅뉴스. 백두산 폭발하면 서울 강남이 쑥대밭? 영화 속 장면 팩트체크 해봤더니(https://youtu.be/EJC-nh6X-i4).
EBS 컬렉션, 화산이 폭발하는 원리는 무엇일까?(https://www.youtube.com/watch?v=8J8HtXUaqXM).

* 화재
　초고층건물 화재
　교통사고
　터널사고
　교량사고
　지하철 안전사고
　붕괴사고
　원전사고
　폭발사고
　환경오염사고
　화생방사고
　지하공간 안전사고
　승강기 안전사고

제2편

life and safety: everything you need to know

인간과 안전

종재난 · 미래재난 · 대응요령 · 발생양상 · 복잡 · 다양 · 가스라이팅 · 비대면 범죄 · 데이트폭력 · 상호연계 · 예측 · 인류
속 · 복합재난 · 기후변화 · 과학기술 · 4차산업혁명 · 삶의 질 · 발전과 진보 · AI · 코로나19 · 미세먼지 · 물부족

키워드로 보는
생활과 안전

키워드로 보는 생활과 안전

15 화재

화재 발생 시 사회재난 행동 요령 영상 보기(행정안전부)

* 무엇을 화재라고 하나요?

화재(火災)는 사람의 의도에 반하거나 고의에 의하여 발생하는 연소 현상으로서 소화설비 등을 사용하여 소화할 필요가 있거나 또는 사람의 의도에 반하여 발생하거나 확대된 화학적인 폭발 현상을 말한다.

* 화재 신고는 어떻게 하나요?

① 119를 누르고 신고할 내용을 간단·명료하게 설명한다.
  - 사고의 종류(화재, 구조, 응급환자 발생 등)를 말한다.

② 119 신고할 때에는 불이 난 정확한 위치를 침착하고 올바르게 알려준다.
  - 우리 집 주방에 불이 났어요. 3층입니다.

③ 주소를 알려준다(○○구 ○○동 ○○○번지입니다 / ○○초등학교 뒤쪽이에요).
  - 주소를 모를 경우 주변에 있는 큰 건물, 간판 전화번호 등을 알려주면 위치 파악이 쉬워진다.
  - 사고 상황의 규모가 어느 정도인지, 고립된 사람이 있는지, 환자가 있는지 등 최대한

자세하게 설명하는 것도 중요하다.
- 신고자들은 당황한 나머지 "빨리 와주세요"만 반복해서 말하는 경우가 종종 있다.

④ 연락처(전화번호)를 알려준다.
- 알려준 연락처를 이용하여 소방서에서 응급처치나, 위기 상황 대처 요령을 알려준다.

⑤ 소방서에서 알았다고 할 때까지 전화를 끊지 않는다.
⑥ 휴대전화의 경우, 사용 제한된 전화나 개통이 안 된 전화도 긴급신고가 가능하다.
※ 119는 화재신고는 물론 인명구조, 응급환자 이송 등을 요청하는 번호이다.

*
화재가 발생하였을 때 어떻게 대피하나요?

1) 대피 유도
① 많은 사람이 화재가 발생하였을 경우 건물구조를 상세하게 알지 못하여 당황하거나 이성을 잃고 무질서하게 행동하게 되므로 그 건물구조에 익숙한 사람이 대피 유도를 한다.
② 안내원의 지시에 따르거나 통로의 유도등을 따라 낮은 자세로 침착하고 질서 있게 대피한다.

2) 대피 요령
① 불을 발견하면 "불이야!"하고 큰소리로 외쳐서 다른 사람에게 알린다.
② 화재경보 비상벨을 누른다.
③ 엘리베이터는 절대 이용하지 않도록 하며 계단을 이용한다.
④ 아래층으로 대피가 불가능한 때에는 옥상으로 대피한다.
⑤ 낮은 자세로 안내원의 안내에 따라 대피한다.
⑥ 불길 속을 통과할 때에는 물에 적신 담요나 수건 등으로 몸과 얼굴을 감싸준다.
⑦ 방문을 열기 전에 문손잡이를 만져 본다.
- 손잡이를 만져 보았을 때 뜨겁지 않으면 문을 조심스럽게 열고 밖으로 나간다.
- 손잡이가 뜨거우면 문을 열지 말고 다른 길을 찾는다.

⑧ 대피한 경우에는 바람이 불어오는 쪽에서 구조를 기다린다.
⑨ 밖으로 나온 뒤에는 절대 안으로 들어가지 않는다.

- 다른 출구가 없으면 구조대원이 구해줄 때까지 기다린다.
- 연기가 방 안에 들어오지 못하도록 문틈을 옷이나 이불로 막는다(물을 적시면 더욱 효과가 좋다).

⑩ 연기가 많을 때 주의 사항
- 연기층 아래에는 맑은 공기층이 있다.
- 연기가 많은 곳에서는 팔과 무릎으로 기어서 이동하고, 배를 바닥에 대고 가지 않는다.
- 한 손으로는 코와 입을 젖은 수건 등으로 막아 연기가 폐에 들어가지 않도록 한다.

⑪ 옷에 불이 붙었을 때에는 두 손으로 눈과 입을 가리고 바닥에서 뒹굴어 불을 꺼야 한다.

3) 갇혔을 때 대피 요령
① 건물 내에 화재 발생으로 불길이나 연기가 주위까지 접근하여 대피가 어려울 때에는 무리하게 통로나 계단 등으로 대피하기보다는 문틈을 물로 적신 수건으로 막는 등 안전 조치를 취한 후 갇혀 있다는 사실을 외부로 알린다.
② 연기가 새어 들어오면 낮은 자세로 엎드려 담요나 수건 등에 물을 적셔 입과 코를 막고 짧게 호흡한다.
③ 실내에 고립되면 화기나 연기가 없는 창문을 통하여 소리를 지르거나 물건 등을 창밖으로 던져 갇혀 있다는 사실을 외부에 알린다.
④ 실내에 물이 있으면 불에 타기 쉬운 물건에 물을 뿌려 불길의 확산을 지연시킨다.
⑤ 화상을 입기 쉬운 얼굴이나 팔 등을 물에 적신 수건, 두꺼운 천으로 감싸 화상을 예방한다.
⑥ 위급한 상황일지라도 반드시 구조된다는 믿음을 가지고 기다려야 하며, 창밖으로 뛰어내리거나 불길이 있는데도 함부로 문을 열어서는 안 된다.

*
화재가 발생하였을 때 소화기는 어떻게 사용하나요?

1) 소화기 사용법
① 소화기를 불이 난 곳으로 옮긴다.
② 손잡이 부분의 안전핀을 뽑는다.
③ 바람을 등지고 서서 호스가 불을 향하게 한다.

④ 손잡이를 힘껏 움켜쥐고 빗자루로 쓸듯이 뿌린다.

2) 소화기 사용 시 주의 사항

① 적응 화재에만 사용하여야 한다(분말소화기 ABC형은 공용으로 사용).
② 성능에 따라서 불 가까이 접근하여 사용하되, 너무 가까이 접근하여 화상을 입지 않도록 주의하여야 한다.
③ 바람을 등지고 풍상(風上)에서 풍하(風下)로 방사한다.
④ 이산화탄소 소화기는 지하층, 무창층(창이 없는 층)에는 질식의 우려가 있으므로 설치하지 않아야 하며, 방사 시 노즐 부분 취급에 주의하여 기화에 따른 동상을 입지 않도록 한다. 방사된 가스는 호흡하지 않아야 하며 방사 후 즉시 환기하여야 한다.
⑤ 할론소화기는 할론 1301소화기 이외에는 창이 없는 층, 지하층, 사무실 또는 거실로서 바닥 면적 20㎡ 미만의 장소에서는 사용할 수 없다. 방사된 가스는 호흡하지 않아야 하며 방사 후 즉시 환기하여야 한다.
⑥ 손잡이, 작동장치 등의 외형적인 손상 및 부식 여부를 점검한다.
⑦ 호스의 균열 및 손상 여부를 점검한다.

*
대피할 때 완강기는 어떻게 사용하나요?

① 벽면에 부착된 지지대를 확인한다.
② 완강기 후크를 고리에 걸고 지지대와 연결 후 나사를 조인다.
③ 아래를 확인하고 창밖으로 로프를 내린다.
④ 벨트를 가슴에 두르고 뒤틀림이 없도록 겨드랑이 밑에 건다.
⑤ 틀립을 조절하여 벨트를 가슴에 확실하게 조인다.
⑥ 지지대를 창밖으로 향하게 한다,

⑦ 두 손으로 조절기 바로 밑의 로프 2개를 잡는다.

⑧ 발부터 창밖으로 내민다.

⑨ 두 손은 건물 외벽을 향하여 뻗치고 두 발을 뻗어 내려간다.

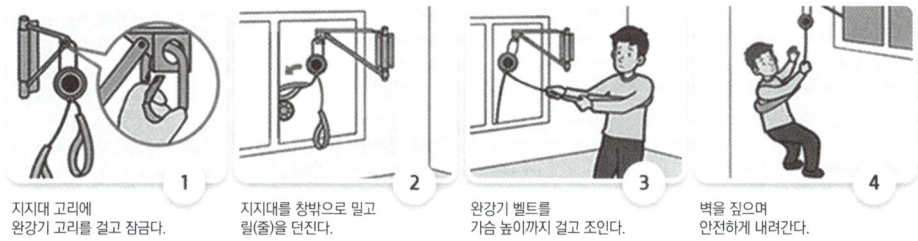

1. 지지대 고리에 완강기 고리를 걸고 잠근다.
2. 지지대를 창밖으로 밀고 릴(줄)을 던진다.
3. 완강기 벨트를 가슴 높이까지 걸고 조인다.
4. 벽을 짚으며 안전하게 내려간다.

요약(Wrap-up)

119 신고할 때에는 불이 난 정확한 위치를 침착하고 올바르게 알려준다.

화재 시 엘리베이터는 절대 이용하지 않도록 하며 계단을 이용한다.

완강기는 벨트를 가슴에 두르고 뒤틀림이 없도록 겨드랑이 밑에 건다.

* **생각해 보기** 화재 현장에서 생존 확률을 높이는 방법은?

[QR 코드 스캔]
화재 현장에서 생존 확률 높이는 방법은 영상 보기(행정안전부)

| 참고 문헌 |

채진(2021). 『재난관리론』. 동화기술.
한국소방안전협회(2021). 소방안전관리자. 한국소방안전협회.
국민재난안전포털(https://www.safekorea.go.kr/idsiSFK/neo/main/main.html).
행정안전부. 우리의 안전은 우리 손으로! 화재 발생 시 사회재난 행동 요령(https://youtu.be/3eK54e_IIs8).
_____. 화재 현장에서 생존 확률 높이는 방법은?(https://www.youtube.com/watch?v=yQ7KuQjnYtU).

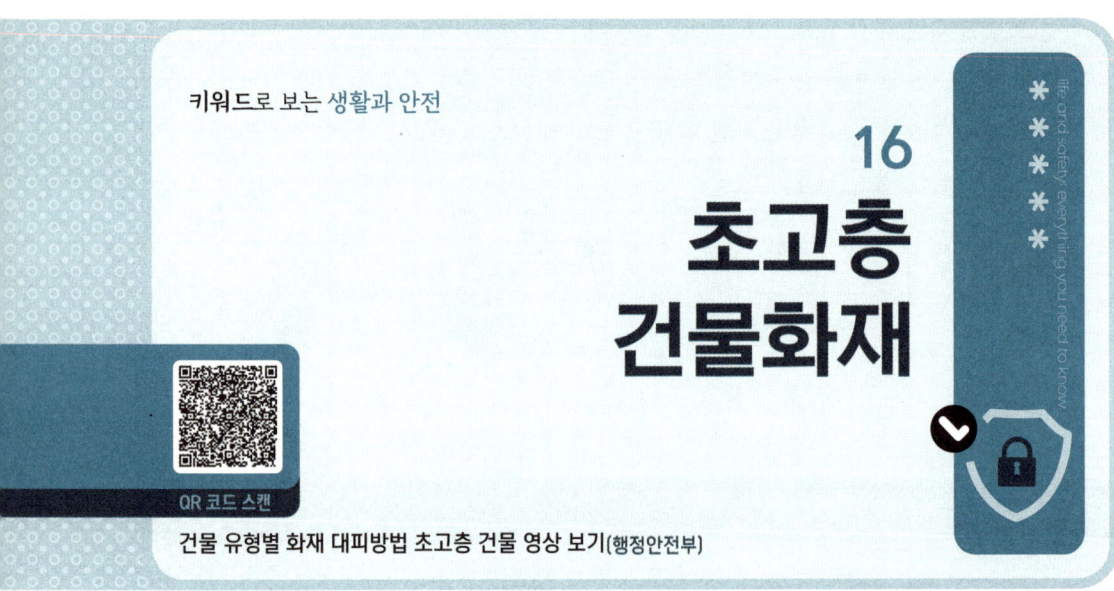

키워드로 보는 생활과 안전

16

초고층 건물화재

건물 유형별 화재 대피방법 초고층 건물 영상 보기(행정안전부)

*무엇을 초고층 건물화재라고 하나요?

초고층 건축물이란 층수가 50층 이상 또는 높이가 200미터 이상인 건축물을 말한다(「초고층 및 지하연계 복합건축물 재난관리에 관한 특별법」 제2조). 2017년 국토교통부·소방청 자료에 따르면, 국내 30층 이상 고층 건축물은 총 2,315동으로 수도권에 56%(1,299동)가 입지하고 있고, 용도는 아파트가 92.3%(2,138동)를 차지하고 있다. 고층 건축물에서 화재와 같은 재난이 일어났을 경우, 재실자들은 피난 시 선두로 도망가는 사람들을 따라가는 추종(追從) 본능이나 밝은 곳으로 도망가는 지광(指光) 본능에 따라 움직이게 되어, 피난 경로상에서 몰림 현상이 나타나게 된다(심위 외, 2020). 2020년 기준 최근 3년간 전국에서 발생한 30층 이상 고층건물 화재사고는 490여 건으로 이로 인하여 5명이 숨지고 100억 원에 가까운 재산 피해가 났다(KBS 뉴스, 2020년 11월 1일자). 초고층 건축물은 일반건축물보다 화재 발생 시 더 큰 규모의 피해가 발생하므로 안전 수칙 숙지가 필수적이다.

*초고층 건물이 화재에 더 취약한 이유는 무엇일까요?

현대 사회의 특징은 건축물의 고층화, 주거지역의 밀집화, 인구의 과밀화 등으로 나타나고 있다. 최근의 고층건물은 사무실 용도뿐만 아니라 식당을 비롯하여 각종 점포, 쇼핑센터 등으로 구성되어 있고 내부의 유동인구가 수천 명이 넘어 하나의 도시를 형성하고 있다. 따라서 그만큼 화재의 위험에 노출되어 있는 상태이며 일단 화재가 발생하면 막대한 재산과 인명 피해가 뒤따르는 것이 보통이다. 또한 이러한 화재는 사무실용 건물보다도 호텔이나 복합건물 등에서 많이 발생하고 있으며, 고층건물 화재 시 소방차의 고가사다리가 미치지 못하는 고층건물이 많고 건물이 밀집되어 있어 헬기조차도 접근하기 어려워 화재시 구조작업의 문제점으로 나타나고 있다.[1]

특히, 초기 자체 진화 실패로 인해 불길이 번지면 이후 소방당국의 진화에는 상당한 어려움이 뒤따를 수밖에 없어 더욱 위험하다. 이에 초고층 건물의 스프링클러·방화벽·피난시설 등 방재 시스템은 일반 건물보다는 엄격하게 규정하고 있다(KBS 제1라디오, 2016년 12월 23일자).

✱ 초고층 건물의 화재 진압이 더 어려운 이유는 무엇일까요?

소방관들이 직접 50층 이상의 초고층 건물에 진입해서 화재를 진압하여야 하는데, 20kg짜리 공기통을 메고 계단을 걸어 어렵게 진입을 하여도 공기통의 산소가 부족해서 매우 짧은 시간 동안만 진화작업을 할 수 밖에 없다. 고가 사다리차 역시 최대 길이를 늘려도 굴절사다리의 경우 22층 정도밖에 닿지 않기 때문에 초고층 건물 화재 진압에는 역부족이다. 소방헬기를 동원하더라도 노후화된 헬기가 많아 물을 담을 수 있는 담수 능력이 부족하거나 바람의 영향을 많이 받아 초고층 건물에 접근하거나 착륙하기가 힘들다(KBS 제1라디오, 2016년 12월 23일자).

✱ 초고층 건물 화재를 예방하기 위하여 어떤 노력을 하고 있나요?

고층건물에는 화재에 대한 신속한 감지를 위하여 건물 전체에 자동화재 탐지설비를 설치하여 집중적인 감시를 한다. 화재 시 계단 및 기타 수직 개구부는 연소 확대의 통로가 될 뿐만 아니라 연소를 돕는 작용을 하므로 모든 계단은 층별 발화구획이 되도록 피난계단 또는 특

---

[1] 소방청(https://www.nfds.go.kr/bbs/selectBbsDetail.do?bbs=B04&bbs_no=7785&pageNo=2).

별 피난계단 구조로 하고 냉난방 닥트 등에는 방화 댐퍼와 같은 유효한 방화설비를 설치한다. 화재의 성장을 한정된 범위로 억제하기 위하여 층별, 면적별 방화 구획을 설정하고 또한 방연 구획도 병행하도록 한다. 고층건물이나 백화점 등의 대규모 건축물을 계획할 경우에는 반드시 구조계획서 및 방재계획서를 작성 비치하도록 한다. 화기를 사용하는 기구나 시설에 대해서는 사용상의 안전 수칙을 철저하게 주지시켜야 한다.[2]

＊ 초고층 건물 화재 발생 시 행동 요령은?

① 탈출할 때에는 불이 번지는 것을 막기 위하여 문을 반드시 닫는다. 닫힌 문을 열때에는 문의 온도를 확인하고, 만약 뜨거우면 절대로 열지 말고 다른 비상구를 이용한다. ② 불길보다 연기에 의한 질식사 확률이 더 높으므로 이동 자세를 최대한 낮추고 젖은 수건으로 코와 입을 막아 이동한다. ③ 정전으로 엘리베이터가 멈출 수 있고, 내부에 굴뚝처럼 연기가 가득 차기 때문에 질식 위험이 높아 엘리베이터 이용은 삼가고, 계단을 통해 안전하게 대피한다.[3]

＊ 초고층 아파트에 주거 시 화재 발생 안전 대피 요령은?

최근 새로 짓는 아파트들이 고층화되는 경향을 보이면서 고층 아파트에 거주하는 주민들의 경우 안전한 대피 요령을 미리 알아 두는 것이 꼭 필요하다. 먼저, 불이 난 것을 알았을 땐 경보를 울리거나 복도 소화전 위쪽에 있는 발신기 버튼을 강하게 눌러 화재 사실을 빠르게 알린다. 그리고 자신의 위치가 옥상과 가깝다면 위쪽, 지층과 가깝다면 아래쪽으로 대피하여야 한다. 50층 이상 초고층 건물 내에는 최대 30개층마다 1곳 이상 피난안전구역이 설치되어 있으니, 자신과 가장 가까운 곳을 찾아 비상계단을 통하여 대피한 뒤 구조를 기다린다. 피난층으로 대피할 때는 반드시 방화문을 닫고 이동하여야 연기나 불길이 번지는 시간을 늦출 수 있다. 만약 따로 피난안전구역이 없거나 연기나 불길 때문에 대피로가 막혔을 경우엔 집 안에 그냥 머무르는 것이 더 안전하다. 이때 문틈으로 들어오는 연기를 최대한 막은 뒤 외부에 적극적으로 구조 요청을 하여야 한다(KBS 뉴스, 2020년 11월 1일자).

---

2) 강원도소방본부(https://fire.gwd.go.kr/fire/life/life_tips/life_tips_fireplace/life_tips_fireplace_high).
3) 안전보건공단(https://koshahub.or.kr/news_detail.html?id=170).

요약(Wrap-up)

50층 이상의 초고층 건물 화재는 일반건물 화재보다 진압이 더 어렵다.
소화 화재장비가 부족한 실정이며 초고층 아파트가 늘어남에 따라 대비를 위한 소방설비를 갖춰야 한다.
안전 대피를 위하여 평소 건물의 대피 가능 공간의 위치를 숙지해 두고 적극적인 구조요청을 하여야 한다.

* 생각해 보기   고층아파트 화재 대피 통로 확인!

[QR 코드 스캔]
우리 아파트에 생명의 비밀통로가 있다영상 보기(서울소방)

| 참고 문헌 |

심위·최재경·정현상·허요섭·서성호(2020). 고층 건물 화재 관련 R&D 위상 분석 및 신기술 탐색 연구. 「한국산업융합학회 논문집」. 23(2), 271-280.
강원도소방본부(https://fire.gwd.go.kr/fire/life/life_tips/life_tips_fireplace/life_tips_fireplace_high).
국민재난안전포털(https://www.safekorea.go.kr/idsiSFK/neo/main/main.html).
소방청(https://www.nfds.go.kr/bbs/selectBbsDetail.do?bbs=B04&bbs_no=7785&pageNo=2).
안전보건공단 고층건물 화재 대피 안전수칙(https://koshahub.or.kr/news_detail.html?id=170).
서울소방. 우리 아파트에 생명의 비밀통로가 있다(https://www.youtube.com/watch?v=2wHRKRRycKU).
행정안전부 국민안전교육 포털. 건물 유형별 화재 대피방법 초고층 건물.
KBS 제1라디오 "부산은 지금" 2016년 12월 23일자.
KBS 뉴스 "[재난·안전인사이드] 고층아파트 화재...대피통로 미리 확인해야" 2020년 11월 1일자

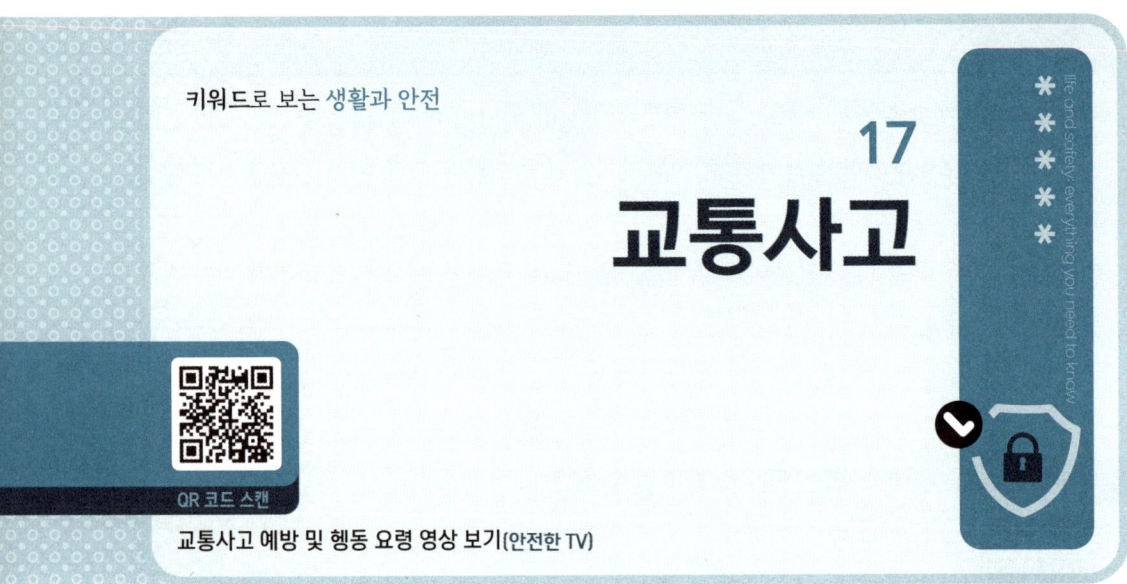

키워드로 보는 생활과 안전

17 교통사고

교통사고 예방 및 행동 요령 영상 보기(안전한 TV)

＊ 교통사고란 무엇인가요?

교통사고는 「도로교통법」에 따라 도로나 유료도로로 지정된 곳 또는 불특정 다수의 통행을 위하여 공개된 장소에서 자동차 등 교통수단이 운행 중 사람이나 다른 교통수단과 충돌하여 인적·물적 피해가 발생한 사고를 뜻한다. 교통수단에는 선박, 항공기, 철도, 도시철도, 이륜차 등이 포함된다.

＊ 교통사고 발생 시 일반적인 조치 요령

교통사고가 발생하면 운전자는 비상등을 작동하여 다른 차량에 알리고, 다른 차의 소통에 방해되지 않도록 차량을 갓길 등 도로 밖의 안전한 곳에서 정차시킨 뒤 엔진을 끈다. 또한 차량 내에 있는 승객들을 모두 안전한 가드레일 밖으로 이동시킨다. 만약 부상자가 발생하였으면 119로 전화하여 신고하고, 구급대원이 도착할 때까지 깨끗한 손수건 등으로 우선 지혈을 하는 등 응급조치를 한다. 다만, 이때 부상자를 함부로 움직이지 않는 것이 더 큰 부상 가능성을 줄일 수 있는 방안이다. 그러나 화재가 발생하거나 해당 지역이 후속 사고가 발생할 우려가 있다고 판단될 경우에는 부상자를 조심하여 안전한 장소로 이동시킨다.

고속도로에서 교통사고가 발생한 경우, 가해 차량 및 피해 차량 모두 갓길로 이동하고 비상등을 켜고 사고 차량으로부터 100미터 뒤에 안전 삼각대나 불꽃신호기를 설치하여 후미 차량들에게 사고 발생 사실을 알린다. 사고신고는 '1588-2504'로 전화하여 갓길 가드레일 오른편에 있는 이정표를 보고 사고 지점을 알려준다. 부상자 발생 시 요령은 일반 도로에서와 마찬가지이다.

고속도로 내 교통사고를 최초로 목격하였을 경우, 차량 내 운전자와 소통이 가능할 경우 저속으로 사고 구간을 빠져나간다. 이후 사고 목격 위치 및 상황에 대하여 '1588-2504'로 전화하여 알리면 된다. 다만, 차량 내 운전자와 소통일 불가능할 경우 즉시 갓길 쪽으로 차량을 정차한 후, 비상등을 작동하여 하차한 후 갓길이나 가드레인 밖으로 대피한 후 사고 목격 위치 및 상황을 신고한다. 1차 사고 후 2차 사고가 발생할 가능성이 높고, 피해 정도가 크기 때문에 안전 요령에 잘 따라 2차 사고로 인한 인명 피해의 가능성을 최소화한다.

만약 사고 현장에 있을 경우 부상자를 돕거나 사고 차량을 이동하는 데 자발적으로 협조할 필요가 있다. 부상자를 도울 때에는 위의 부상자 응급조치 요령을 따른다. 또한 뺑소니사고가 발생하였을 경우 차량의 번호, 차종, 특징 등을 메모하거나 기억하여 112로 신고하고, 경찰의 안내에 따른다.

* 교통사고 발생 시 응급처치 요령

응급처치의 목적은 부상자의 생명을 보호하고 상처의 악화나 위험을 줄이는 것을 목적으로 한다. 응급처치 시에는 다음과 같은 사항에 주의한다.

① 부상자 발생 시 119로 신속하게 신고한다.
② 조그마한 부상 등을 포함하여 모든 부상 부위를 찾는다.
③ 2차 사고나 화재 발생 가능성 등 꼭 필요한 경우가 아니면 함부로 부상자를 움직이지 않는다.
④ 부상자에게 부상 정도에 대하여 구체적으로 이야기하지 않고, 부상자가 궁금해할 경우 "괜찮다, 별일 아니다"라고 안심시킨다.
⑤ 부상자의 신원을 미리 파악해 둔다
⑥ 부상자가 의식이 없을 경우 옷을 헐렁하게 하고, 음료수 등을 먹일 때에는 코로 들어가지

않도록 조심한다.

✱ 특수한 교통사고 발생 시 조치 요령

자동차가 물속에 빠졌다면, 안전벨트를 풀고 수영이 가능하도록 신발과 겉옷을 벗는다. 물에 뜰 수 있도록 적절한 물건을 잡고 차량을 빠져나온다. 다만, 차문이 열리지 않는 경우 망치 등을 이용해 유리창을 깨고 탈출한다. 탈출이 어려운 경우 차내에 물이 어느 정도 들어와 수압 차이가 줄어들어 차량 문을 열 수 있을 때까지 침착하게 기다렸다가 탈출한다. 이때 차에서 나오기 전에 3~4회 이상 심호흡하여 물속에서 견딜 수 있게 준비한다.

터널 내에서 교통사고로 인한 화재사고가 발생하였을 경우, 차를 최대한 갓길 쪽에 정차한 후 신속하고 안전하게 하차하여 터널 밖으로 이동하여야 한다. 터널 내에서 화재가 발생하면 다량의 연기가 발생하여 질식 가능성이 높아지기 때문에, 가능한 한 빨리 터널 외부로 이동할 필요가 있다.

위험물질 수송 차량에서 사고가 발생한 경우 위험물질(유류, 가스 등) 등으로 인한 폭발, 질식 등의 2차 사고가 발생할 가능성이 있기 때문에 신속하게 사고 지점에서 대피한다. 또한 차량에서 위험물질(유류, 가스 등)이 누출되어 화재가 발생할 가능성이 있기 때문에 담배를 피우거나 인화물질을 가까이에 두면 안 된다.

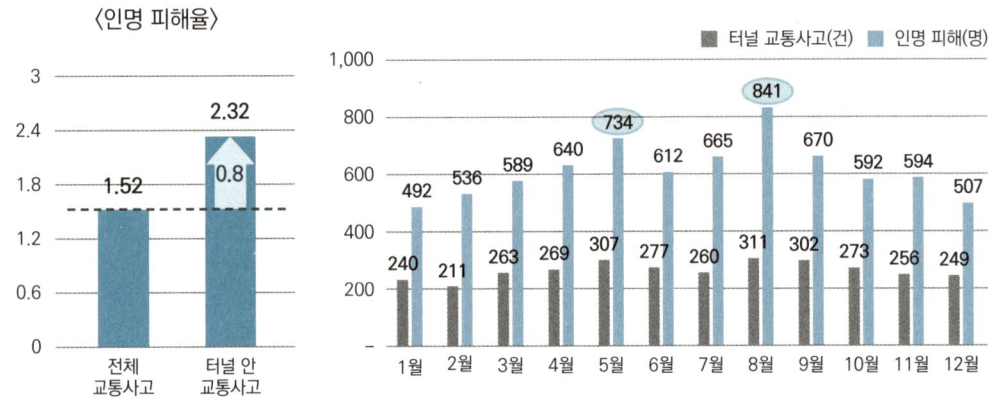

[최근 5년(2014~2018년, 합계) 간 터널 안 교통사고 현황]

＊ 교통사고를 예방하려면 어떻게 하여야 할까요?

도로 보행자의 경우 꼭 인도로 다니는 보행 원칙을 지키고, 인도와 차도가 제대로 구분되지 않은 곳의 경우 길 가장자리로 다닌다. 도로 횡단 시에는 우선 멈추어서 좌우를 살피고 도로 상황을 면밀히 파악한다. 무단 횡단은 큰 사고를 불러일으키기 때문에 절대 해서는 안 되며, 횡단보도에서도 신호가 바뀐 후 차량의 운행 여부를 확인하여 건너는 습관을 갖는다. 어린이나 노약자의 경우 보호자와 함께 횡단한다.

버스나 차량에서 내릴 때에는 지나가는 오토바이, 차량, 자전거 등을 주의 깊게 살펴보아야 한다. 또한 자전거 타기, 운동하기 등은 운동장이나 놀이터 등 안전한 장소에서 하고, 비오는 날에는 우산으로 인하여 시야가 가려질 수 있기 때문에 차도에서 떨어진 곳을 걷고 항상 차량의 운행 상황을 주의하여 살핀다.

차량 운전자의 경우 신호, 속도 등 교통 법칙을 준수하고, 항상 운행 시 갑작스러운 차량 끼어들기나 무단 횡단 등을 주의 깊게 살펴 안전을 최우선으로 하는 방어 운전의 습관을 갖는다. 또한 운전자는 버스나 차량에서 사람이 내리고 있을 때, 이를 지나가거나 추월하지 않는다. 좁은 길 또는 골목길에서는 사람이나 차량 등이 지나갈 가능성이 높기 때문에 주의하고, 넓은 도로로 나올 때에는 일단 멈추어서 좌우를 잘 살펴보고 진입한다.

요약(Wrap-up)

교통사고 발생 시 운전자는 비상등을 작동하여 다른 차량에 알리고, 안전한 곳에 정차하거나 승객을 안전한 곳에 대피한 후 신고한다.

만약 부상자가 발생하였다면 119로 전화하여 신고하고, 구급대원이 도착할 때까지 깨끗한 손수건 등으로 우선 지혈을 하는 등 응급조치를 한다.

터널 내에서 화재가 발생한 경우 차를 최대한 갓길 쪽에 정차한 후 신속하고 안전하게 하차하여 터널 밖으로 이동하여야 한다.

※ **생각해 보기** 고속도로에서 사고가 났을 때 예방 요령은?

[QR 코드 스캔]
고속도로에서 사고 났을 때 예방 행동요령 영상 보기(한국도로공사)

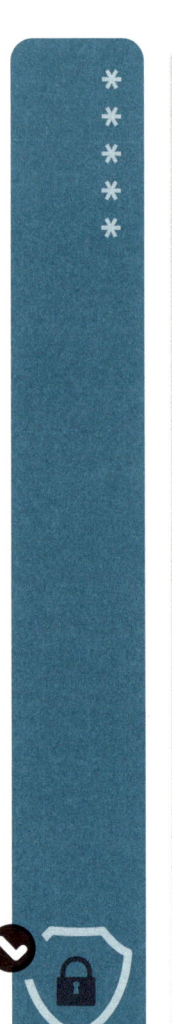

| 참고 문헌 |
교통사고 국민행동요령 매뉴얼.
도로교통공단 교통사고분석시스템.
국민재난안전포털(https://www.safekorea.go.kr/idsiSFK/neo/main/main.html).
도로교통공단 교통사고 대처요령(https://www.koroad.or.kr/kp_web/accTreat1.do).
안전한TV. 교통사고 예방 및 행동요령(https://youtu.be/66JGoybWmbk).
한국도로공사 블로그(https://blog.naver.com/exhappyway).
한국도로공사, 고속도로에서 사고 났을 때 예방 행동요령을 알아봅시다(https://youtu.be/hObIGCTQ3wg).

키워드로 보는 생활과 안전

18 터널사고

QR 코드 스캔

영동고속도로 봉평터널 사고 기사 보기 (국민일보, 2017)

＊ 어떤 걸 터널이라고 하나요?

국어사전을 찾아보면, 터널(tunnel)은 산이나 땅속, 바다, 강 등의 밑을 뚫어서 만든 통로를 말한다. 좀 더 구체적으로 터널은 인공적·자연적으로 형성된 수평 또는 거의 수평인 지하통로를 의미한다. 터널은 채광·수송·급수·전력설비 등을 위하여 사용된다. 고대에는 관개수·식수 등의 송수시설로 터널을 이용하였으며, 17세기에 운하를 위한 터널이 건설되었다. 철도·자동차의 발명은 터널의 수와 길이를 증가시켰다. 또한, 지하도·상하수도 설비 등을 위하여 건설되는 연약 지반의 터널은 굴착하기 쉽지만 스탠드업 타임이 매우 짧다. 지반 하중을 지지하는 데 이상적인 형태는 원형과 아치형으로, 지지물로 벽돌과 암석을 사용하였다가 현대에는 강철과 콘크리트 라이닝을 사용한다. 경질 암석층 터널의 굴착작업은 스탠드업 타임이 훨씬 길다. 17세기에 굴착을 위한 폭발작업에 화약이 도입되었다. 한편, 수중 터널 공사에서 지하수의 유입 문제는 항시 위협이 된다. 평행한 배수 터널을 건설하고 콘크리트관을 건설 위치에 가라앉혀 다른 관과 결합시키는 방법을 사용한다.[1] 도로 터널의 화재안전기준(NFSC 603)에 따르면, '도로 터널'이란 「도로법」 제8조에서 규정한 도로의 일부로서 자동차의 통행을 위해 지붕이 있는 지하구조물을 말한다(「도로터널의 화재안전기준」 제3조).

---

1) 다음백과(https://100.daum.net/encyclopedia/view/b22t2416a).

✱ 영화 〈터널〉처럼, 붕괴 위험 요인에는 어떤 것들이 있나요? 안전점검은 어떻게 하나요?

터널의 붕괴 위험 요인을 크게 살펴보면, 균열 및 누수, 탄산화, 염해, 철근 부식, 동결 융해, 알칼리 골재반응, 화학적 침식 등 다양한 위험 요인이 있다.

이러한 위험 요인을 예방하기 위하여 터널 안전점검을 실시하고 있다. 오스트리아 터널 안전지침을 보면, 터널의 구조적 안전성과 유용성, 내구성 등을 조사하기 위하여 안전점검을 한다. 정기검사 대상은 갱문 및 입출구 부분, 터널 본선 구간, 배수시설, 환기 수직 갱도 및 환기 통로, 외부 환경 조사가 정기검사 대상이고, 조사 항목으로는 균열·손상·결함 등의 관찰, 라이닝(lining)의 박리·들뜸·자갈집 등의 개소에 대한 타음(打音) 조사, 철근의 피복 두께, 터널의 내공변위(內空變位), 콘크리트의 탄산염화 조사, 라이닝 염화물 침투 등이 조사 항목이다. 우리나라의 터널 상태 평가 항목에서도 라이닝 상태(균열, 누수, 파손 및 손상, 재질열화 등)와 터널 주변 상태(배수 상태, 지반 상태, 갱문 상태, 특수 조건 등)를 평가 항목으로 하고 있다(한국건설기술연구원, 2008).

✱ 터널에서 사고가 발생하게 되면, 어떤 게 가장 위험한가요?

터널에서 교통사고가 발생하게 되면, 아무래도 화재에 의한 연기 위험성이 매우 크다. 터널에 작용하는 힘은 자연 환기력, 교통 환기력, 기계 환기력 등의 힘이 작용하게 되는데(주태영, 2012), 교통사고가 발생하게 되면서 화재와 함께 연기가 발생하게 된다면, 아무래도 터널의 특성상 환기력이 작동은 되나, 일반 도로 여건과 달라서 연기 환기가 더디게 되면서 연기에 의한 질식 위험성이 커지게 된다.

✱ 도로 터널에는 어떤 재난안전시설이 설치되어 있나요?

우선, 소화설비가 설치되어 있다. 수동식 소화기, 옥내 소화전 설비, 물분무 설비가 갖추어져 있다. 다음, 경보설비가 설치되어 있는데, 구체적으로 비상경보설비, 자동화재탐지설비, 비상방송설비, 긴급전화, 라디오제방송설비, CCTV, 정보표시판 등이 설치되어 있다(주태영,

2012: 11).

*
봉평터널 교통사고를 보면, 터널 내 교통사고 위험성이 더 커 보이는데요?

터널 내 교통사고 치사율이 일반사고보다 2.3배 높다. 국토교통부 자료에 따르면, '터널 교통사고 현황'이 최근 5년간 총 2천 957건으로 집계된다. 즉, 총 150명이 숨졌고 6천 753명이 다쳤다. 연간 단위로 환산하면 매년 터널 교통사고로 30명이 사망하고 1천 350명이 부상하는 셈이다. 터널 내 교통사고 치사율이 일반사고보다 2.3배 높다.

터널은 우선 밝은 곳에서 상대적으로 더 어두운 곳으로 들어가다 보니, 운전자 시야 확보가 좁아지고, 심리적으로도 좌우가 막혀 있어서 불안감이 커진다. 또한, 터널 사고는 대피장소가 제한적이고 뒤에서 오는 차들이 앞의 상황을 파악하기 힘들기 때문에 사망 등 대형 교통사고로 이어질 가능성이 크다. 그리고 구조(救助) 면에서도 사고 시 갓길 등이 없어서 구조 차량의 진입이 어렵다. 특히 화재사고로 이어지게 되면, 막혀 있어서 연기가 배출되지 않아 더욱 치명적이다. 이처럼 터널 교통사고의 치사율이 높은데도 국내 터널 다수는 재난안전과 관련한 필수 장비도 제대로 갖추지 않아서 더 위험한 상황이다(KBS 제1라디오, 2016년 11월 18일자).

*
터널 내 교통사고를 예방하기 위해서는 무엇이 필요하다고 보나요?

우선, 운전자 환기 차원에서 과속 예방을 위한 운전자 안내 경고문 설치가 필요해 보이고, 구간 과속단속 카메라 설치 등이 필요하다. 또한, 터널 구조상, 터널에 포장면 개선을 위한 미끄럼 방지시설 설치라든지, 비상구 설치가 필요하다. 특히, 사고 후 대응을 위하여 소화기, 망치, 방독면 등의 비상구호기구 설치가 꼭 이루어져야 한다(KBS 제1라디오, 2016년 11월 18일자). 이 밖에도 지하차도(터널)의 경우에는 물이 들어찰 수 있기 때문에 배수시설 등이 잘 갖추어져야 한다(KBS 뉴스, 2021년 6월 17일자).

또한, 도로 터널 재난안전관리 차원에서 특히 도로 터널 재난안전시설 관련 소방 관계 법령의 문제점도 개선되어야 할 것이다. 즉, 터널의 범위를 재정립하여야 하고, 도로 터널의 소방시설도 개선되어야 한다(서효선, 2018).

요약(Wrap-up)

터널 교통사고는 갑자기 어두운 곳으로 들어가서 시야가 좁아지고, 좌우가 막혀 있어서 심리적으로 불안하다.

터널 사고 예방을 위하여 과속 예방 안내 경고문 설치, 구간 과속 단속 카메라 설치, 소방 비상구호 기구를 필수적으로 설치하여야 한다.

생각해 보기 휴가철 잇따르는 터널 화재...대처 요령은?

 [QR 코드 스캔]
휴가철 잇따르는 터널 화재... 대처 요령 기사 보기(KBS, 2021)

| 참고 문헌 |

도로터널의 화재안전기준(NFSC 603).
서효선(2018). 도로터널 방재시설 관련 소방관계 법령 개선방안 연구. 강원대학교 석사학위논문.
주태영(2012). 터널 내 정보표지판 설치조건에 따른 대피 안전성 평가에 관한 연구. 서울과학기술대학교 석사학위논문.
한국건설기술연구원(2008). 노후터널 안전관리 및 재해예방기술 개발(V).
다음백과(https://100.daum.net/encyclopedia/view/b22t2416a).
국민일보(2017). "작년 봉평터널 사고 '판박이' 영동고속도로 참사 영상", 2017년 5월 12일자.
KBS 뉴스 "[재난기획] ③ 부산 지하차도 침수, 올해는 안심해도 될까?", 2021년 6월 17일자.
KBS 뉴스 "휴가철 잇따르는 터널 화재...대처 요령은?", 2021년 8월 1일자.
KBS 제1라디오 "부산은 지금", 2016년 11월 18일자.

19 교량사고

키워드로 보는 생활과 안전

QR 코드 스캔

대형사고로 이어질 수 있는 교량사고 영상 보기(한국교통안전공단 TV)

* 교량이란 무엇인가요?

교량(橋梁, bridge, 다리)은 강, 하천, 호수, 해협, 만, 운하, 저지, 개천, 길, 골짜기 등에 가로질러 놓은 토목 구조물이다. 교량은 사람이 살아가면서 필요에 따라 만들기 시작한 물건들 중에서 규모나 이용 측면에서 매우 중요한 시설물이다. 교량의 정확한 기원은 파악하기 어렵지만 아마도 하천 근처에 살던 사람들이 물을 건너기 위하여 나무로 가로지른 것에서 시작하여 점차 개량해 나갔을 것이다. 교량의 주요 목적은 교통 소통으로 이동의 편리성을 제고하는 것이다. 교량은 만들어진 후 아름다운 경관을 자아내기도 하기 때문에 최근에는 교량을 만들 때 예술 작품을 만들 듯이 정성을 들이는 경우들도 있다(윤경철, 2011).

* 우리나라의 뛰어난 해상 교량 기술력

바다 위에 세워지는 해상 교량은 대표적으로 현수교와 사장교가 있다. 현수교는 교각과 교각 사이에 철선이나 쇠사슬을 건너질러 이 줄에 상판을 매는 방식으로 주탑 간격이 넓고 바람에 강하다는 강점이 있어 주로 긴 교량에 쓰인다. 반면 사장교는 주탑과 상판을 케이블로 직접 연결하는 방식으로 경제적이며 미관이 뛰어나다. 1,004개의 섬으로 이루어진 전라남도 신안의 천사대교는 우리나라의 세계적 해상 기술이 적용된 대표적인 사례이다. 천사대교는 국내 최초로 사장교와 현수교를 하나의 교량에 배치한 복합 교량으로 공사 기간 총 3,122일, 건설 공사 인원 총 800,000명 총 사업비 5,814억 원이 소요되었다. 천사대교는 우리나라 해상 교량 기술력을 가장 잘 보여주고 있으며, 지역 주민의 생활 불편을 개선하고, 전남 서남권의 관광 및 휴양산업의 발전을 도모하고 있다. 이 밖에도 인천대교, 광안대교, 이순신대교 등이 우리나라의 대표적인 해상 교량이다. 또한 터키공화국 건국 100주년 기념으로 건설된 차나칼레(Çanakkale) 대교는 우리나라의 기술력으로 만들어진 세계 최대의 현수교이다.[1]

✱ 교량의 아름다움

교량은 이동의 편리성을 증진시킬 뿐만 아니라 아름다운 작품으로 그 도시의 명소가 되기도 한다. 영국의 런던교(London Bridge)는 템스강(Thames River)을 가로지르는 교량으로 처음 건설되었다. 구런던교(Old London Bridge)는 웨스트민스터교(Westminster Bridge)가 완공되기 전까지 템스강을 가로지르는 유일한 교량이었다. 1750년대 대대적인 보수 공사가 있었고, 1820년에 이르러 예전의 구조를 완전히 헐어내고 새로운 신런던교(New London Bridge)로 변신하였다. 미국의 브루클린교(Brooklyn Bridge)는 강철과 케이블로 만든 최초의 현수교이며, 현수교의 본보기로 여겨지는 금문교(Golden Gate Bridge)는 지금도 그 웅장하고 화려한 경관으로 유명하다. 일본의 아카시해협대교(Akashi Kaikyo Bridge), 덴마크의 그레이트벨트이스트교(Great Belt East Bridge), 영국의 험버교(Humber Bridge), 중국의 북반강대교(Beipanjiang Bridge) 등이 그 아름다움과 주변의 뛰어난 경관을 자랑한다. 그 밖에도 뉴질랜드의 오클랜드 하버 브리지(Auckland Harbor Bridge)나 호주의 시드니 하버 브리지(Sydney Harbor Bridge)도 우리에게 익숙한 아름다운 교량이다(윤경철, 2011). 우리나라 한강 교량의 경우 1999년 올림픽대교를 시작으로 2008년까지 총 24개소에 대하여 경관 조명을 설치하여 각 교량마다 아름다운 야간 경관을 빛내고 있다.[2]

---

1) 국토교통부 포스트(https://post.naver.com/my.naver?memberNo=5113437).
2) 서울특별시(https://www.seoul.go.kr/main/index.jsp).

교량사고는 왜 발생하나요?

① 교량의 경우 기상 상황과 같은 환경의 영향을 많이 받는다. 교량은 주로 산과 산 사이의 골짜기나 바다, 강, 하천 등 수면 위에 설치되기 때문에 날씨가 도로 상태 및 운전 환경에 영향을 미친다. 눈, 비, 안개 등으로 가시거리 확보가 어려운 경우가 많고, 습기로 인하여 노면이 미끄러울 수 있다. 특히 케이블을 사용해 교량 상판을 공중에 매단 형식의 특수교가 대부분인 해상 교량은 풍속이나 풍향에 상당한 영향을 받고, 객관적인 기상 정보와 실제 해상 교량을 이용할 때 체감하는 기상 상황에 차이가 나는 경우가 많아 안전사고의 우려가 높다(국토안전관리원 보도자료, 2021.12.11).

② 교량사고는 교량 시설물의 구조적인 문제로 인하여 붕괴 등의 대형사고가 발생하기도 한다. 교량 설치와 같은 대규모 토목공사를 비용 및 시간 절감 등의 이유로 부실 시공하고, 설치된 교량에 대한 안전 관리를 소홀히 한다면 붕괴와 같은 큰 재난을 발생시킬 수 있다. 우리나라의 경우 「시설물의 안전 및 유지관리에 관한 특별법」(1995년 제정)에 근거하여 정밀 안전진단 등을 법적으로 의무화하고 있다.

알아 두면 쓸모 있는 고속도로 교량 용어

① 신축 이음 장치는 연중 온도 변화에 의한 교량의 수축과 팽창 등을 원활하게 수용하기 위하여 교량 이음부 사이에 설치한다.
② 난간 방호벽은 교량 내 정상적인 주행 경로를 벗어난 자동차의 이탈을 방지하고, 정상 진행 방향을 유도하기 위하여 설치한다.
③ 교량 집수구는 비가 올 때 교량 노면에 내린 빗물을 원활하게 처리하기 위하여 설치한다.
④ 교량 연장, 폭, 공사 기간 등을 표기한 교명판과 교각의 번호를 표기한 교각 번호판 등의 시설물은 효율적인 유지 관리를 위하여 설치한다.
⑤ 투석 방지용 안전망은 무단 투기로 인한 하부 도로 이용 자동차의 안전사고를 예방하기 위하여 고속도로 본선을 횡단하는 모든 육교 및 필요 구간에 설치하며, 리무빙 제외 구간 표시봉은 제설 작업 시 교량 하부로 잡목, 이물질 등이 낙하하여 피해가 예상되는 구간에

설치한다.[3]

교량사고를 예방하기 위한 행동 요령

일상생활에서 교량사고가 발생하면 회피가 어려운 경우가 많아 자칫 대형사고로 이어질 수 있으므로 교량사고를 예방하기 위한 노력이 필요하다. 교량은 그 특성상 기상 상황에 영향을 많이 받기 때문에 자동차 제어에 어려움이 발생할 수 있다. 따라서 교량을 지날 때에는 진입하기 전에 감속하고, 앞차와 충분한 안전거리를 유지하도록 한다. 급출발, 급가속, 급제동, 급회전 등은 가급적 하지 않도록 하며, 앞차를 앞지르기 하지 않는다. 교량에는 다른 자동차의 움직임을 주시하면서 각별히 주의하는 것이 좋다(도로교통공단 보도자료, 2021.01.27). 특히 장마철이나 겨울철과 같이 교량이 미끄러울 때에는 더욱 주의가 필요하다. 만약 자동차가 미끄러졌다면 미끄러지는 방향으로 핸들을 돌린다. 핸들을 반대 방향으로 돌리게 되면 스핀 현상이 발생할 수 있으며, 브레이크를 밟으면 더 심하게 미끄러져 위험할 수 있다. 겨울철에는 미끄러짐을 방지할 수 있는 전용 체인과 타이어를 사용하는 것도 도움이 되며, 주기적으로 타이어 마모와 엔진 상태를 점검하도록 한다.[4]

교량사고로 자동차가 물속에 빠졌을 때

① 안전벨트를 푼 다음 신발과 옷을 벗어 수영이 가능하도록 한다.
② 물에 뜨는 물건이 주위에 있으면 움켜쥐고 자동차 문을 통하여 빠져나온다. 자동차 문이 열리지 않는 경우 망치를 이용해 유리창을 깨고 탈출한다.
③ 바로 탈출하지 못한 경우, 차내에 물이 어느 정도 차야 수압이 없어져 자동차 문이 열리므로 침착하게 기다렸다가 탈출한다.
④ 자동차에 나오기 전에 3~4회 정도 심호흡을 하고 숨을 크게 들이쉰 다음 숨을 멈추고 나오면 물속에서 좀 더 오래 견딜 수 있다.[5]

---

3) 한국도로공사 포스트(https://post.naver.com/my.naver?memberNo=17146876).
4) 한국도로공사 블로그(https://blog.naver.com/exhappyway).
5) 국민재난안전포털(https://www.safekorea.go.kr/idsiSFK/neo/main/main.html).

요약(Wrap-up)

교량은 이동의 편리함 증진뿐만 아니라 아름다운 작품이기도 하다.

날씨 및 구조 요인에 의하여 교량사고가 발생한다.

대형사고를 방지하기 위하여 교량사고 예방에 노력을 기울여야 한다.

교량 사고 발생 시 침착하게 대응한다.

생각해 보기 성수대교는 왜 붕괴되었을까요?

[QR 코드 스캔]
성수대교 붕괴 관련 뉴스 영상 보기(크랩KLAB)

| 참고 문헌 |

윤경철(2011). 『대단한 지구여행』(개정판). 푸른길.
국토안전관리원 보도자료(2021.12.11). "해상교량 이용 전 안전정보 꼭 확인하세요!".
도로교통공단 보도자료(2021.01.27). "얼기 쉬운 터널·교량 부근 통행 시 주의하세요!".
국민재난안전포털(https://www.safekorea.go.kr/idsiSFK/neo/main/main.html).
서울특별시(https://www.seoul.go.kr/main/index.jsp).
크랩KLAB. 1994년 10월 21일 성수대교 붕괴, 우연이 아닌 예고된 사고였다
  (https://youtu.be/fUXDeNKonEE).
한국교통안전공단 TV. 대형사고로 이어질 수 있는 교량 사고(https://youtu.be/ITC8AZalafw).
한국도로공사 블로그(https://blog.naver.com/exhappyway).
한국도로공사 포스트(https://post.naver.com/my/naver?memberNo=17146876).

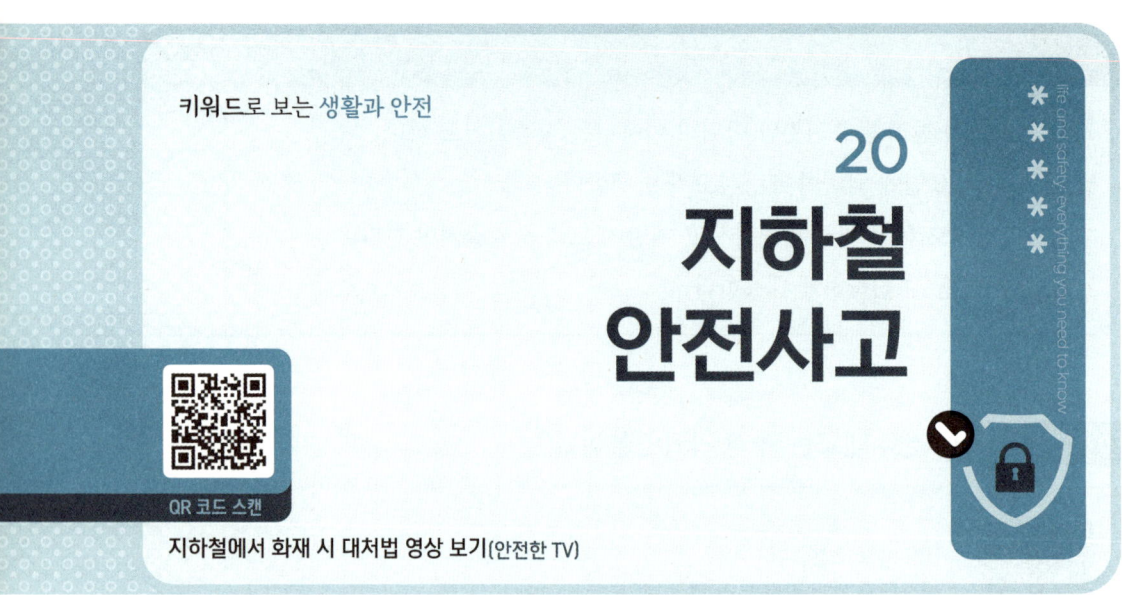

키워드로 보는 생활과 안전

20 지하철 안전사고

지하철에서 화재 시 대처법 영상 보기(안전한 TV)

*무엇을 지하철 안전사고라 하나요?

첨단 기술의 발전과 더불어 철도산업 시스템이 고도화되어 감에 따라 안전사고의 유형은 단순 기계적 결함보다는 복잡하고 다양한 요소가 결합되는 경우가 많아졌으며, 출입문 끼임사고, 계단 미끄러짐 사고, 승강장 추락사고 등 각종 승객의 안전사고와 조작 미숙에서 비롯된 인적 요인에 의한 사고가 여전히 철도사고의 많은 비중을 차지하고 있다(이재훈 외, 2018).

'열차사고'란 열차 출동, 탈선, 화재 및 기타 열차사고를 말한다(「철도안전법」 제2조(정의) 11항). 지상공간보다 지하공간에서는 잠재적 위험 요소를 더 많이 보유하고 있어 인명 피해를 동반한 대형사고로 이어질 가능성이 높다(임성훈, 2020). 지하철에서의 화재 사고 발생 시 유독가스로 인하여 많은 인명 피해를 입을 수 있으므로 신속한 초기 현장 대응이 중요하다. 2003년 발생한 대구 지하철 참사의 경우 초기 대응에 실패한 대표적인 사례이다. 이 참사는 대구 지하철 1호선 중앙로역에 정차한 전동차에서 정신지체 장애인의 방화로 일어난 사건으로, 사망자 192명에 부상자가 151명이나 발생한 세계에서 두 번째로 큰 사고였다. 불특정 다수가 이용하는 다중이용시설인 지하공간이라는 공간적 특성으로 인하여 인명 피해가 발생할 가능성이 매우 높다(임성훈, 2020).

＊ 지하철 안전사고가 더 취약한 이유는 무엇인가요?

1) 실태 파악이 곤란
폐쇄 공간에서 발생한 화재이므로 농염, 열기가 충만되어 화점(火點)과 재난 상황을 파악하기가 곤란하고 환기구를 통하여 화염이나 발연을 인지한 경우 지하철 화재인지, 공동구 화재인지, 지하구 화재인지 판단하기가 어렵다.

2) 다수의 요구조자
지하철에는 불특정 다수의 승객이 승차하여 있으므로 화재 발생 시 승객의 대부분이 요구조자가 될 우려가 있고 역사 내에 도달해 지하철이 멈추었을 때에는 비상 탈출 등을 위하여 무질서하게 탈출할 우려가 많으므로 질서를 유지시키는 것이 무엇보다도 중요하다. 이로 인하여 피난자들 간에 압사나 피난 도중에 유해연기, 가스 등에 의하여 질식사하는 경우도 있다(대구 지하철 사고의 전형적인 유형).

3) 지하철 관계자 활용 필수
터널 내로 진입할 때는 역무원이나 관계자가 상황을 판단하여 전원을 차단하여야만 하고 관계 노선에 대한 운행 정지를 요청하여야 한다. 그리고 지상으로 통하는 환기구나 닥트 등에 대한 개폐가 이루어져야 한다. 이를 위해서는 지하철역의 실정을 자세하게 알고 있는 관계자의 활용이 매우 중요하다.

4) 열악한 진입로
지하철역으로 진입하는 출입구나 경로는 일부분의 환기구를 제외하고 역사 쪽에 한정되어 있어서 화재가 발생한 화점으로 접근할 때에는 계단, 선로, 침목 등으로 인하여 진입하기가 어렵고, 진입 경로를 잘못 판단할 경우에는 소화 활동이나 요구조자 피난 등에 매우 어려운 상황이 발생할 우려가 높다. 특히 터널 내에서 지하철 화재가 발생할 경우 침목이나 선로 등으로 인하여 진입하는 경로가 길고 터널 안으로 한정되어 현장 내 진입이 곤란하다. 또한 반대쪽 운행 상황에 따라 화재 차량 바로 앞에 정차하고 있는 지하철 차량이 있을 수도 있어 더욱 화재가 발생한 화점으로 진입하는 데 어려움이 많다.

5) 좁은 현장활동 공간

지하철역 및 터널 내가 좁고 복선 터널에서는 차량의 반대쪽, 단선 터널에서는 양쪽 모두 외벽과의 간격이 수십 센티미터밖에 확보되지 않아 현장 진입 및 활동 공간이 좁다. 특히 화재가 발생한 차량이 반대쪽으로 진입하는 차량에 연소될 우려가 있을 경우 현장활동 공간뿐만 아니라 요구조자에 대한 피난도 어려운 상황이 발생할 수 있고 현장에 진입하는 활동대원의 안전에도 치명적일 수 있다.[1]

✱ 지하철 안전사고 발생 시 어떻게 하여야 하나요?

화재 등 긴급 상황이 발생하면 곧바로 운전사령실에 알리고 화재 시에는 객실 내에 준비된 소화기로 불을 끈다. 지하철 내에서 화재가 발생하면 주의하여야 할 것은 유독가스와 연기로 인하여 질식할 우려가 있으므로 당황하거나 두려워하지 말고 신속하게 행동하여야 한다.[2] 객실 내 안전장치 설치 위치는 지역·지하철 노선에 따라 다르므로 평소 자주 이용하는 지하철 안전장치의 위치를 확인하고 사용 방법을 숙지하고 있어야 한다. 지상 탈출이 불가능하면 지하터널을 이용한다. 역과 역 사이 또는 승강장 화재로 지상으로 대피가 불가능할 때에는 승강장에 비치된 비상사다리를 이용해 터널로 내려간 후 열차 진행 방향의 선로를 따라 다음 역으로 이동 대피한다.[3]

✱ 지하철사고 최초 발견자는 어떻게 행동하여야 하나요?

최초 대응자가 시민들일 확률이 크기 때문에 시민들의 역할이 중요하다. 우선 당황하지 말고, 침착하게 행동한다. 최초 발견자는 지하철 운전사령실에 신고하고 다른 사람에게도 사실을 알린다. 즉시 객실 내에 준비된 소화기를 이용하여 소화 작업에 임한다. 수동으로 출입문을 열고 대피한다. 출입문 쪽 의자 측면 아래의 뚜껑을 열고 손잡이를 앞으로 당긴다. 약

---

1) 서울종합방재센터(https://119.seoul.go.kr/cop/bbs/selectUnifiedSearch.do).
2) 봉화군 재난 발생 시 행동요령(https://www.bonghwa.go.kr/open.content/ko/welfare/civil.defense/misfortune/).
3) 국토교통부 재난 발생 시 국민행동요령(http://m.molit.go.kr/safety/sub6.jsp).

5초 후 출입문을 손으로 열고 침착하게 대피한다.[4]

지하철 화재 발생 시 대피 요령은?

① 노약자·장애인석 옆에 있는 비상 버튼을 눌러 승무원과 연락한다.
② 여유가 있다면 객차마다 2개씩 비치된 소화기를 이용하여 불을 끈다.
③ 출입문이 자동으로 열리지 않으면 수동으로 문을 열고, 여의치 않으면 비상용 망치를 이용하여 유리창을 깨고, 망치가 없으면 소화기로 유리창을 깬다.
④ 스크린도어(PSD)가 열리지 않을 경우는 스크린도어에 설치된 빨간색 바를 밀고 나간다.
⑤ 코와 입을 수건, 티슈, 옷소매 등으로 막고 비상구로 신속히 대피한다.
⑥ 정전 시에는 대피유도등을 따라 출구로 나가고, 유도등이 보이지 않을 때는 벽을 짚으면서 나가거나 시각장애인 안내용 보도블록을 따라 나간다.
⑦ 지상으로 대피가 여의치 않을 때는 전동차 진행 방향 터널로 대피한다.[5]

출입문을 수동으로 어떻게 열 수 있나요?

① 출입문쪽 의자 아래 또는 벽면에 있는 조그만 뚜껑을 연다.
② 뚜껑 속의 비상 코크를 잡아당기거나, 빨간색 비상 핸들을 시계 방향으로 90도 돌린다.
③ 공기 빠지는 소리가 멈출 때까지 3~10초간 기다린다.
④ 출입문을 양쪽으로 밀어서 연다.[6]

터널 내 화재 발생 시 행동 요령

① 직원의 안내에 따라 신속하고 질서 있게 전동차에서 내린다(반대편 열차 주의).
② 반드시 안내원의 대피 방향 지시에 따라 인근 역으로 대피하거나, 터널 내 환기탑에 설치

---

4) 국토교통부 재난발생시 국민행동요령(http://m.molit.go.kr/safety/sub6.jsp).
5) 국민재난안전포털(https://www.safekorea.go.kr/idsiSFK/neo/main/main.html).
6) 국민재난안전포털(https://www.safekorea.go.kr/idsiSFK/neo/main/main.html).

되어 있는 원형 계단을 이용하여 지상으로 대피한다.
③ 연기 속을 통과할 때는 수건 등으로 입과 코를 막고 낮은 자세로 통과한다.
④ 공포감을 극복하고 침착하게 행동한다.[7]

요약(Wrap-up)

지하철 안전사고는 지하공간의 특성상 더욱 취약하고 진압이 어렵다.
무엇보다 초기 대응이 가장 중요하다.
지하철 운전사령실에 신속한 구조 요청과 주변 사람들에게 알리며 침착하게 대피한다.

생각해 보기 대구 지하철 참사 원인은?

[QR 코드 스캔]
대구 지하철 화재사고 관련 뉴스 영상 보기(KBS 대구)

---

[7] 인천교통공사(https://www.ictr.or.kr/main/safety/subway/emergency.jsp).

| 참고 문헌 |

임성훈(2020). 지하철 화재 특성에 따른 대응방안에 관한 연구. 한양대학교 공학대학원 석사학위논문.
국민재난안전포털(https://www.safekorea.go.kr/idsiSFK/neo/main/main.html).
국토교통부 재난발생시 국민행동요령(http://m.molit.go.kr/safety/sub6.jsp).
안전한 TV. 지하철에서 화재 시 대처법을 실감하는 VR 360도 카메라로 알아봐요
　　(https://youtu.be/jlyqtiXQdUA).
인천교통공사(https://www.ictr.or.kr/main/safety/subway/emergency.jsp).
KBS 대구. 이것이 실화인가? 비극의 현장 대구 지하철 화재 사고(https://youtu.be/pYFCBvJzRws).

키워드로 보는 생활과 안전

21
붕괴사고

QR 코드 스캔

건축물 붕괴 시 국민행동 요령 영상 보기(국토안전관리원)

* 무엇을 붕괴라고 하나요?

대부분의 사람들은 큰 빌딩이 거대하고 튼튼하며 피난할 사람을 위하여 안전한 장소라는 생각을 가지고 있다. 따라서 지진이나 화재, 폭발, 또는 기타의 자연적 또는 인적 원인으로 건물이 붕괴되면 큰 혼란이 야기된다. 따라서 평소 건축물의 구조와 특성에 대하여 잘 파악하고 있어야 한다.

건축물 붕괴란 건축물의 구조물이 하중 등 외기의 영향으로 본래 구축물의 형태를 잃어버리고 무너져 내리는 현상을 말한다.

* 붕괴의 주된 원인은 무엇일까요?

자연재난인 강진, 태풍, 폭우, 폭설 등에 의한 건물의 붕괴사고가 국내·외에서 빈번히 발생하고 있다(이경구, 2014).

구조물 붕괴의 원인은 부적절한 유지관리로 인한 구조체 손상의 지속 및 하중(荷重, load) 증가 등 건물 유지관리가 크게 기인하는 것으로 나타나고 있다. 구조물은 붕괴 이전부터 오랜 기간 동안 수많은 징후를 나타내고 있으므로 적절한 대책을 세우는 것이 중요하다. 삼풍백화점 붕괴사고 이후 유지관리 단계의 문제점을 해소하기 위하여 시설물 안전관리에 관한 특별법으로 구조안전 점검을 의무화하고 있으나 대상 건축물에 사각지대가 존재하고 건물 소유주와의 계약 관계에 따라 이루어지는 점검으로 발주처의 요구로부터 자유롭지 못하다는 약점을 해소하는 것 역시 필요한 부분이다. 한편, 안전의 신뢰성과 효용성을 높이기 위해서는 대형 피해가 예상되는 초고층 건물과 복합 건축물 등은 관련 기관의 중복 점검도 고려하여야 할 것이다(이철주, 2015).

✽ 건축물 붕괴 징조를 느낄 때는 어떻게 하여야 하나요?

① 다음과 같은 건축물 붕괴 징조를 느낄 때에는 건물 밖으로 즉시 대피하고, 119, 112, 가까운 주민센터에 신고하며, 주변 사람들에 이 사실을 알린다.
- 건물 바닥이 갈라지거나 함몰되는 현상이 발생되는 때
- 갑자기 창이나 문이 뒤틀리고 여닫기가 곤란한 때
- 철거 중인 구조물에 화재가 발생하거나 화염에 철강재가 노출된 때
- 바닥의 기둥 부위가 솟거나 중앙 부위에 처짐 현상이 발생되는 때
- 기둥이 휘거나 대리석 등 마감재가 부분적으로 떨어져 나가는 때
- 기둥 주변에 거미줄형 균열이나 바닥 슬래브의 급격한 처짐 현상이 발생한 때
- 계속되는 지반 침하와 석축·옹벽에 균열이나 배부름 현상이 나타나는 때
- 벽이나 바닥의 균열소리가 얼음이 깨지는 듯이 나는 때

② 건축물 붕괴 징후(대규모 홍수 및 지진 발생 시)가 발생할 경우, 지자체-정부에서 경고방송 및 재난방송을 실시하므로 TV, 라디오, 인터넷 등을 통하여 재난 상황을 지속적으로 주의 깊게 확인한다.

③ 붕괴에 대비하여 가스를 잠그고 전기제품의 전원을 끄며, 집 주변에 있는 물건을 치우거나 고정시켜 두고, 중요한 물건은 안전한 곳으로 옮긴다.

④ 지역재난안전대책본부 및 경찰서, 소방서 등 주요 기관들의 전화번호를 확인하고 온 가족이 알 수 있는 곳에 두고, 지역 주민(마을대표 등) 간의 비상연락망을 유지한다.

＊ 건축물 붕괴사고 발생 시 행동 요령은?

① 건축물 붕괴가 발생 시 지역재난안전대책본부의 통제에 따라 지정된 장소로 즉시 대피한다.
  ※ 어린이·노인·장애인 등 안전취약계층이 우선 피난할 수 있도록 협력한다.
② 대피 장소로 이동할 시간적 여유가 없을 경우에는 주변의 안전지대로 비상대피하고 지역재난안전대책본부 또는 소방서, 경찰서 등에 구조를 요청한다.
③ 대피 장소 등 안전한 곳에 도달한 이후에는 별도 안내가 있을 때까지 무단 이동하지 않고 대기하며, 가족들과 연락이 되지 않을 경우에는 재난안전대책본부 등을 통하여 확인한다.
④ 대규모 지진으로 인한 건축물 붕괴 시에는, 추가 여진 등으로 인한 2차 피해가 발생할 수 있으므로, 건물이나 제방 인근으로 접근하지 않도록 한다.
⑤ 폭우 또는 폭설 등 재해가 지속될 경우에는 신속한 피해 복구 및 물자 지원이 어려울 수 있으므로, 확보하고 있는 물자는 아껴서 사용한다.

＊ 붕괴된 건축물 내부에 있을 때는 어떻게 하여야 하나요?

1) 건물 내부에 있을 때
① 건물이 붕괴한 경우에는 당황하지 말고 주변을 살펴서 대피로를 찾는다.
② 엘리베이터 홀, 계단실 등과 같이 견디는 힘이 강한 벽체가 있는 안전한 곳으로 임시 대피한다.
③ 부상자는 가능한 빨리 안전한 장소로 함께 탈출 후 응급처치를 실시한다.
④ 평소에 완강기, 밧줄(로프), 손전등 등 탈출에 필요한 물품이 있는 곳을 확인해 둔다.

2) 건물 외부에 있을 때
① 건물 밖으로 나오면 추가 붕괴와 가스 폭발 등의 위험이 없는 안전한 지역으로 대피한다.
② 붕괴 건물 밖에 있는 주민들은 추가 붕괴, 가스 폭발, 화재 등의 위험이 있으니 피해가 없도록 사고 현장에 접근하지 않는다.

③ 붕괴지역 주변을 보행할 때나 이동할 때에는 위험지역 또는 불안정한 물체에서 멀리 떨어지고, 유리 파편 등에 다치지 않도록 가방, 방석, 책 등으로 머리를 보호한다.

3) 잔해에 깔려 있을 때
① 불필요하게 체력을 소모하지 말고 가급적 편안한 자세로 구조를 요청한다.
② 배관 등을 규칙적으로 두드리거나 휴대전화로 119에 신고한다.
③ 잔해에 끼이면 혈액 순환이 잘 되게 수시로 손가락과 발가락을 움직인다.

*
우리나라 대표적인 붕괴사고는 어떤 것이 있나요?

〈우리나라의 대표적인 붕괴사고〉

사고명	사고일	피해 사항	사고 내용
우암상가APT	1993. 1. 7	사망 28명 부상 48명	우암상가 APT에 화재 발생 이후 건물 붕괴
삼풍백화점	1995. 6. 29	사망 502명 부상 937명 실종 6명	설계 및 시공이 부실한 건축물에 설계 하중 초과 사용으로 콘크리트 내력벽을 제외한 건물 전체가 지하까지 각층 슬래브가 차곡차곡 붕괴
휘경동 주택	2003. 10. 9	주택 철거	30년 전 섬유염색공장에서 사용하던 물탱크를 철거하지 않고 성토하여, 물탱크 상부 주택 시공(1층 주택에서 3층으로 신축 후 1년 후 전도)
인천공항 화물터미널	2008. 7. 23	지붕, 벽체 붕괴	시간당 60mm의 강우 상태에서 지붕에 간판 설치작업 쓰레기와 장비로 배수관 5개(전체 7개)가 막혀 배수 불량 상태에서 강우에 따른 하중을 견디지 못하고 붕괴
마우나리조트	2014. 2. 17	사망 10명 부상 128명	건물 골조에 강도가 낮은 저급 부재를 사용하고, 중도리와 지붕 판넬 결합 부적정한 상태에 설계 하중을 초과하는 폭설이 내려 강당 지붕이 붕괴
아산 오피스텔	2014. 5. 12	건물 철거	암반까지의 깊이가 미달되는 기초 파일을 설계 수량의 70% 정도만 설치하고, 기초 두께를 작게 설치하는 등의 부실 시공으로 건물 전도

요약(Wrap-up)

건축물의 붕괴 원인은 지진, 태풍, 폭우, 폭설 등이다.

건물 내부에 있을 때 당황하지 말고 대피로를 찾는다.

건물 외부에 있을 때 안전한 지역으로 대피한다.

*
생각해 보기 삼풍백화점 붕괴 원인은?

 [QR 코드 스캔]
삼풍백화점 붕괴 관련 영상 보기(탐스 TV)

| 참고 문헌 |

이경구(2014). 건물의 붕괴 원인과 대책,「한국교육시설학회지」. 21(4): 18-21.
이철주(2015). 건축물 붕괴사고 주요 사례 및 예방대책.「방재와 보험」. 2015년 신년
　　　호 7-13.
채진(2021).『재난관리론』. 동화기술.
한국방재학회(2012),『방재학개론』. 구미서관.
국민재난안전포털(https://www.safekorea.go.kr/idsiSFK/neo/main/main.html).
국토안전관리원. 건축물 붕괴 시 국민행동요령(https://youtu.be/8wjZ1I_a43M).
탐스 TV. 삼풍백화점의 붕괴 원인(https://youtu.be/3jVPgtGtgYk).

키워드로 보는 생활과 안전

22 원전사고

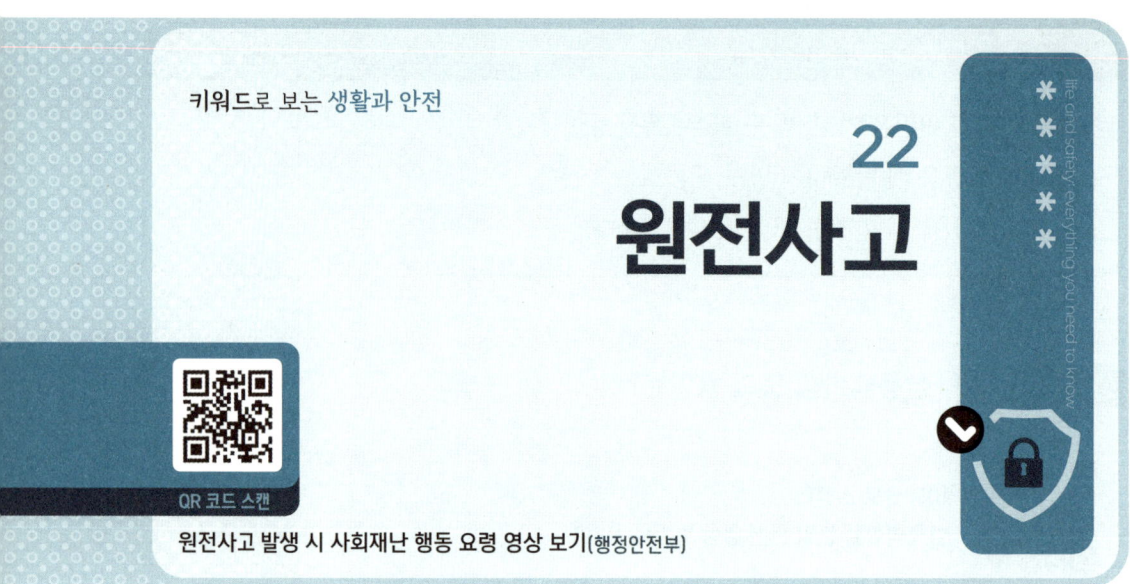

QR 코드 스캔
원전사고 발생 시 사회재난 행동 요령 영상 보기(행정안전부)

원전사고란 무엇인가요?

원전사고는 원자력 시설 고장 및 파괴, 원자력 무기 또는 이용 등의 과정에서 발생하는 사고이다. 원전사고가 일반인에게 잘 알려진 계기는 '체르노빌 원자력발전소 사고'와 '후쿠시마 제1원자력발전소 사고'를 들 수 있으며, 두 사건은 국제 원자력 사고 등급인 INES 내 7등급으로 가장 심각한 수준으로 분류되었다. 원자력발전소는 핵심 에너지원을 생산하는 중요한 수단이나, 대부분의 원전사고는 원자력발전소의 시설 고장이나 파괴 등으로 인하여 발생하기 때문에 위험성을 지닌다.

주요 원전사고

역사상 최악으로 꼽히는 원전사고는 1986년 구소련 체르노빌 지역에서 발생하였다. 원전사고는 체르노빌 원전 4호기 내 비정상적인 핵 반응으로 인하여 원자로 내부가 폭발하며 발생하였다. 이 사건으로 인하여 구소련지역 내 약 14만 5천㎢ 이상 지역에 대량의 방사성 낙진이 공기를 따라 전파되었고, 약 800만 명 가량이 직·간접적으로 방사능에 노출되었다. 이 사건으로 인하여 사망자가 9,300명 발생하였으며, 각종 암 발병과 기형아 출산 등의 피해를 입었다.

2011년 일본 후쿠시마(福島)에서 일어난 원전사고는 도호쿠(東北) 지방 태평양 해역에서 발생한 지진과 해일로 인하여 후쿠시마 제1 원자력발전소의 원자로 1-4호기에서 방사능이 누출된 사고이다. 이 사건으로 원자력발전소 직원, 주민, 소방대원 등 439명이 피폭되었고, 발전소 반경 10km 내 주민 31만 명이 피난 명령을 받았다.

✱ 국제 원자력 사건 등급

일반 국민이나 언론 등이 원자력 시설에서 발생한 사건의 정도와 규모를 일관성 있고 평이하게 이해할 수 있도록 국제적으로 통용되는 사건 등급으로 도입하였다. 국제 원자력 사건 등급(International Nuclear Event Scale: INES)은 지난 1992년부터 전 세계적으로 사용되기 시작하였고, 한국은 1993년에 이 체계를 도입하여 사건 등급 평가를 실시하고 있다.

〈국제 원자력 사건 등급〉

구분			내용
등급	사고	7등급	한 국가 이외의 광범위한 지역으로 방사능 피해를 주는 대량의 방사성 물질 방출 사고
		6등급	방사선 비상 계획의 전면적인 시행이 요구되는 정도의 방사능 피해를 주는 다량의 방사성 물질 방출 사고
		5등급	방사선 비상계획의 부분적인 시행이 요구되는 정도의 방사선 피해를 주는 제한된 양의 방사성 물질 방출 사고
		4등급	연간 허용 제한값 정도로 일반인이 피폭받을 수 있는 비교적 소량의 방사성 물질 방출 사고로서 음식물의 섭취 제한이 요구되는 사고
	고장	3등급	사고를 일으키거나 확대시킬 가능성이 있는 안전 계통의 심각한 기능 상실
		2등급	사고를 일으키거나 확대시킬 가능성은 없지만 안전 계통의 재평가가 요구되는 고장
		1등급	기기 고장, 종사자의 실수, 절차의 결함으로 인하여 운전 요건을 벗어난 비정상적인 상태

| 등급이하 경미한 고장 | 0등급 | 정상 운전의 일부로 간주되며 안전성에 영향이 없는 고장 |

자료: 원전안전운영정보시스템(https://opis.kins.re.kr/opis?act=KROCA1100R).

✱ 방사선 누출 시에는 어떻게 행동하여야 하나요?

원전사고가 발생하면 폭풍과 충격파가 생기고 열과 방사능을 배출한다. 이때 폭발 1분 내에 주변은 방사선에 노출되고, 하루 뒤부터 방사능에 의한 낙진이 발생한다. 방사선은 눈에 보이지 않는 광선으로 맛, 냄새 등이 없고, 피부에 닿아도 전혀 감지할 수 없다. 또한 전자기파 발생으로 인하여 전자기기가 영구적으로 손상되어 통신 마비가 일어난다.

원전사고로 인하여 방사선이 누출되면, 최대한 빨리 지하철역, 지하상가, 건물 지하 등 지하시설로 대피한다. 만약 지하시설로 대피할 수 있는 시간 여유가 없다면, 방화, 피난시설, 도랑 등 주변 시설을 이용하여 대피한다. 대피 시 간단한 생활필수품, 화생방 개인보호장비, 비상물자 등을 준비하고, 방사성 물질의 확산 경로는 기상 상황이나 바람의 방향 및 강도 등에 따라 영향을 받기 때문에, 안전한 대피를 위하여 정부의 안내방송을 따른다.

만약 실내에 있는 상황에서 방사능이 누출되면, 즉시 모든 출입문과 창문을 꼭 닫고 환풍기와 에어컨 사용을 중지한다. 또한 화재 발생의 위험을 지닌 전기 및 가스시설은 차단한다. 음식물 역시 밀봉해 두어 추가적인 피해를 사전에 막고, 될 수 있으면 외출을 삼간다.

방사능 피폭이 의심될 경우 의복 등 오염된 물건을 제거하고 오염된 것으로 추정되는 신체 부위를 깨끗이 씻는다. 또한 방사성 물질이 인체에 흡수된 것으로 의심되면 안정화 요오드나 프러시안블루 등 관련 치료제를 복용한다.

✱ 방사능 피폭 대비 생존물자와 대피생활 행동지침

방사능 피해 시 정부의 안내방송을 듣기 위하여 건전지로 작동되는 라디오를 갖추고, 대피시설이 대부분 지하에 있기 때문에 손전등, 양초, 라이터나 성냥 등을 준비한다.

생존물자: 건전지로 작동되는 라디오, 손전등, 양초, 라이터, 성냥, 비상

대피생활 시에는 대표자를 선정하고 공동생활 규칙을 정해 두는 것도 필요하다. 사람들의 높은 공포심, 불안감, 공황 상태 등으로 인하여 심각한 문제가 발생할 수 있기 때문이다. 대피소 공동생활 규칙의 예시는 다음과 같다.

① 대피자는 간략한 신상 내용을 포함한 명부 작성하기
② 노약자, 어린이, 환자 등 사회적 약자 배려하기
③ 어떤 장소에 무엇을 어떻게 설치할지 결정하기
④ 대피생활에 필요한 역할을 분담하여 맡고 협력하기
⑤ 보유한 품목의 사용 우선순위, 물자 분배 기준 준수하기
⑥ 거주공간의 사생활 보장하기(특히 영유아·어린이가 있는 가정, 여성)
⑦ 대피소의 방범 대책 마련 참여·확립하기(경계, 범죄 예방, 순찰 등)
* 이 밖에 필요한 여러 가지 사항은 대표자를 통하여 공동생활 의사 결정하기

요약(Wrap-up)

원전사고는 원자력 시설 고장 및 파괴, 원자력 무기 또는 이용 등의 과정에서 발생하는 사고이다.

원전사고로 인하여 방사선이 누출된다면, 최대한 빨리 지하철역, 지하상가, 건물지하 등 지하시설로 대피한다.

만약 실내에 있는 상황에서 방사능이 누출된다면, 즉시 모든 출입문과 창문을 꼭 닫고 환풍기와 에어컨 사용을 중지한다.

생각해 보기 후쿠시마 원전사고의 피해 규모는?

[QR 코드 스캔]
후쿠시마 원전사고 10년 특별기획 다큐멘터리 1부 영상 보기(YTN사이언스)

[QR 코드 스캔]
후쿠시마 원전사고 10년 특별기획 다큐멘터리 2부 영상 보기(YTN사이언스)

| 참고 문헌 |

월간안전보건(2011). 세계 원전사고와 방사능의 공포.
국민재난안전포털(https://www.safekorea.go.kr/idsiSFK/neo/main/main.html).
행정안전부. 우리의 안전은 우리 손으로! 원전사고 발생 시 사회재난 행동 요령
    (https://youtu.be/S1Dfyrgvxvc).
YTN 사이언스. 아직도 끝나지 않은 재앙 '후쿠시마 원전사고 10년' 특별기획 다큐멘
    터리 1부(https://youtu.be/FEvWQe3rSrA).
_____. 아직도 끝나지 않은 재앙 '후쿠시마 원전사고 10년' 특별기획 다큐멘터리 2
    부(https://youtu.be/4F6vPcELEXE).

23 폭발사고

키워드로 보는 생활과 안전

QR 코드 스캔

폭발사고 발생 시 사회재난 행동 요령 영상 보기(행정안전부)

폭발사고란 무엇인가요?

폭발은 밀폐된 공간에서 연소의 세 가지 요소인 가연물질, 산소공급원(산화제), 점화원이 결합하여 급격한 폭풍과 파괴가 일어나는 현상이다(오태근 외, 2019: 55). 폭발사고는 물질의 상태가 물리적 변화에 따라 변화하거나 화학반응에 따라 폭발적으로 연소하여 인적·물적 피해를 일으키는 현상을 의미한다.

폭발사고는 물리적 폭발과 화학적 폭발로 나뉘는데, 전자에는 증기 폭발, 수증기 폭발, 전선 폭발, 압력 폭발이 해당되고, 후자에는 분해 폭발, 분진 폭발, 중합 폭발, 분해·중합 폭발, 산화 폭발, 촉매 폭발이 속한다.[1] 단계별로 구분하면 핵 폭발, 물리적 폭발, 화학적 폭발, 물리적·화학적 병립에 의한 폭발이 있고, 상태에 따라 구분하면 기상 폭발과 응상 폭발로 나뉜다(오태근 외, 2019: 55). 가정에서 가스 누출로 인한 폭발사고가 자주 발생하고 있으며, 이 밖에도 사업장 및 대학 연구실 내 실험실에서 화학물질 누출로 인하여 폭발사고가 발생하는 사례들이 있다.

---

[1] 안전보건공단 홈페이지.

⟨2020년 가스폭발사고 원인별 현황⟩

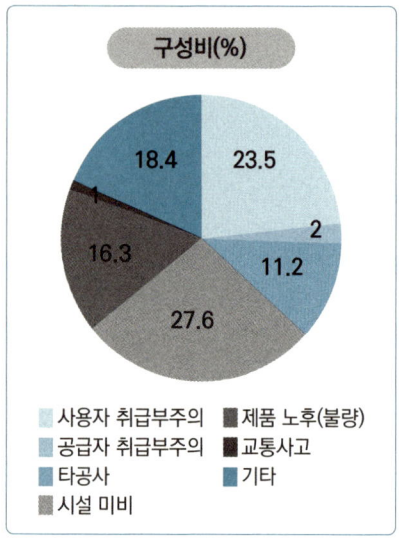

(단위 : 건, %)

구분	2020년	구성비(%)
사용자 취급부주의	23	23.5
공급자 취급부주의	2	2.0
타공사	11	11.2
시설 미비	27	27.6
제품 노후(불량)	16	16.3
교통사고	1	1.0
기타	18	18.4
계	98	100.0

자료: 한국가스안전공사 가스사고 통계.

✱ 어떤 상황에서 폭발사고가 일어날 수 있나요?

1) 가스 누출

가스 누출로 인한 폭발사고는 공급자와 사용자의 주의 부족으로 일어날 수 있다.

① 공급자의 주의 부족
- 용기 밸브의 오조작
- 용기 교체 작업 중 누설 화재
- 잔량 가스 처리 및 취급 미숙
- 가스 충전 작업 중 누설 폭발
- 고압가스 운반 기준 미이행
- 배관 내의 공기 치환작업 미숙
- 용기 본관실 화재(연탄 등) 사용
- 배달원의 안전의식 결여

② 사용자의 주의 부족
- 실내에 용기 보관 가스 누설
- 점화 미확인으로 누설 폭발
- 환기 불량에 의한 질식사
- 가스 사용 중 장기간 자리 이탈
- 성냥불로 누설 확인 중 폭발
- 호스 접속 불량 방치
- 조정기 분해 오조작
- 코크 조작 미숙
- 인화성 물질(연탄 등) 동시 사용

2) 화학물질 누출

화학물질 누출로 인하여 폭발사고가 일어나는 사례들이 있으며, 누출의 원인으로는 화학물질 취급시설 결함, 안전 기준 미준수, 운송 차량 사고 등을 들 수 있다. 화학물질안전원에서 운영하는 화학물질종합정보시스템에 따르면, 지난 2021년 1월 1일부터 12월 31일까지 화학물질 누출사고는 전국에서 총 74건 일어났으며, 사고 원인 중 가장 많은 비중을 차지하는 것은 취급시설 결함이었다. 누출된 화학물질로는 암모니아, 염산, 황산, 과산화수소, 질산 등이 있다.

*

폭발사고 발생 시 대처 요령

건물 내에서 폭발사고가 발생하면 2차 폭발 우려가 있기 때문에 방송 등을 통하여 사고 발생 사실을 알려 직원 및 인근 주민들을 안전한 장소로 대피시킨다.

폭발사고 시 2차 폭발을 예방하기 위하여 전기 스위치나 화기 사용을 금하고, 가스 중간 밸브를 잠근 후 창문을 열어 환기가 되도록 한다. 또한 큰 소음으로 인한 청각 손상, 연기 및 가스로 인한 질식 등이 있을 수 있기 때문에 귀를 막고 바람이 불어오는 방향으로 대피하되, 파편 및 낙하물을 조심한다.

화학물질 누출로 인하여 폭발사고가 발생하면 엄청난 위험을 가져올 수 있기 때문에 최대한 신속하게 주변에 알리는 것이 가장 시급하다. 해당 사업장 또는 연구실에서 소방서 등에 누출된 화학물질에 대한 정보를 알리고 지정대피소 또는 현장에서 최대한 멀리 대피하도록 한다.

가스 및 화학물질 누출로 인하여 환자가 발생하였을 경우 피해 상황에 따라 신속하게 응급조치를 실시한다. 가정 내에서 가스가 누출되었거나 폭발사고로 인해 가스를 대량 흡입한 경우, 환기가 잘 되는 곳으로 옮겨 인공호흡 또는 산소호흡 등을 실시한다. 또한 헬륨 또는 저온산소(L.G.C)의 경우 동상의 위험이 있기 때문에 피부 등에 닿았을 때 냉수로 서서히 따뜻해질 수 있도록 한다. 피부에 화상을 입었을 경우 냉수 등으로 30분 이상 식히고 환부를 거즈 등으로 보호하여 후송한다.

*
폭발사고는 어떻게 예방하나요?

가정 내에서 일상적으로 도시가스를 사용하며, 이때 사용되는 가스의 종류는 LPG와 LNG로 구분된다. LPG의 경우 공기보다 무거워 낮은 곳에 체류하기 때문에, 가스 누출 시 현관문을 열고 빗자루나 방석 등을 이용해 가스를 쓸어내야 한다. 또한 가스 누출을 쉽게 감지할 수 있도록 마늘 썩는 냄새가 나는 부취제가 섞여 있기 때문에, 누출 시 빨리 알 수 있다. LNG의 경우 메탄이 기화하면서 수분 응축이 일어나기 때문에 안개가 생겨 육안으로 쉽게 식별 가능하다. LNG는 공기보다 가벼워 누출 시 높은 곳에 체류하기 때문에 누출을 감지할 경우 위쪽 통풍구 및 창문 등을 모두 열어 빨리 환기시켜 주어야 한다.

가정 내 가스 누출을 막기 위하여 항상 냄새로 확인하고, 비누나 세제로 거품을 내어 배관 및 호스 등 연결 부위에 묻혀 수시로 확인한다. 만약 가스가 누출될 경우 거품이 발생하기 때문에 육안으로 확인할 수 있다. 취침 및 외출 시에는 항상 점화 코크와 중간 밸브가 잘 잠겨 있는지 확인한다. 또한 가스레인지를 사용할 때 주변에 스프레이 등 가연성 물질을 치워 둔다.

휴대용 가스레인지는 밀폐된 텐트나 좁은 방에서는 사용하지 않고, 밖에서 시험해 본 후 이상이 없을 경우 실내·외에서 사용한다. 다 사용한 가스용기는 구멍을 내 화기가 없는 곳에 버린다. 가스용기를 가스레인지에 접속할 때 절개된 홈에 잘 맞추고 완전하게 결합한다.

요약(Wrap-up)

폭발사고는 고체, 액체, 기체 등 물질의 상태가 물리적 변화 및 화학반응에 따라 폭발적으로 연소하여 인적·물적 피해를 일으키는 현상이다.

폭발사고 시 2차 폭발을 예방하기 위하여 전기 스위치나 화기 사용을 금하고, 가스 중간 밸브를 잠근 후 창문을 열어 환기가 되도록 한다.

가정 내에서 가스가 누출되었거나 폭발사고로 인하여 가스를 대량 흡입한 경우, 환기가 잘 되는 곳으로 옮겨 인공호흡 또는 산소호흡 등을 실시한다.

＊ 생각해 보기 대규모 가스폭발 사고 시 대응 요령은?

[QR 코드 스캔]
대규모 가스폭발 사고 시 대응 요령 영상 보기(행정안전부)

| 참고 문헌 |

부산소방서 화재예방요령.
오태근 외(2019). 『안전 및 재난관리의 주요 이론』. 윤성사.
화학물질안전원 교육시스템(2017). 2017년 화학사고 대응과정(일반) 교육교재.
국가연구안전정보시스템(https://labs.go.kr/contents/siteMain.do)
국가재난정보센터(http://www.safekorea.kr/)
한국가스안전공사 홈페이지(http://www.kgs.or.kr/publish/Board.do?method=list&board_id=main_42&searchType=null&searchText=&pageNumber=1).
한국산업안전보건공단 홈페이지(https://www.kosha.or.kr/kosha/index.do).
행정안전부. 우리의 안전은 우리 손으로! 폭발사고 발생 시 사회재난 행동 요령 (https://youtu.be/IuVf6UULrcw).
＿＿＿＿. 펑! 가스가 폭발했다! 어떻게 해야 하지? 대규모 가스폭발 사고 시 대응 요령(https://youtu.be/GKOpIZ1HYbQ).

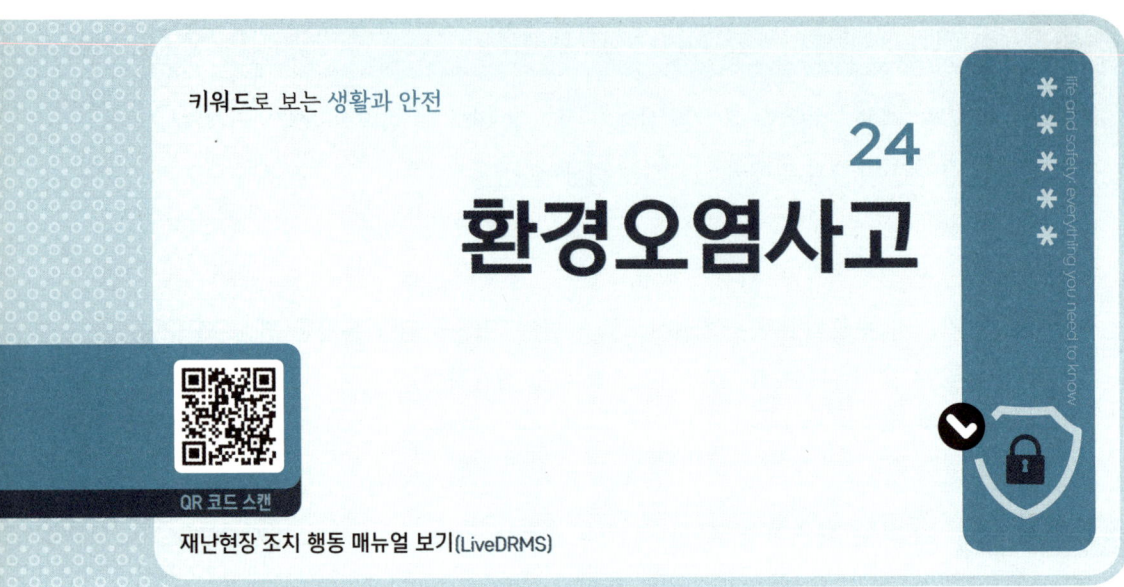

키워드로 보는 생활과 안전

24 환경오염사고

재난현장 조치 행동 매뉴얼 보기(LiveDRMS)

*
무엇을 환경오염사고라고 하나요?

환경오염사고란 사업 및 생활 활동에 따라 고의 또는 과실로 오염물질이 누출·유출되어 수질·대기·토양오염 및 소음 진동·악취 발생 등으로 사람의 건강이나 환경에 피해를 줄 수 있는 사고를 말한다. 국내에서는 환경오염사고란 표현을 주로 사용하고 있지만, 국외에서는 환경재해(environmental disasters) 혹은 생태학적 재해(ecological disaster)란 표현으로 환경에 영향을 주는 인적 재난, 자연적 재해를 모두 포괄하고 있다.

*
환경오염사고의 원인은 무엇일까요?

산업의 발전과 인구의 증가, 소비 증대에 따라 각종 자원 등의 수요가 급격히 증가한 것이 가장 큰 원인으로 볼 수 있다. 자원의 사용 증가는 필연적으로 막대한 양의 오수·폐기물·유독화합물·소음·진동·방사능물질·대기오염 등 배출로 이어지게 된다. 더불어 경제 발전에 따라 배출된 물질의 지속 작용 현상이 환경오염을 더욱 심화시키고 자연 생태의 파괴와 인간을 포함한 생물의 생존과 생활환경의 위협을 가속화하고 있는 것이다.

환경오염사고는 ① 오염물질의 다양성, ② 급진 혹은 점진적 사고 원인, ③ 광범위한 사고 영향 범위 등 여러 변수로 인하여 환경오염의 평가 및 대응을 어렵고 복잡하게 한다.

환경오염사고의 유형은 어떻게 되나요?

1) 사고 원인에 따른 구분
① 토양, ② 대기, ③ 수질, ④ 오수·분뇨 및 축산폐수, ⑤ 수돗물, ⑥ 하수, ⑦ 폐기물, ⑧ 유해화학물질, ⑨ 석유 및 석유연료 등에 의하여 발생하는 환경오염사고

2) 사고 규모에 따른 구분
① 대형사고: 국민의 생활과 자연생태계에 미치는 피해의 정도가 매우 크고 그 영향이 광범위하여 정부 차원의 종합적인 대처가 필요한 사고
② 중형사고: 국민의 생활과 자연생태계에 미치는 피해의 정도가 크고 국민의 관심이 집중되어 광역자치단체 차원의 종합적인 대처가 필요한 사고
③ 소형사고: 국민의 생활과 자연생태계에 미치는 피해의 정도가 경미하고 시·군·구에서 자체적으로 수습할 수 있는 사고

국내외 대표적인 환경오염사고 사례에는 무엇이 있나요?

1) 해외 환경오염사고 사례
① 일본 이타이이타이병
일본에서 수십 년 동안 산업 폐기물을 잘못 취급하면서 심각한 질병이 반복적으로 발생하였다. 1912년 미쓰이 금속광업(Mitsui Mining & Smelting Company)은 지역 상수도에 카드뮴을, 1956년과 1965년 치소주식회사(Chisso Corporation)와 쇼와덴코(Showa Denko KK)는 메틸수은을 버린 사례가 대표적이다. 이러한 산업 폐기물의 지역 방류는 피부와 뼈에 통증을 일으키고 마비와 사망에 이르기까지 하는 이타이이타이병으로 많이 알려져 있다. 해당 환경오염사고의 책임은 피해자에게 수백만 달러의 손해배상금을 주는 것으로 끝나지 않고 일본의 경험을 통하여 128개국이 수은에 관한 미나마타 협약(水俣協約, 수은 협약)을 체결함으로써 산업 오염물질에 대한 새로운 제한을 설정하는 계기를 마련하게 된다.

② 런던 스모그

1952년 12월 '런던 대형 스모그(The Great Smog)' 사건은 화석연료 소비가 빚은 충격적인 첫 재앙으로 기록되고 있다. 매연(smoke)이 런던의 안개(fog)와 결합한 스모그가 그 시야를 가리는 바람에 다음 날 버스 운행부터 극장 공연을 포함한 일상생활이 중단되었다. 이러한 스모그는 10일 가까이 지속되었고 런던 스모그로 인한 호흡기, 폐질환 등 사망자만 1만 2,000명으로 나타났다. 이후 영국은 공기 질 개선을 위하여 매진하였다. 1956년 「깨끗한 공기법(Clean Air Act)」을 만들어 석탄을 연료로 쓰지 못하게 하는 지역을 마을마다 지정하였다. 더불어 공기의 질 개선을 위하여 대중교통, 에너지 계획, 자가용 대체연료, 차량 배기가스 제한지역 등 전반적인 사항을 검토하기 시작하였다. 현재는 영국은 다시 깨끗한 공기를 갖게 되었지만, 공기의 질을 개선하는 데 무려 60여 년이 소요되었다.

③ 체르노빌 원전사고

1986년 소련 우크라이나의 체르노빌(chernobyl) 원자력발전소에서 발생한 원자로 폭발은 전 세계 원자력의 미래를 불투명하게 한 일대 사건으로 유명하다. 체르노빌 재해는 31명의 직접 사망자가 발생하였지만, 장기적 사망자 추정값은 세계보건기구(WHO) 5,000명에서 그린피스 9만 명에 이르기까지 다양하게 추정되고 있다. 원전사고에 대응하기 위하여 110개국 이상에서 원자력 사고에 대한 통지를 요구하는 조약인 원자력사고 조기 통지에 관한 협약에 서명하였다. 국가별로 원전에 대한 이해관계가 다르지만, 일부 유럽 국가(덴마크, 이탈리아, 스웨덴, 독일)는 원자력 금지를 시행하거나 원자력 발전을 단계적으로 중단할 계획을 마련하고 있다.

2) 국내 환경오염사고 사례

① 낙동강 페놀유출사건

낙동강 페놀유출사건은 1991년 3월과 4월 2차에 걸쳐 두산전자 구미공장에서 페놀 원액 30톤이 파손된 파이프를 통하여 낙동강으로 유입된 사건을 말한다. 페놀 원액이 대구 상수원인 다사취수장으로 흘러듦으로써 수돗물을 오염시켰고 결국 식수 공급이 중단(2차 유출)되었다. 하지만 1차 사고 당시 오염된 정수장 물이 대구시 거의 모든 지역에 식수로 공급되어 두통, 구통, 자연유산, 임신중절 등 피해가 발생하였다. 이로 인하여 많은 피해 보상과 두산그룹 회장이 물러나고, 환경처 장차관이 인책, 경질되었다. 이 사건을 계기로 음용수 검사

항목의 문제가 본격적으로 제기되어「환경범죄의 처벌에 관한 특별조치법」이 제정되고 환경문제의 심각성에 대한 국민들의 경각심이 고조되었다.

② 구미 불산 누출사고

2012년 9월 27일 경북 구미 휴브글로벌 공장에서 10톤의 불산가스가 누출되는 사고가 발생하였다. 이 사고로 노동자 5명이 죽고, 부상자 18명, 차량 피해 81대, 농작물 고사 180건 등 피해액만 554억 원에 달하였다. 사고 당시 불산가스 확산을 막기 위하여 중화제 살포가 시급하였지만, 불산 취급 사실을 몰랐던 소방관은 중화제 살포가 아닌 물을 뿌려 피해를 더욱 확산시켰고 맹독성 불산가스는 바람을 타고 인근 마을로 퍼져나가게 되었다. 해당 사건으로 인하여 화학물질의 알 권리를 요구하는 목소리가 높아지면서「화학물질관리법」이 만들어졌으며, 기업들은 영업 비밀이란 이유로 화학물질 취급량과 보관량을 감출 수 없게 되었고, 만일에 있을 사고에 대한 대응력을 높일 수 있게 되었다.

✱ 대규모 환경오염이 발생할 때 어떻게 하여야 하나요?

1) 내부 환경에 위치할 경우

① 대규모 환경오염 경보를 들은 경우, 스마트폰, 라디오, TV 등에서 제공하는 대피 지시에 따라야 합니다.
② 피해를 최소화하기 위하여 사고 현장으로부터 멀리 떨어져야 합니다.
③ 창문과 출입문을 닫아야 하며, 문틈은 젖은 수건이나 테이프 등을 이용하여 밀봉합시다.
④ 에어컨, 목욕탕, 부엌 환기구 등의 틈도 테이프나 파라핀 종이로 막아야 합니다.
⑤ 환기장치를 꺼야 합니다.
⑥ 오염된 물이나 음식을 절대 먹지 맙시다.
⑦ 집 안에 머물러야 할 경우, 욕조 등에 물을 받아 두고 수도를 잠근 다음 상수도의 오염 여부가 확인되기 전까지 수도를 사용하지 맙시다.

2) 외부 환경에 위치할 경우

① 사고 발생 시 외부에 있다면 하천의 상류부, 언덕 위, 바람이 불어오는 방향으로 이동합시다.

② 유독성 물질은 물이나 공기를 통하여 빠르게 이동되므로 사고 지점으로부터 최소한 2.5km 이상은 떨어져야 합니다.
③ 차내에 있는 경우에는 창문을 올리고 외부 공기가 흡입되지 않도록 조작합시다.
④ 유출된 어떤 종류의 오염물질과도 접촉하지 않아야 하며 장갑, 양말, 신발을 반드시 착용하고 우의나 비닐로 몸을 감싸야 합니다.
⑤ 오염물에 접촉된 경우, 비누로 깨끗이 씻읍시다.

3) 기타 장소(사고 인접 건물)
① 건물의 관리인은 모든 환기장치를 내부 순환으로 바꾸어야 하며 불가능한 경우에는 환기장치를 꺼야 합니다.
② 건물 내로 유독성 오염물질이 유입되었다고 의심되는 경우, 옷이나 수건을 입과 코에 대고 호흡량은 가능한 줄여서 호흡하여야 합니다.
③ 건물 내에서 유독성 오염물질의 영향이 적은 곳으로 이동합시다.

요약(Wrap-up)

환경오염사고의 원인을 규명하고 대응하기 위하여 국가, 정부, 기업, 시민 모두의 관심과 참여가 요구된다.
대규모 환경오염 경보를 들은 경우, 스마트폰, 라디오, TV 등에서 제공하는 대피 지시에 따라야 한다.
대피 지시 및 안내 사항에 따른 외부 공기 차단, 식수 미음용, 환기 등 상황에 따른 조치를 적절히 취하여야 한다.

> **생각해 보기** 환경오염사고! 피해 보상 어떻게 받아야 할까요?

[QR 코드 스캔]
환경오염사고! 피해 보상 영상 보기(KEITI한국환경산업기술원)

| 참고 문헌 |

한국화재보험협회. 국내외 주요 환경오염 사고 및 보험 운영 사례. 방재와 보험 2016년 통권162호.

환경부 행정규칙. 「환경오염사고예방 및 수습업무처리규정」

구로구청 홈페이지. 분야별 정보. 환경오염(https://www.guro.go.kr/www/contents.do?key=2554&)

한국일보. [기억할 오늘] 1952년 런던 스모그(12월 5일).(https://www.hankookilbo.com/News/Read/201712050466264815).

행정안전부 국가기록원. 낙동강 페놀유출사건.

CFR. Timeline Ecological Disasters 1912-2020.(https://www.cfr.org/timeline/ecological-disasters).

KEITI한국환경산업기술원. 환경오염사고! 피해 보상 어떻게 받아야 할까요?(https://youtu.be/KvsrHg0B8UA).

LiveDRMS(http://manual.infovil.co.kr/pg/main.do).

The JoongAng. 1만 2,000명 참사 그 후…런던 스모그와 전쟁 60년 걸렸다.(https://www.joongang.co.kr/article/23406803#home).

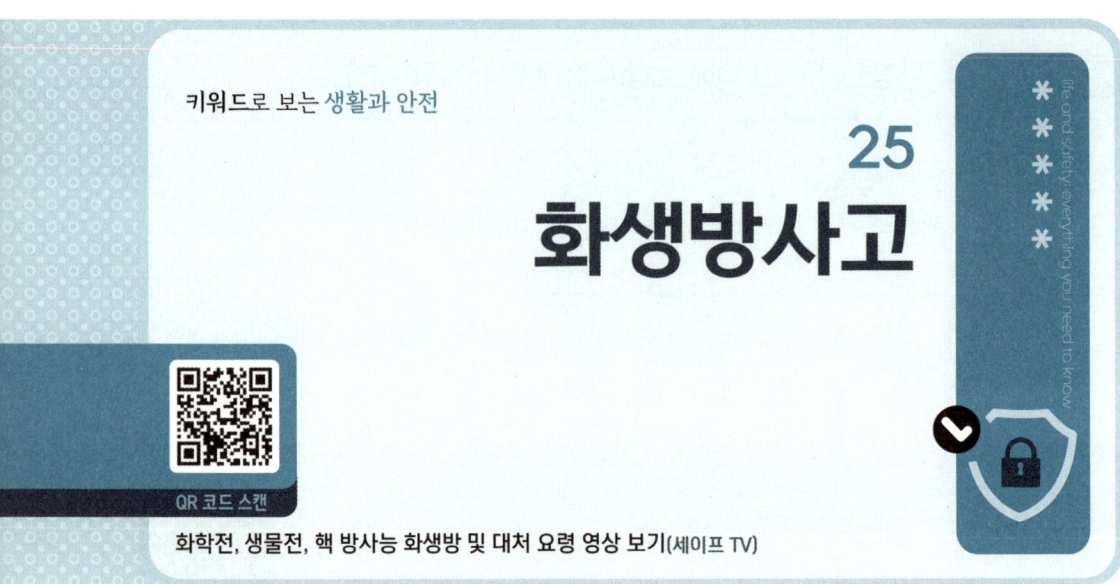

키워드로 보는 생활과 안전

25
화생방사고

QR 코드 스캔
화학전, 생물전, 핵 방사능 화생방 및 대처 요령 영상 보기(세이프 TV)

*
화생방사고란 무엇인가요?

화생방사고는 화학 테러와 화학사고를 통틀어 이르는 용어이다. 화학 테러는 지하철 등 다중밀집시설에 유독물을 살포하거나, 유독물을 보관하는 시설을 파괴하여 인적·물적 피해를 입히는 행위이다. 화학사고는 유독물 또는 화학물질의 유출로 인하여 인적·물적 피해 또는 환경오염 등이 일어난 사고를 의미한다.

화학 테러의 경우 다중밀집시설에 유독성 물질을 살포하거나, 대규모 유독물을 제조·보관·운반하는 시설을 폭파하는 방식으로 발생한다. 지하철, 지하철 역내, 백화점, 공연장 등 대규모 다중밀집시설 내에 불특정 다수를 겨냥하여 유독물질이나 유독가스를 살포하여 일어난다. 화학사고의 경우 유해화학물질을 취급하는 사업장에서 부주의나 설비 결함으로 일어나거나, 화재, 폭발, 운송 차량 전복 및 교통사고 등에 의하여 일어난다. 사업장에서 일어나는 화학사고는 일반적으로 사업장 관리자의 작동 미숙이나 실수, 부품 결함 및 설비 노후화 등에 의하여 유해화학물질이 누출되며 일어난다. 또한 유해화학물질을 운반하는 도중 전복이나 교통사고가 발생한 경우 다량의 유해화학물질이 유출되어 발생한다.

* 이제까지 어떤 화생방사고가 일어났나요?

화학물질을 이용한 화학 테러는 전 세계적으로 발생하였다. 주요 국가들의 화학테러 사건들을 살펴보면, 일본, 프랑스, 터키, 스페인, 인도네시아 등에서 일어났고, 대부분 사망자와 부상자가 많이 발생하는 등 큰 인명 피해를 불러왔다.

〈해외 화학 테러 주요 사례들〉

사고 사례	발생 연도	주요 내용	화학물질
영국	2005.07	런던 테러. 40명 사망. 1,000여 명 부상	TATP
프랑스	2001. 12	드골공항 신발 폭탄	TATP
터키	2003. 11	이스탄불 영국 영사관, HSBC 은행	질산암모늄
한국	1987.11	KAL기 폭탄테러 승객 115명 사망	C-4, PLX
스페인	2004.03	마드리드 열차 폭탄테러 190명 사망, 1,800여 명 부상	질산암모늄
필리핀	2003.03	다바오공항 폭탄테러. 21명 사망, 150여 명 부상	-
인도네시아	2004.09	호주 대사관 인근 폭탄테러. 9명 사망, 180여 명 부상	질산암모늄

자료: 환경부. 화학테러(사고) 대응 리플렛.

국내에서는 유해화학물질을 다루는 사업장이나 운반 과정에서 화학사고가 발생하였다. 전국에 걸쳐 다양한 유해화학물질의 누출로 인하여 화학사고가 발생하였고, 일부 사건들의 경우 폭발사고로 이어져 인명 피해가 심화되었다.

〈국내 화학사고 주요 사례들〉

사고 사례	주요 내용	비고
유해물질 탱크로리 전복사고	일시 : 2004. 5. 5 장소 : 서해안 고속도로 비인터널 인근 원인 : 탱크로리 전복, 염산 3톤 농수로에 유출	인명 피해: 14명 - 사망 : 2명 - 오염 : 12명

삼양제넥스 폭발사고	일시 : 2004. 4. 22 장소 : 울산시 삼양제넥스 공장 원인 : 수소탱크 내부 용접작업 중 폭발	인명 피해: 3명 - 사망 : 3명
단일화학 폭발사고	일시 : 2000. 11. 2 장소 : 안산시 단일화학 원인 : 방부제 재생 과정 중 반응기 폭발	인명 피해: 58명 - 사망 : 6명 - 부상 : 52명
해태음료 유독가스 유출사고	일시 : 1993. 2. 25 장소 : 인천시 북구 작전동 해태음료(주) 원인 : 암모니아 가스 누출에 의한 중독사고	인명 피해: 4명 - 사망 : 1명 - 부상 : 3명
화인케미칼 포스겐가스 누출사고	일시 : 1994. 9. 8 장소 : 여천공단 내 (주)한국화인케미칼 원인 : TDI 제조 공정 중 압력 과다로 인한 배관 파열로 염산, TDI, 포스겐가스 누출	인명 피해: 57명 - 사망 : 3명 - 오염 : 54명
호성케맥스 화학반응 폭발사고	일시 : 2000. 8. 24 장소 : 호성케믹스(주) MEK-PO 공정 원인 : MEK-PO와 황산 혼합공정 내 중화작업 제외로 인한 화학반응으로 폭발	인명 피해: 25명 - 사망 : 6명 - 부상 : 19명
호남석유 화학 폭발사고	일시 : 2003. 10. 3 장소 : 여수시 (주)호남석유화학 폴리에틸렌 공정 내 원인 : 폴리에틸렌 공정 HP반응기 라인 청소 작업 중 배관을 통하여 헥산(추정) 누출 및 폭발	인명 피해: 7명 - 사망 : 1명 - 부상 : 6명

자료: 환경부(2010: 51).

*
화생방사고 발생 시 어떻게 대처하여야 하나요?

화학물질의 누출을 발견한 사람은 즉시 소방서(119), 경찰서(112), 관할 지방자치단체, 지방 유역환경청 등에 신속하게 신고하고, 이웃에 알린다. 신고 시에는 발생 시간, 사고 발생 장소, 사고 유형(화재, 폭발, 화학물질 누출) 등의 내용을 상세히 알리고, 만일 화학물질과 관련한 정보를 아는 사람(사업장 담당자 등)은 사고물질의 종류 및 저장량 등을 상세히 신고한다.

신고가 끝난 후 사고 지점에서 멀리 떨어진 지역으로 대피하되, 바람이 불어오는 방향으로 가면서 가능한 한 방독면, 물수건, 마스크 등을 통하여 호흡기를 보호한다. 유해화학물질 종류에 따라 피부에 접촉하면 위험할 수 있기 때문에 우의나 비닐 등으로 피부가 노출되지 않도록 한다. 건물 내부로 대피할 경우 창문을 닫고 문틈을 막아 외부 공기가 유입되지 않도록 한다. 오염이 의심되는 물건은 만지지 말고, 오염된 지역 내에서 식수나 음식물 등은 먹지 않는다.

사업장 내에서 화학물질의 누출이 발생한 경우 우선 사이렌, 방송, 화재경보기 등을 통하여 비상 상황임을 알리고, 작업자들과 인근 지역 주민들을 대피시킨다. 가능한 경우에는 소화기나 소화전으로 응급조치를 하거나 밸브, 마개 등을 잠가 화학물질의 누출을 차단하고 일반인의 출입을 통제한다.

화학물질 운반 시 누출이 발생한 경우 우선 안전한 곳에 주차하고 엔진을 정지한 후 차에서 내려 불꽃이나 스파크 등 이상 징후가 발생하는지 확인한다. 또한 운반 차량 근처에 안전삼각대를 설치하여 주변 차량의 운행을 돕거나 접근을 통제하고 신속히 소방서나 경찰서에 신고한다. 만약 교통사고나 전복사고가 발생하여 화학물질 누출이 일어난 경우 신속히 차량 밖으로 탈출하고 안전삼각대를 설치하여 주변 차량을 통제한 후 신고한다.

> **요약(Wrap-up)**
>
> 화생방사고는 화학 테러와 화학사고로 나뉜다.
> 화생방사고가 발생한 경우 소방서, 경찰서 등에 신속히 신고하여 발생 시간, 사고 발생 장소, 사고 유형, 누출 물질 등에 대한 정보를 알린다.
> 대피 시 바람이 불어오는 방향으로 가고, 해당 지역의 식수나 음식물 등은 섭취하지 않는다.

생각해 보기 우리나라 재난영화로 보는 '화학사고' 예방 대책은?

[QR 코드 스캔]
우리나라 재난영화로 보는 '화학사고' 예방 대책 영상 보기(환경부)

| 참고 문헌 |

대한민국 정책브리핑(2009). 화생방 국민행동요령 매뉴얼.
환경부(2010). 화학테러 피해 유형 및 대응방안 연구.
_____(2012). 화학테러·사고 대응 가이드라인.
_____(2014). 화학테러·사고 비상대응 안내서.
세이프 TV. 화학전, 생물전, 핵 방사능 화생방 및 대처 요령 동영상(https://m.blog.naver.com/PostView.naver?blogId=safetv&logNo=119559823&proxyReferer=).
환경부. 우리나라 재난영화로 보는 '화학사고' 예방 대책(https://youtu.be/52U8d6iUK9k).

키워드로 보는 생활과 안전

26 지하공간 안전사고

QR 코드 스캔

기습폭우, 지하공간 안전 비상 영상 보기(KNN 뉴스)

✱ 지하공간의 안전은 무슨 의미인가요?

지하란 개발, 이용, 관리의 대상이 되는 지표면의 아래를 의미한다(「지하안전관리에 관한 특별법」 제2조). 도심지를 중심으로 지하 개발이 증가함에 따라 지반 침하, 싱크홀 등의 사고 발생이 높아지고 있다. 지하공간에서 발생되는 사고는 지상의 건물 붕괴, 인명사고 등으로 연계될 수 있다는 점에서 관리가 필요하다. 지하공간은 지상공간에 비하여 폐쇄적이고 화재, 가스 폭발, 침수 등의 위험에 직접적으로 노출될 수 있다는 문제가 나타난다(배윤신·이석민, 2010). 우리나라는 지반 침하 예방 대책의 일환으로 일상생활에서 국민 안전을 위협하는 지하공간에 대한 사고 예방 및 안전관리를 강화하기 위하여 「지하안전관리에 관한 특별법」을 제정하였고, 국가지하안전관리 기본계획을 수립하여 관리한다.

✱ 지하공간과 관련된 사고가 정말 많나요?

2014년 전국적으로 약 69건의 지반 침하가 발생하였는데, 2018년에는 거의 5배 가까운 338건으로 증가하였다. 특히, 전국적으로 모든 광역자치단체에서 1회 이상이 발생하여 주의가 필요하다. 다음의 표는 2014년부터 2018년 까지의 국내 지반 침하 발생 현황이다. 최근 들어 사고가 점점 많아지고 있는 추세임을 알 수 있다.

〈국내 지반 침하 발생 현황〉

시·도별 합계	계 1,127	2014년 69	2015년 186	2016년 255	2017년 279	2018년 338
서울시	135	5	33	57	23	17
부산시	72	9	8	5	20	30
대구시	21	0	2	2	12	5
인천시	32	2	6	2	12	10
광주시	60	1	3	15	13	28
대전시	64	0	6	18	36	4
울산시	26	3	3	6	8	6
세종시	7	0	0	3	1	3
경기도	232	17	56	61	19	79
강원도	202	30	33	53	45	41
충북	120	1	3	1	55	60
충남	17	1	2	3	8	3
전북	24	0	6	10	3	5
전남	27	0	7	1	8	11
경북	25	0	1	1	1	22
경남	51	0	14	17	10	10
제주도	12	0	3	0	5	4

자료: 국토교통부(2019). 제1차 지하안전관리 기본계획 재인용.

✻
지하공간 안전사고 어떻게 예방하나요?

① 지하공간에 대한 사고를 예방하기 위하여 지반 안전성을 사전에 평가하는 지하안전영향평가 제도가 도입되었다. 지하안전영향평가의 대상사업은 20m 이상 굴착공사나 터널공사를 수반하는 사업을 대상으로 한다. 10~20m의 굴착공사를 수반하는 사업의 경우에

는 소규모 지하안전영향평가를 실시하게 한다.
② 지하안전 분야의 기술 역량 강화를 위한 국가R&D 투자를 증가시키고 있다.
③ 보이지 않는 지하공간에 대한 정보를 제공하기 위하여 지하공간 통합지도를 제작하였다. 지하공간 통합지도에는 지하시설물(상수도, 하수도, 통신, 전력, 가스, 난방)과 지하구조물(지하철, 지하보도, 차도, 상가, 주차장, 공동구), 지반(시추, 관정, 지질)에 대한 정보가 담겨 있다. 지하정보를 조회하고 분석하여 지하안전 관리를 위한 업무를 지원하게 된다.
④ 체계적인 지하안전정보의 관리를 위한 지하안전정보시스템을 구축하였다.

* 어떤 문제점이 있나요?

① 지하시설물의 노후화에 따른 지반 침하가 우려되는데, 국내 지반 침하의 대부분은 노후화된 하수관의 손상이 가장 큰 것으로 알려져 있다. 그러나 시설물의 깊이가 낮기 때문에 발생되는 규모는 소규모라고 할 수 있다(상하수도 1.2m, 통신 0.8m, 전력 1.5m, 가스 1.0m, 난방 1.7m가 평균 깊이임). 노후화에 대한 선제적 관리가 필요하다.
② 영향평가 협의 이후에 발생되는 굴착 공법 변경 등 제도의 실효성이 부족하다는 문제가 제기된다. 영향평가 대상사업이 대부분 건축물 건설사업으로, 인허가 기간의 장기화에 따른 금융비용 증가 등 사업 시행 차질 및 지자체 허가 과정에서의 공법 변경 등이 빈번하게 나타난다.
③ 구축된 지하정보 및 지하안전정보의 정확성과 활용성이 부족하다. 지하안전정보시스템의 활용 근거와 검수 절차가 부재하여 주요 지하정보에 대한 정확한 데이터베이스(DB) 확보의 부족 및 정부 공유의 한계가 나타나고 있어 품질 향상을 위한 보완이 필요하다.

* 지하공간의 안전관리 분류는 어떻게 될까요?

지하공간의 공간 특성에 따른 위험 상황별 안전 확보를 위하여 다섯 가지의 요소로 분류하여 체계적으로 관리하고자 한다. 시설 및 구조는 지하공간의 경우 시설 이후 철거 및 증축의 어려움이 존재하므로 설계 초기 단계부터 종합적인 안전시설 및 구조 대책을 수립하는 것이 중요하며, 가능한 단순화고 명확하게 내부공간을 구성하고 피난로는 시설 출입 시 일상적으로 이용하는 친숙한 동선과 일치하도록 하여야 한다. 피난은 인명 구조 및 화재 진압에 어려움이 존재하므로 국소 화재에도 대형 인명 피해가 발생 가능하다는 점에서 피난에 대한 대책 수립이 중요하다. 인명 구조 및 소화 활동은 소방대의 도착 시간이 지연될 가능성이 높고 상황 판단의 어려움이 존재하므로 지상공간보다 구조의 어려움이 존재한다. 진입 거리, 행동 등 체력 소모가 크고 활동에 큰 제약이 된다는 점에서 긴급구조 활동과의 체계적이고 통합적인 연계가 필요하다. 성능 기반의 안전계획은 갑자기 발생하는 화재, 가스 폭발, 붕괴 등에 대한 위험의 원인을 제거하기 위하여 관계 부처의 법령에 대한 상호 연계성 분석을 통하여 효율적인 안전계획을 수립하여야 한다. 마지막으로 운영 및 관리는 지하공간이 대형화됨에 따라 관리자의 범위가 넓어지고 위험성이 증대되므로 재난 시 대형화가 우려되므로, 안전 체계 및 법규정 등의 통합 운영과 관리가 요구된다.

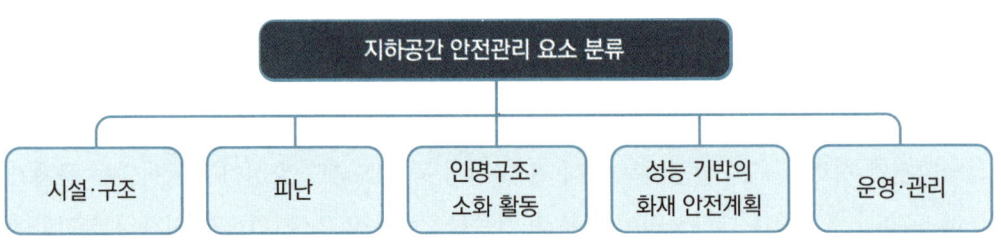

자료: 배윤신·이석민(2010). 〈그림 5〉 재인용.

[지하공간 안전관리 요소 분류]

✱ 지하공간 안전사고 얼마나 위험할까요?

지하공간에서의 어떠한 사고냐에 따라 그 위험성과 대피 방안이 달라질 수 있다. 가장 많이 발생할 수 있는 화재사고를 예를 들어보자. 2007년 한국건설기술연구원 주관으로 지하공간의 화재 발생에 관한 실물화재 실험이 진행되었다. 가상의 지하상가를 배경으로 유사한 형태의 옷가지 등을 진열한 뒤 화재를 발생시켰다. 실험 시작 후 약 40초 후 지하공간에 많은 연기가 발생하였으며, 시야가 흐려져 앞을 구분하기 힘든 상황이 되었다. 약 7분 후 실내 온도는 사람이 일반적으로 견디기 어려운 온도인 약 150도까지 올라갔다. 이 실험 결과에 따르면 지하공간의 화재 발생 40초 이전에 공간에 대한 파악을 하여야 되며, 7분 이내에 탈출하여야 생존할 수 있다는 것을 보여줄 만큼 매우 위험하다고 할 수 있다.

요약(Wrap-up)

지하공간에서의 사고는 지하시설물로 인하여 폐쇄적이며, 화재, 가스 폭발, 침수 등의 위험에 더 노출된다.

지하공간과 관련된 사고가 지속적으로 증가되고 있다.

지하공간에서는 대피 경로를 미리 파악하고 사고 시 최대한 빠르게 탈출하는 것이 중요하다.

생각해 보기 재난사고를 예방할 수 있는 지하지도가 있다?

[QR 코드 스캔]
재난사고를 예방할 수 있는 지하지도 영상 보기(국토교통부)

| 참고 문헌 |
국토교통부(2019(. 제1차 지하안전관리 기본계획. 국토교통부.
배윤신·이석민(2010). 서울시 지하공간의 안전체계 구축방안. 서울시정개발연구원.
국토교통부. 지하에도 지도가 있다고?! 재난 사고를 예방할 수 있는 지하지도의 등장
      (https://youtu.be/2Fqmm_ndqKE).
KNN 뉴스. 기습폭우, 지하공간 안전 비상(https://youtu.be/LKqYzR8exHQ).

키워드로 보는 *생활과 안전*

27 승강기 안전사고

QR 코드 스캔

25층까지 급상승한 공포의 엘리베이터... 모녀 '공포의 2시간' 영상 보기(MBN)

∗ 승강기란?

승강기는 우리가 거의 매일 사용하고 있는 설비라고 볼 수 있다. 관련 법률을 살펴보면, '승강기'란 "건축물이나 고정된 시설물에 설치되어 일정한 경로에 따라 사람이나 화물을 승강장으로 옮기는 데에 사용되는 설비"(「주차장법」에 따른 기계식 주차장치 등 대통령령으로 정하는 것은 제외한다)로서 구조나 용도 등의 구분에 따라 대통령령으로 정하는 설비를 말한다(「승강기 안전관리법」 제2조).

∗ 승강기 안전사고란?

승강기 이용자가 이용 중 승강기로 인하여 사고가 발생하여 부상을 입은 경우를 말한다. 「승강기 안전관리법」에서 "사람이 죽거나 다치는 등 대통령령으로 정하는 중대한 사고"란 다음의 어느 하나에 해당하는 사고를 말한다.

1. 사망자가 발생한 사고

2. 사고 발생일부터 7일 이내에 실시된 의사의 최초 진단 결과 1주 이상의 입원 치료가 필요한 부상자가 발생한 사고
3. 사고 발생일부터 7일 이내에 실시된 의사의 최초 진단 결과 3주 이상의 치료가 필요한 부상자가 발생한 사고

자료: 「승강기 안전관리법 시행령」 제37조.

* 승강기 이용자의 의무란?

승강기를 이용하는 사람도 주의를 다할 필요가 있다. 정원 및 적재 하중을 초과하지 않아야 한다. 승강장의 호출 버튼 및 승강기 내의 행선층의 버튼 등을 장난으로 누르거나 난폭하게 취급하지 말아야 한다. 승강기의 출입문을 흔들거나 밀지 말아야 하며, 출입문에 기대지 말아야 한다. 승강기가 운행 중 갑자기 정지하면 인터폰으로 구출을 요청하여야 하며, 임의로 판단해서 탈출을 시도하지 말아야 한다. 구조의 요청으로 구출되는 경우 반드시 구출자의 지시에 따라야 한다. 어린이와 노약자는 가급적 보호자와 함께 이용하도록 하여야 한다. 승강장 문을 강제로 개방하는 행위 등을 하지 말아야 한다. 문턱틈에 이물질 등을 버리지 말아야 한다(스마트 민방위교육센터).

* 승강기 안전사고가 발생할 경우 대처 요령은?

승강기 안전사고가 발생하면 즉시 타인에게 그 사실을 알리는 것이 중요하다.

① 엘리베이터의 경우 엘리베이터 안에 갇혔을 때는 인터폰을 눌러 갇혀 있음을 알려야 한다. 인터폰 통화가 되지 않을 때는 승강기 내에 부착된 비상연락망 전화번호나 119로 구출 요청 전화를 하여야 하며, 큰소리로 외부에 알려야 한다. 갇혀 있어도 추락이나 질식할 위험이 없으므로 스스로 탈출하려 하지 말고, 전문기술자나 119구조대 등이 구출해 줄 때까지 침착하게 기다려야 한다.

② 에스컬레이터의 경우 사고가 나면 큰소리로 주위 사람에게 알려 상·하부 승강장에 있는 비상정지 버튼(빨간색 버튼)을 누르게 한다. 에스컬레이터가 정지하고 신체의 일부가 틈새

에 끼어 있는 경우에는 피해가 확대되지 않도록 주의하여 빼내는 것이 중요하다(국민재난안전포털).

요약(Wrap-up)

승강기는 우리가 일상생활에서 자주 사용하는 설비이다.
승강기 안전사고가 발생하면 최대한 당황하지 않고 사고 사실을 전파하는 것과 신속하게 구출을 요청하는 것이 중요하다.

생각해 보기 엘리베이터가 멈추면 어떻게 행동하여야 할까요?

[QR 코드 스캔]
생활안전체험관 승강기 안전 영상 보기(인천광역시교육청학생안전체험관)

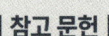

| 참고 문헌 |
「승강기 안전관리법」.
「승강기 안전관리법 시행령」.
국민재난안전포털(https://www.safekorea.go.kr/idsiSFK/neo/sfk/cs/csc/bbs_conf.jsp?bbs_no=9&emgPage=Y&menuSeq=593&viewtype=read&bbs_ordr=2017).
스마트 민방위교육센터(https://www.cdec.kr).
인천광역시교육청학생안전체험관. 생활안전체험관 승강기 안전(https://youtu.be/jlVYk1hnWDI).
MBN News. 25층까지 급상승한 공포의 엘리베이터…모녀 '공포의 2시간'(https://youtu.be/etamOdpMAY4).

키워드로 보는
생활과 안전

*
테러
감염병
미세먼지
안전디자인
해외여행 안전
학교안전
학교폭력
아동 학대
가정폭력
데이트폭력
가스라이팅 예방
보이스피싱 예방
물놀이 안전사고
식중독

건강기능식품 안전
항생제 내성
어린이제품 안전사고
생활화학제품과 살생물제
전기안전사고
온열기 및 주방 안전
가스 안전

제3편

life and safety: everything you need to know

사회와 안전

종재난 · 미래재난 · 대응요령 · 발생양상 · 복잡 · 다양 · 가스라이팅 · 비대면 범죄 · 데이트폭력 · 상호연계 · 예측 · 인류
속 · 복합재난 · 기후변화 · 과학기술 · 4차산업혁명 · 삶의 질 · 발전과 진보 · AI · 코로나19 · 미세먼지 · 물부족

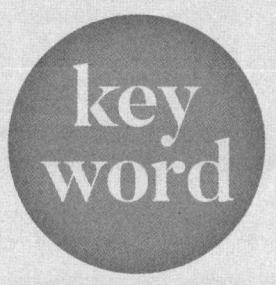

키워드로 보는
생활과 안전

키워드로 보는 **생활과 안전**

28
테러

QR 코드 스캔

한국, IS 목표 되었나…새로 공개된 영상서 테러 위협 영상 보기(YTN)

*
테러란 무엇인가?

한국은 테러에서 안전한 국가인가? 테러는 전 세계적으로 위협이 되고 있어 어디에서도 안전하다고 볼 수 없다. 테러리즘(terrorism)과 테러(terror)는 동일한 용어로 인식되어 사용되고 있다. 테러와 테러리즘에 대한 정의는 매우 다양하고 복합적이다.

테러란 발생 원인이 무엇이든지 간에 극도로 불안한 심리적 상태를 일컫는다. 따라서 테러는 "특정한 위협이나 공포로 인하여 모든 인간이 심적으로 느끼게 되는 극단적인 두려움의 근원이 되는 것"으로 두려움에 기반한 자연스러운 심리적 현상을 말한다. 테러리즘이란 정치적 목적 달성의 수단으로 폭발물을 사용한 공격, 살해, 납치와 같은 행위를 조직적으로 사용하는 것이며, 이러한 테러리즘은 사용하는 대상에 따라서 해석을 달리할 수 있다. 테러리즘이란 "개인이나 집단이 정치적 또는 이념적 목적 달성을 위하여 기존 체제에 대한 찬성 또는 반대 행위로서 자행하는 직·간접적 방법에 의한 모든 폭력 또는 폭력적 위협행위"라고 정의할 수 있다(김순석 외, 2021).

✱
테러 행위의 유형은?

「국민보호와 공공안전을 위한 테러방지법」은 테러의 예방 및 대응 활동 등에 관하여 필요한 사항과 테러로 인한 피해 보전 등을 규정함으로써 테러로부터 국민의 생명과 재산을 보호하고 국가 및 공공의 안전을 확보하는 것을 목적으로 한다(「국민보호와 공공안전을 위한 테러방지법」 제1조).

'테러'란 국가·지방자치단체 또는 외국 정부(외국 지방자치단체와 조약 또는 그 밖의 국제적인 협약에 따라 설립된 국제기구를 포함한다)의 권한 행사를 방해하거나 의무 없는 일을 하게 할 목적 또는 공중을 협박할 목적으로 하는 행위를 말하며(「국민보호와 공공안전을 위한 테러방지법」 제2조) 그 유형을 요약하면 다음과 같다.

〈한국의 테러 행위 유형〉

① 사람을 살해하거나 사람의 신체를 상해하여 생명에 대한 위협을 발생하게 하는 행위 또는 사람을 체포·감금·약취·유인하거나 인질로 삼는 행위
② 운항 중인 항공기를 추락시키거나 전복·파괴·손괴·강탈하는 행위 등
③ 운항 중인 선박 또는 해상구조물을 파괴·손상·강탈하는 행위 등
④ 생화학·폭발물·소이성(燒夷性) 무기 화재를 일으키거나 사람에게 화상을 입히는 것을 주목적으로 한 무기나 장치를 차량 또는 시설에 배치하거나 폭발시키거나 그 밖의 방법으로 이를 사용하는 행위
⑤ 핵물질, 방사성물질 또는 원자력 시설의 파괴·부당한 조작 등을 통하여 사람의 생명·신체에 위험을 가하는 행위

자료: 「국민보호와 공공안전을 위한 테러방지법」 제2조 제1호 요약.

＊ 테러범의 유형과 특징은?

테러리즘의 역사적·사회적·정치적 배경, 테러조직의 형태, 조직원들의 특성, 테러 활동의 다양성으로 인하여 유형을 분류하는 것은 쉬운 일이 아니다. 테러범들의 주된 동기를 기준으로 광인형, 범죄형, 순교형으로 분류할 수 있다.

① 광인형 : 정서적으로 이상이 있는 사람으로, 다른 사람들이 이해할 수 없는 자기 특유의 이유 때문에 행동하는 유형이 해당한다.
② 범죄형: 자신의 사적인 이득을 취할 목적으로 불법적인 수단을 사용하는 테러범이다.
③ 순교형- 이상주의적인 동기를 갖고 있다. 개인적인 이득보다는 집단적인 목표를 위하여 위세와 권력을 추구하는 유형이다.

유형	특징
광인형	• 자기중심적이며 희생적이고 사고과정이 극히 개인적이며 흔히 비합리적이다. • 보통 사람이 이해하기 어려운 망상적인 동기와 추상적인 목표를 가지고 있다. • 요구 사항이 심리적이고 개인 특유의 것으로서 동정을 구하거나 자기 치료의 효과를 구한다.
범죄형	• 이기적이고 자기보호적이며, 사고 과정이 실무적이고 합리적이며 기존 가치에 비추어 인습적이다. • 보통 사람이면 누구나 이해할 수 있는 물질적이고 현실적인 동기와 구체적인 목표를 가지고 있다. • 직업적이며 반복적인 수법으로 극단적인 모험을 피한다. • 외향적 공격성, 타인에 대한 보복, 살인적 성격이 강하다.
순교형	• 비이기적이고 희생적이며, 사고 과정이 실무적이고 기능적으로 합리적이며 기존 가치에 비추어 비인습적이다. • 동정자들에게는 이해할 만하나 적대자들에게는 몰지각한 동기와 구체적 또는 추상적인 목표를 가지고 있다. • 요구 사항이 집단적이고 상징적이며 선전 효과 또는 물질적 대가이다. • 주목을 끄는 것을 목적으로 허세를 부리고 극적이며 요란스러운 선전 효과를 의식한다.

자료: 이황우(2011).

※
한국의 테러 경보 단계는 어떻게 구성되어 있나요?

한국은 테러를 예방하고 대비하기 위하여 테러 경보 단계를 설정하여 운영하고 있다. '관심-주의-경계-심각'의 4단계로 구분하여 상시적 체계를 가동하고 있다.

〈테러 경보 단계〉

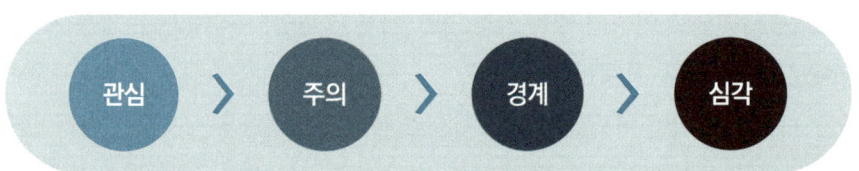

관심	테러 관련 상황 전파, 관계 기관 상호간 연락 체계 확인, 비상연락망 점검 등
주의	테러 대상 시설 및 테러에 이용될 수 있는 위험물질에 대한 안전관리 강화, 국가중요시설에 대한 경비 강화, 관계 기관별 자체 대비 태세 점검 등
경계	테러 취약 요소에 대한 경비 등 예방 활동 강화, 테러취약시설에 대한 출입 통제 강화, 대테러 담당공무원 비상근무 등
심각	대테러 관계 기관 공무원 비상근무, 테러 유형별 테러사건대책본부 등 사건대응조직 운영 준비, 필요 장비·인원 동원 태세 유지 등

자료: 국가정보원.

※
대테러란 용어를 자주 듣게 되는데 무슨 뜻인가요?

대테러란 '대(對)테러' 또는 'counterterrorism'을 말한다. 테러 관련 정보의 수집, 테러 혐의자의 관리, 테러에 이용될 수 있는 위험물질 등 테러 수단의 안전관리, 시설·장비의 보호, 국제 행사의 안전 확보, 테러 위협에의 대응 및 무력 진압 등 테러 예방·대비와 대응에 관한 제반 활동을 말한다(국가정보원). 쉽게 말하면, 테러에 대응하는 모든 관련되는 활동으로 이해할 수 있다.

한국은 외교부, 국방부, 국토교통부, 환경부, 질병관리청, 원자력안전위원회, 경찰청, 해양경찰청, 소방청 등을 주요 기관으로 설정하여 대테러 체계를 구축하고 있다(대테러센터).

> **요약(Wrap-up)**
>
> 테러와 테러리즘에 대한 정의는 다양하다. 전 세계, 테러의 안전지대는 없다. 테러범의 유형과 특징을 이해하고, 테러경보의 단계에 따라 관심을 갖는 것이 중요하다.

＊ 생각해 보기 안전한 해외여행을 위하여 각 국가의 여행경보를 확인할 수 있는 방법이 있을까요?

 [QR 코드 스캔]
외교부 해외안전여행 홈페이지 보기(외교부)

| 참고 문헌 |
「국민보호와 공공안전을 위한 테러방지법」.
김순석·김양현·조민상·이상훈·배석주(2021). 『일반경비원 신임교육』. 진영사.
이황우(2011). 『테러리즘』. 법문사.
국가정보원(https://www.nis.go.kr).
대테러센터(http://www.nctc.go.kr).
외교부(https://www.0404.go.kr/dev/main.mofa).
YTN News. 한국, IS 목표 되었나...새로 공개된 영상서 테러 위협(https://youtu.be/XND6nUUFNaU).

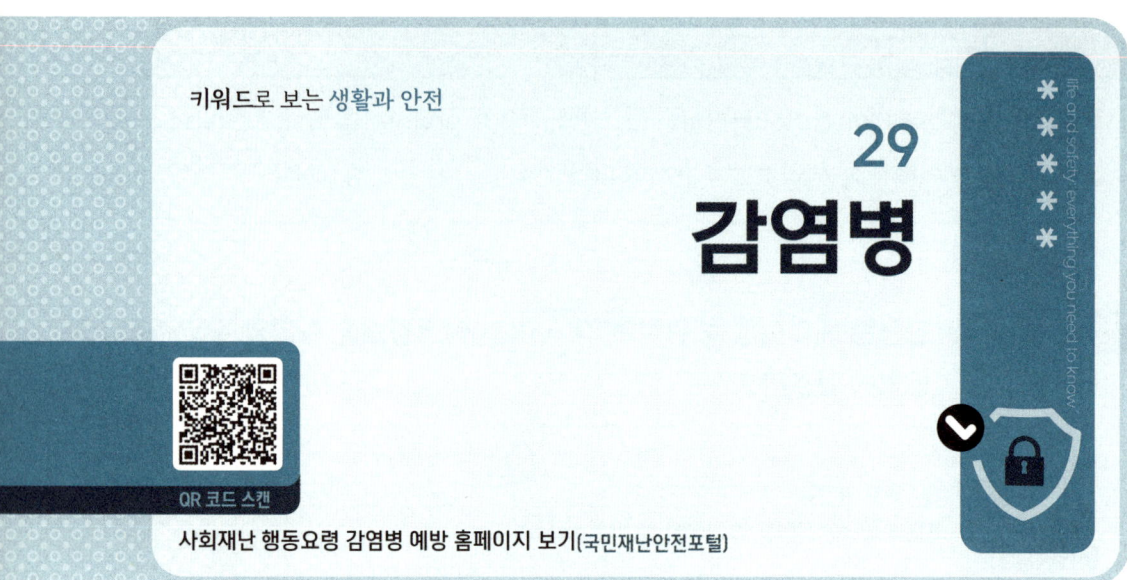

키워드로 보는 생활과 안전

29 감염병

사회재난 행동요령 감염병 예방 홈페이지 보기(국민재난안전포털)

* 무엇을 감염병이라고 하나요?

'감염'은 병원체가 우리 몸에 들어와서 그 수가 갑자기 늘어나는 것을 말하고, '감염병(感染病, contagious diseases)'은 그러한 감염으로 인하여 생긴 병으로 병원체가 인체에 침입해 증식하여 생기는 질병을 말한다. 법적으로 '감염병'이란 제1급 감염병(신종인플루엔자 및 디프테리아 등), 제2급 감염병(신종인플루엔자 및 디프테리아 등), 제3급 감염병(파상풍, B형 감염 및 지카바이러스 감염증 등), 제4급 감염병(매독 및 사람유두종바이러스 감염증 등), 제5급 감염병(회충증 및 해외유입 기생충감염증), 기생충감염병, 세계보건기구(WHO) 감시 대상 감염병, 생물테러감염병, 성매개감염병, 인수(人獸)공통감염병 및 의료 관련 감염병을 말한다(「감염병의 예방 및 관리에 관한 법률」 제2조 제1호).

* 감염병에 걸리는 원인은 무엇인가요?

감염병은 첫째, 감염병의 원인이 되는 병원체가 강한 경우, 둘째, 환경적 요인이 사람에 해롭게 또는 병원체에 이롭게 작용하는 경우, 셋째, 우리 몸이 약해진 경우 발생하게 된다. 따라서 감염병 발병을 근본적으로 예방하기 위해서는 병원체가 존재하는 환경을 관리하고 제거하는 것이 중요하고 또한 개인이 할 수 있는 위생관리나 필수적인 기본 예방접종 등을 통하여 면역력을 높여 병원체에 감염되지 않도록 하여야 한다. 그렇게 되면 감염병이 유행하더라도 쉽게 질병에 걸리지 않아 우리 몸을 건강하게 지킬 수 있고 감염병의 전파를 막을 수 있다.[1]

감염병의 종류에는 어떤 것이 있나요?

감염병은 병원체의 전염성 유무에 따라 전염성과 비전염성 감염병으로 나뉜다. 전염성 감염병은 유행성이 있는 병원체가 인체에 감염되어 발생한 질병을 말한다. 질병에 감염된 인체(잠복기나 회복기 포함)에서 분비물이나 배설물을 통하여 나온 병원체가 다른 인체와 직접 또는 간접적으로 접촉, 침입, 증식하여 발생하는 것으로 수두, 성홍열, 유행성이하선염, 백일해, 장출혈성대장균감염증 등이 있다. 비전염성 감염병은 유행성이 없고 단발하는 병원체가 인체에 감염되어 발생하는 질병을 말한다. 감염된 인체 안의 병원체가 체외로 배설되지 않거나 배설되더라도 감염을 일으키지 않는 것으로 파상풍과 일본뇌염, 비브리오패혈증 등이 있다. 우리나라에서는 감염병 발생, 유행을 방지하고 적절한 대응을 하고자 감염병의 특성에 따라 법정감염병으로 지정, 분류하여 관리하고 있다.[2]

감염병 증상이 나타날 때는?

설사, 발열 및 호흡기 증상이 나타날 때에는 바로 의료기관을 방문한다. 특히, 고위험군(5세 이하, 65세 이상, 임산부, 만성질환자 등)의 경우 즉시 진료받기를 권고한다. 해외여행객은 귀국 시 발열, 호흡기 증상, 설사, 구토 등의 증상이 있을 경우 건강 상태 질문서에 성실히 기재하고 검역관에게 반드시 신고한다.[3]

---

[1] 의약품 안전나라(https://nedrug.mfds.go.kr/cntnts/122).
[2] 의약품 안전나라(https://nedrug.mfds.go.kr/cntnts/122).
[3] 국민재난안전포털(https://www.safekorea.go.kr/idsiSFK/neo/main/main.html).

〈감염병 초기 증상〉

감염병명	초기 증상
코로나바이러스감염증-19(COVID-19)	• 발열, 권태감, 기침, 호흡곤란, 폐렴 및 급성호흡곤란증후군 등 다양하게 경증에서 중증까지 호흡기 감염증이 나타남. • 드물게는 객담, 인후통, 두통, 설사 및 객혈과 오심도 나타남.
결핵	• 기침(폐결핵 초기에는 가래가 없는 마른기침을 하다가 점차 진행하면서 가래가 섞인 기침이 나옴. 하지만 기침은 결핵 뿐 아니라 감기, 기관지염, 흡연 등 대부분 호흡기 질환의 가장 흔한 증상이므로, 2주 이상 계속되는 기침은 반드시 결핵 여부를 의심하여야 함.) • 객혈(폐에서 피가 나는 것을 뜻하는 말로, 폐결핵 환자에서 육아종 내부의 고름이 가래와 함께 섞여 나올 때 빨간 피가 묻어나올 수 있음.) ※ 보통 영화나 소설을 보면 환자가 기침하면서 많은 양의 피를 토하는 장면이 가끔 나오는데, 이런 경우는 결핵이나 폐암이 상당히 진행한 환자에서나 볼 수 있는 상황이며, 실제로 대부분 결핵 환자는 가래에 소량의 피가 섞여 나오는 정도라는 것을 기억해 둘 것. • 무력감, 식욕 부진, 체중 감소(결핵균은 매우 천천히 증식하면서 우리 몸의 영양분을 소모시키고, 조직과 장기를 파괴함. 그렇기 때문에 결핵을 앓고 있는 환자의 상당수는 기운이 없고 입맛도 없어지며 체중이 감소하는 증상이 나타나기도 함.) • 발열(결핵은 일반 감기 몸살과 달리 39도, 40도에 이르는 고열은 잘 나타나지 않음. 대신 오후가 되면서 약간 몸이 좋지 않다 싶을 정도의 미열이 발생하였다가 식은 땀이 나면서 열이 떨어지는 증상이 반복되는데, 전형적인 결핵 환자는 잠을 잘 때 식은 땀을 많이 흘려 베개가 젖을 정도가 되기도 함.) • 호흡 곤란(폐는 공기 중의 산소를 흡수하고 이산화탄소를 배출하는 기관임. 그런데 초기에 폐결핵을 치료하지 않으면 폐 여기저기에 육아종과 공동이 생기면서 폐조직이 망가지기 때문에 폐 기능이 점점 나빠지고, 결국에는 조금만 움직여도 숨이 찬 호흡 곤란 증상이 발생할 수 있음.)
수족구병	• 발열, 인후통, 식욕 부진 등으로 시작 • 발열 후 1~2일째에 수포성 구진이 손바닥, 손가락, 발바닥에 생김. • 구내 병변은 볼의 점막, 잇몸이나 혀에 나타남. • 때로는 둔부에도 나타나지만, 수포가 아닌 발진만 나타나는 경우도 많음. • 감기 증상이 대부분이지만, 면역 체계가 완전하지 않은 생후 2주 이내의 신생아가 감염될 경우, 드물게 사망하는 예도 있음.

에볼라 바이러스	• 감염 후 수일 이내 고열, 두통, 근육통, 위장 통증, 피로감, 설사, 인후통, 딸꾹질, 발진, 눈의 충혈, 혈성 구토 등의 증세를 보임. • 감염 후 일주일 이내 흉통, 쇼크, 사망, 실명, 출혈 등이 일어날 수 있음. • 22~90%의 높은 치사율을 보임.
인플루엔자	• 잠복기는 1~4일(평균 2일)이며, 증상 시작 1일 전부터 발병 후 5일까지 기침이나 재채기를 할 때 분비되는 호흡기 비말을 통하여서 사람에서 사람으로 전파 • 38℃ 이상의 갑작스러운 발열, 두통, 근육통, 피로감 등의 전신 증상과 인두통, 기침, 객담 등의 호흡기 증상을 보이며 드물게 복통, 구토, 경련 등이 발생
장티푸스	• 잠복 기간은 보통 1~3주이나, 균의 수에 따라서 다름. 발열, 두통, 권태감, 식욕 부진, 상대적 서맥, 비종대, 장미진, 건성 기침 등이 주요한 증상 및 징후임. 발열은 서서히 상승하여 지속적인 발열이 되었다가 이장열이 되어 해열되는 특징적인 열 형태를 가짐. 치료하지 않을 경우 병의 경과는 3~4주 정도임. • 일반적으로 설사보다 변비가 많음. 백혈구, 특히 호산구의 감소가 특징적이고 경증이 흔하나 중증의 비전형적 증상도 일어남. 치료하지 않을 경우 회장의 파이어판에 궤양이 생겨서 간헐적인 하혈이나 천공이 생기기도 함. 중증에서는 중추신경계 증상도 생김. • 지속적인 발열, 무표정한 얼굴, 경도의 난청, 이하선염도 일어날 수 있음. 외과적 합병증으로는 장천공, 장폐색, 관절염, 골수염, 급성 담낭염, 농흉 등이 있음. 사망률은 10%이지만 조기에 항생제로 치료하면 1% 이하로 감소시킬 수 있음.
홍역	• 고열과 기침, 콧물, 결막염, 구강 점막에 코플릭(Koplik) 반점(斑點)에 이은 특징적인 홍반성 구진상 발진 • 설사, 중이염, 기관지염, 모세기관지염, 크룹, 기관지 폐렴 등
황열	• 발열과 근육통, 오한, 두통, 식욕 상실, 구토 등의 증상이 나타남. 보통 3~4일이 지나면 증상이 사라지는 것이 보통이지만 환자의 15% 정도는 독성기로 접어들게 됨. • 독성기의 환자는 다시 열이 발생하며 급격히 황달, 복통, 구토 등의 증세가 나타남. 또한 눈, 코, 입, 위장관 등에서 출혈이 발생할 수 있으며, 급성신부전이 발생하기도 함.

자료: 찾기 쉬운 법령정보(https://www.easylaw.go.kr/CSP/CnpClsMain.laf?csmSeq=830&ccfNo=1&cciNo=1&cnpClsNo=1).

✱ 감염병 예방은 어떻게 하나요?

① 평소에도 손을 자주, 비누를 사용하여 흐르는 깨끗한 물에 씻어야 한다. 손을 씻어야 하는 때는 외출 후, 많은 사람이 모이는 장소를 다녀온 후, 조리하거나 식사하기 전, 화장실 사용 후, 기침이나 재채기 후가 해당한다.

② 식수는 반드시 끓였거나 병에 든 물(생수)을 먹어야 한다. 이외 요리 시, 설거지 시, 손을 씻거나 양치 시 등에도 안전한 물, 소독된 물을 사용하기를 권고하며, 채소류 등 식재료는 흐르는 깨끗한 물에 씻고, 충분히 가열해서 먹어야 한다.

③ 특히, 여름철 조리 음식 보관 금지, 오염된 물에 닿았던 음식 섭취 금지, 이상한 냄새가 나거나 색깔, 모양 등이 변한 음식물 섭취 금지 도마, 칼 등은 식품별로 구분하여 따로 사용하고, 사용 후 깨끗이 씻으며, 잘 말려서 사용하여야 한다. 설사 증상이나 손에 상처가 있는 사람은 조리를 금지하며, 설사 증상이 있는 경우 의료기관을 방문하여 진료받기를 권고한다.

④ 기침, 재채기를 할 경우 휴지나 손수건, 옷소매를 이용하여 입 가리기 등 기침 에티켓을 지키고 기침이 계속된다면 마스크를 착용을 권장한다. 손으로 가급적 눈, 코, 입 만지는 것을 피하고, 집안 실내 등은 청결히 하고 환기를 자주 시킨다.

⑤ 발열이나 호흡기 증상(기침, 목 아픔, 콧물이나 코막힘)이 있을 때에는 사람과 밀접한 접촉을 피하고 가급적 많은 사람이 모이는 장소로의 외출은 자제하는 것이 좋다.[4]

요약(Wrap-up)

감염병은 병원체가 인체에 증식하여 생기는 것을 말한다.
위생관리나 필수적인 기본 예방접종 등을 통해 면역력을 높이는 것이 가장 중요하다.
증상이 있는 경우 즉시 의료기관을 방문하여 진료를 받는다.

---

[4] 국민재난안전포털(https://www.safekorea.go.kr/idsiSFK/neo/main/main.html).

생각해 보기 손씻기 후 가장 좋은 마무리 방법은?

[QR 코드 스캔]
질병관리청 국가건강정보포털 홈페이지 보기(질병관리청)

| 참고 문헌 |
국민재난안전포털(https://www.safekorea.go.kr/idsiSFK/neo/main/main.html).
의약품 안전나라(https://nedrug.mfds.go.kr/cntnts/122).
질병관리청 국가건강정보포털(https://health.kdca.go.kr/healthinfo/biz/health/gnrlzHealthInfo/gnrlzHealthInfo/gnrlzHealthInfoView.do?cntnts_sn=18).
찾기 쉬운 법령정보(https://www.easylaw.go.kr/CSP/CnpClsMain.laf?csmSeq=830&ccfNo=1&cciNo=1&cnpClsNo=1).

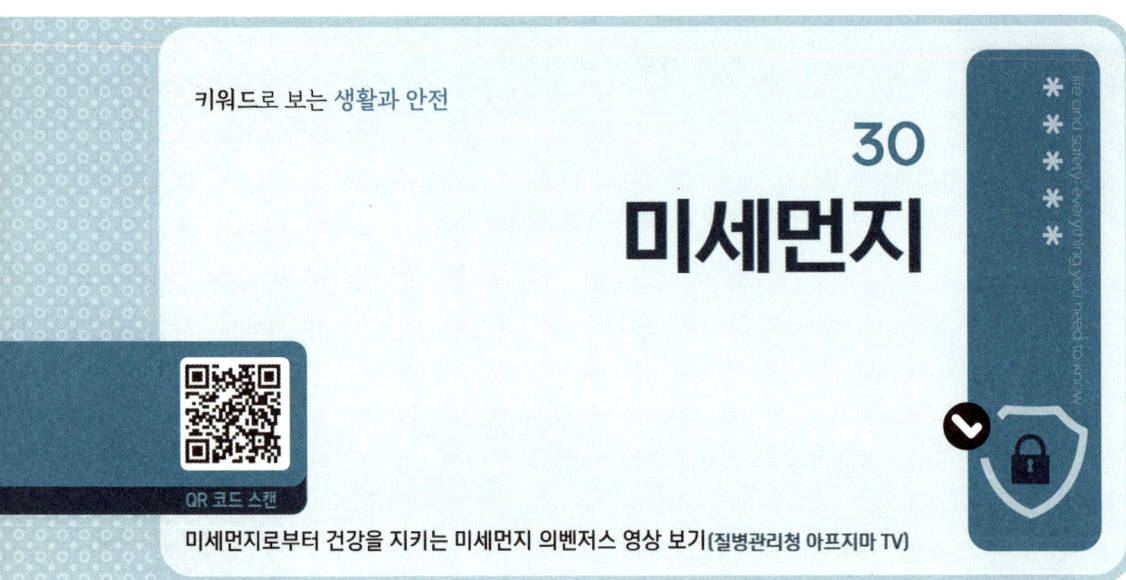

키워드로 보는 생활과 안전

30
미세먼지

미세먼지로부터 건강을 지키는 미세먼지 어벤저스 영상 보기 (질병관리청 아프지마 TV)

✱ 무엇을 미세먼지라고 하나요?

미세먼지(fine dust)는 우리 눈에 보이지 않을 정도로 작은 먼지 입자로 입자 크기에 따라 직경 10㎛ 이하(10㎛은 0.001cm)인 것을 미세먼지(PM10)라고 하며 직경 2.5㎛ 이하인 것을 초미세먼지(PM2.5)라고 한다. 이들 먼지는 매우 작아 숨쉴 때 폐포 끝까지 들어와 바로 혈관으로 들어갈 수 있다(대한의학회·질병관리청, 2021b).

✱ 미세먼지와 황사는 어떻게 다른가요?

황사(黃砂, yellow dust)나 스모그(smog)는 모두 미세먼지 농도에 영향을 끼쳐, 황사나 스모그의 고농도 발생 시 시정(視程, visibility)을 악화시켜 대기가 뿌옇게 보이고, 호흡기에 악영향을 끼치는 것으로 알려져 있다. 하지만 황사가 중국 몽골의 건조지대에서 강한 바람에 의하여 높은 대기로 불어 올라간 흙먼지가 바람을 타고 이동하여 지상으로 떨어지는 자연 현상인 반면, 고농도의 미세먼지 발생은 자동차·공장·가정 등에서 사용하는 화석연료 사용으로 배출된 인위적 오염물질이 주요 원인이 되는 차이가 있다.[1]

---

1) 질병관리청 국가건강정보포털(https://health.kdca.go.kr/healthinfo/biz/health/gnrlzHealthInfo/gnrlzHealthInfo/gnrlzHealthInfoView.

✻ 미세먼지가 발생하는 원인은 무엇일까요?

미세먼지 농도는 배출과 기상, 대기 중 오염물질에 의한 2차 생성에 의하여 결정되는데, 우리나라 미세먼지에 영향을 주는 주요 원인은 국내 배출과 국외 영향으로 구분된다. 국내 배출에 기여하는 요인은 사업장, 건설기계, 발전소, 자동차(경유차, 휘발유차 등), 냉난방, 건설 현장에서 발생하는 비산먼지, 생활폐기물의 노천 소각과 같은 생물성 연소, 유기용제 사용 등이다. 전국적으로는 사업장 배출이, 수도권의 경우는 자동차 배출이 가장 크게 영향을 미친다. 국외 영향은 약 40~70% 정도 기여하며, 월별(계절별) 기상 조건에 따라 달라진다(대한의학회·질병관리청, 2021a).

✻ 미세먼지를 중국과 공동 대처하지 않는가요?

수도권 초미세먼지는 계절에 따라 중국 등 국외 유입 기여도가 30~80%의 범위로 추정되고, 상대적으로 11~4월에 높게 나타난다. 최근 5년간 초미세먼지의 농도 구간별 중국 영향 분석 연구 결과 20 $\mu g/m^3$ 이하에서는 약 30%, 50 $\mu g/m^3$ 이상에서는 약 50%의 영향이 있는 것으로 판단하고 있다. 2019년 2월 한·중 환경장관회담에서 장거리 이동 대기오염물질에 관한 공동 연구, 조기경보 체계 구축, 청천 프로젝트 심화·발전, 고위급 정책협의체 구성 등 대기오염 저감을 위한 협력사업을 추진하기로 합의가 이뤄졌다.[2]

✻ 미세먼지가 인체에 미치는 영향은 무엇인가요?

미세먼지는 먼지 핵에 여러 종류의 오염물질이 붙어 구성된 것으로 호흡기를 통하여 인체 내에 유입될 수 있다. 장기간 흡입 시, 입자가 미세할수록 코점막을 통하여 걸러지지 않고 흡입 시 허파꽈리까지 직접 침투하므로 천식이나 폐 질환의 유병률, 조기사망률 증가에 영향을 줄 수 있다. 대부분의 연구를 따르면, 장기적·지속적 노출 시 건강 영향이 나타나며, 단시간 흡입으로 갑자기 신체 변화가 나타나지는 않는다고 알려졌다. 그러나 어린이·노인·

---

do?cntnts_sn=4701).
2) 대한민국 정책브리핑(https://www.korea.kr/special/policyCurationView.do?newsId=148864591).

호흡기 질환자 등 민감 군은 일반인보다 건강 영향이 클 수 있어 더 각별한 주의가 필요하다.[3]

미세먼지 노출은 만성 폐쇄성 폐질환 증상을 악화시켜 응급실 방문이나 입원을 증가시키고, 사망률을 높인다. 미세먼지는 호흡기로 흡인된 다음 혈관 내로 흡수되어 혈관 내 염증 반응을 증가시켜 허혈성 심질환, 고혈압, 죽상경화증 같은 혈관성 질환을 악화시키거나 사망률을 증가시킬 수 있고, 심부전이나 부정맥에도 악영향을 줄 수 있다(대한의학회·질병관리청, 2021b).

〈미세먼지 예보 등급〉

예보 구간	좋음	보통	나쁨	매우 나쁨
예측 농도($\mu m/m^3$) - PM10	0~30$\mu m/m^3$	31~80$\mu m/m^3$	81~150$\mu m/m^3$	151$\mu m/m^3$ 이상
예측 농도($\mu m/m^3$) - PM2.5	0~15$\mu m/m^3$	16~35$\mu m/m^3$	36~75$\mu m/m^3$	76$\mu m/m^3$ 이상
예측 농도(ppm) - O3	0~0.030	0.031~0.090	0.091~0.150	0.151 이상

자료: 국민재난안전포털 미세먼지 예보 등급(https://www.safekorea.go.kr/idsiSFK/neo/sfk/cs/contents/prevent/SDIJKM5140.html?menuSeq=127).

＊ 미세먼지 노출 후 나타나는 증상은?

미세먼지는 미세먼지 노출로 인하여 발생하는 별도의 특별한 증상이나 질환이 있는 것은 아니며, 영향을 받는 부위나 정도에 따라 다양한 증상과 질환을 유발하거나 악화시킬 수 있다. 미세먼지로 인하여 점막이 자극되어 눈이 따갑거나 눈물이 날 수 있고, 가려움증, 습진성 병변, 콧물, 코막힘 등의 증상을 유발할 수 있다. 호흡기 질환이 있는 사람은 깊게 호흡하기가 힘들고 기침, 가슴 답답함, 쌕쌕거림, 짧은 호흡, 비정상적인 피로가 발생한다. 심혈관 질 환자는 가슴 압박감, 가슴 통증, 가슴 두근거림이 있을 수 있고, 짧은 시간 내에 심정지를 포함한 심각한 문제가 발생할 수 있다(대한의학회·질병관리청, 2021b).

---

[3] 국민재난안전포털(https://www.safekorea.go.kr/idsiSFK/neo/main/main.html).

✱ 미세먼지(또는 초미세먼지) 나쁨, 매우 나쁨 시 어떻게 하여야 하나요?

가벼운 눈물, 콧물 등의 증상은 대증 치료(對症治療)한다. 호흡기 및 심혈관 질환, 아토피 피부염, 알레르기비염 등 기저질환이 있는 경우 즉시 치료하여야 한다. 미세먼지가 자주 발생하는 봄, 가을에는 비상약을 구비하여 증상 악화 시 응급처치할 수 있도록 준비한다.

미세먼지가 나쁠 때는 ① 임산부·영유아, 어린이, 노인, 심뇌혈관 질환, 호흡기 질환이 있는 사람 등 미세먼지 민감군은 무리한 실외활동을 자제한다. ② 일반인은 장시간 또는 무리한 실외활동을 줄인다. ③ 자동차 운행을 자제하고 대중교통을 이용한다.

미세먼지가 매우 나쁠 때는 ① 임산부·영유아, 어린이, 노인, 심뇌혈관 질환, 호흡기 질환이 있는 사람 등 미세먼지 민감군은 실외활동을 삼간다. ② 일반인은 장시간 또는 무리한 실외활동을 자제한다. ③ 자동차 운행을 제한한다(대한의학회·질병관리청, 2021b).

✱ 미세먼지 민감군은 미세먼지가 나쁠 때 무조건 마스크를 써야 하나요?

미세먼지가 나쁠 때 보건용 마스크 착용은 일반적으로 도움이 되지만, 호흡기 질환이나 심장 질환이 있는 경우는 마스크 착용 후 호흡 곤란이나 가슴 통증 등의 증상이 생길 수 있다. 이럴 경우 즉시 마스크를 벗고 무리해서 착용하지 말아야 한다(대한의학회·질병관리청, 2021b).

✱ 미세먼지 정보 확인은 어디서 할 수 있나요?

- 에어코리아(환경부 전국 실시간 대기오염도 사이트, www.airkorea.or.kr)
- 기상청 사이트 일기예보, 대기오염 옥외 전광판
- 우리 동네 대기질 애플리케이션

요약(Wrap-up)

미세먼지는 매우 작은 입자의 먼지로 노출될 경우 폐로 흡입되어 호흡기 질환 등 여러 질병을 유발할 수 있으므로 건강 수칙을 잘 알고 실천하여야 한다.

생각해 보기 차량 2부제 미세먼지 저감 효과는?

[QR 코드 스캔]
차량 2부제 얼마나 효과 있나 홈페이지 보기(대한민국 정책브리핑)

| 참고 문헌 |

대한의학회·질병관리청(2021a). 미세먼지와 건강 이럴때는 어떻게 하죠?
_____(2021b). 미세먼지 건강수칙 가이드: 근거 기반의 실천 방법과 자주하는 질문.
국민재난안전포털(https://www.safekorea.go.kr/idsiSFK/neo/main/main.html)
대한민국 정책브리핑(https://www.korea.kr/special/policyCurationView.do?newsId=148864591).
대한민국 정책브리핑. 차량 2부제, 얼마나 효과 있나?(https://m.korea.kr/news/visualNewsView.do?newsId=148859929&pageIndex=null#visualNews).
질병관리청 국가건강정보포털(https://health.kdca.go.kr/healthinfo/biz/health/gnrlzHealthInfo/gnrlzHealthInfo/gnrlzHealthInfoView.do?cntnts_sn=4701).
질병관리청 아프지마 TV. 미세먼지로부터 건강을 지키는 미세먼지 의벤저스(https://youtu.be/HjCxfe6i168).

키워드로 보는 생활과 안전

31 안전디자인

QR 코드 스캔

"조금만 바꾸면"… 안전·환경 지키는 '공공디자인' 영상 보기(MBC)

* 무엇을 안전디자인이라고 하나요?

안전디자인의 개념은 학자마다, 기관마다 그 정의가 조금씩 차이가 난다. 위험과 안전, 디자인에 대한 각각의 개념에 차이가 있기 때문이다. 국내에서는 2009년 국회 안전디자인 포럼을 통하여 적극적으로 도입이 논의되기 시작하였다. 안전디자인은 말 그대로 안전과 디자인이 합쳐진 개념으로, "안전이 요구되는 사물, 공간, 행위 등에 디자인의 개념을 적용하여 안전하면서도 사용하기 쉽고, 쓰기 편리하며, 보기 좋고 사용을 하면서 좋은 느낌을 얻을 수 있도록 배려하는 디자인"이라고 정의한다(최정수, 2018: 56). 사회적 재난이 증가하면서 일상생활에서의 안전을 높이고 위험은 줄이기 위하여 안전디자인에 주목하기 시작하였다.

* 안전디자인은 언제 필요한가요?

안전디자인은 안전이 가장 중요한 디자인을 의미한다. 즉, 디자인이 활용될 수 있는 모든 분야에서 안전을 좀 더 상위의 개념으로 두고 안전성과 사용 편의성을 중요하게 고려하는 것이다. 적용 범위는 제품이 될 수도 있고, 시설이나 공간이 될 수도 있다. 심지어 정책이나 행위에도 사용이 될 수 있는 것이 안전디자인이다. 안전을 위하여 행동의 변화를 만들거나 인식 수준을 높이고, 제조 방법 혹은 재료를 바꾸는 등의 다양한 요인들이 안전디자인에 다 포함될 수 있다.

〈기관별 안전 디자인의 주요 내용 비교〉

구분	행정안전부	국회안전 디자인포럼	SAFE-TY DESIGN	호주 ASCC (안전보험위원회)
적용 범위	제품, 시설, 공간	안전이 요구되는 사물, 공간, 행위	생활안전 영역, 공적 영역, 정책 영역	설비, 하드웨어, 시스템, 장비, 제품, 도구, 재료, 에너지, 조정장치, 이들의 배치 및 배열된 형태
수명주기	설계, 제조, 건축, 운영 등	-	인간의 일생	전 라이프 사이클
목적	주(主) 기능의 안전 달성도 제고 및 다른 기능과의 상승적 융합	안전성, 기능성, 사용성, 심미성	삶의 질 향상을 위하여 안전성과 디자인을 결합한 커뮤니케이션 서비스	안전이나 건강상의 위험 감소, 잠재된 안전이나 건강상의 위험 최소화
기타	사회안전 수준의 향상	안전을 위하여 행동이나 주변과의 조화, 사용상의 불편을 초래하지 않음	삶의 질 향상이 목적	디자인과 관련된 의사결정, 재료나 제조 방법 등의 결정 및 디자인

자료: 최정수(2018: 59) 재인용.

*안전디자인은 어떤 것을 지켜야 하나요?

안전디자인의 주요한 특징은 크게 세 가지로 정리할 수 있다(장닝·조정형, 2021: 95).
첫째, 제품, 시설, 공간 등의 모든 영역에 적용할 수 있다.
둘째, 디자인의 모든 과정에서 안전을 고려하여야 한다.
셋째, 편리함, 기능성, 심미성 등의 디자인 기능과 통합되어야 한다는 특징이다.

*안전디자인의 대표적인 예는 어떤 게 있을까요?

대표적인 안전디자인으로 초등학교 앞 횡단보도의 옐로카펫을 본 적이 있을 것이다. 옐로카펫은 어린이들에게는 안전한 곳에서 횡단보도의 신호를 기다릴 수 있게 하고, 운전자에게는 이를 쉽게 인지할 수 있게 하는 효과를 주어 교통사고를 줄이는 안전디자인이다. 시인성(視認性, visibility) 개선의 효과를 위하여 색상은 노란색이 효과가 높고, 카펫의 방향은 시야에 정면일수록 인지 효과가 높다고 한다. 또한 고속도로 등의 도로에서 복잡한 교차로나 갈림길에서 색깔로 표시된 유도선을 볼 수 있다. 색깔로 진입하는 하여야 되는 위치 등을 쉽게 파악함으로써 교통사고를 예방하는 데 도움이 된다.

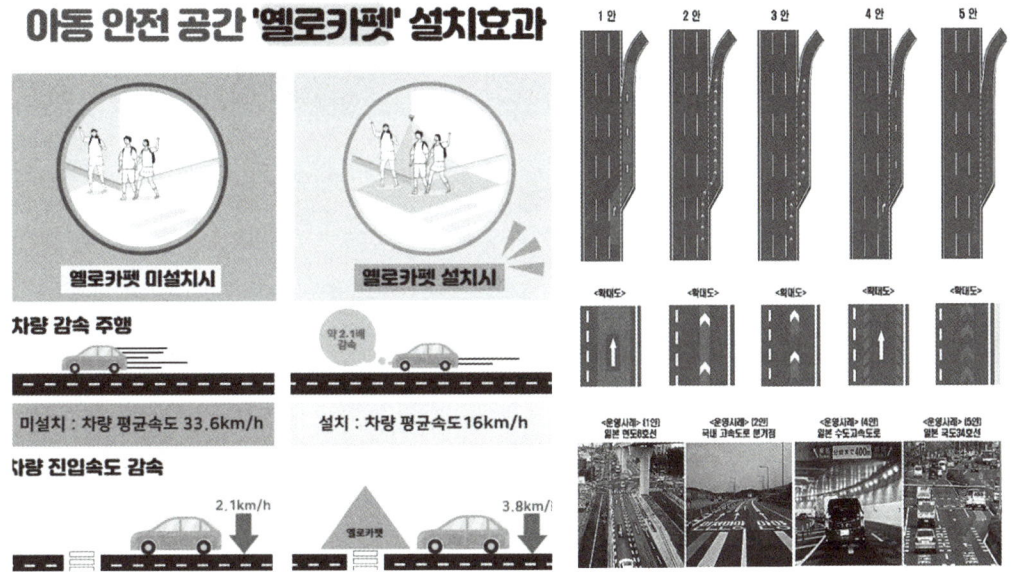

자료 1: 도로교통공단(2017). 옐로카펫 설치효과 분석연구.
자료 2: 복잡한 교차로, 유도선 따라가면 사고 줄여요. 경기도청(https://www.gg.go.kr/archives/3823034).

[아동 안전 공간 '옐로카펫' 설치 효과]

✱ 이것도 안전디자인일까요?

셉테드(CPTED)란 단어를 들어본 적 있을 것이다. 셉테드는 범죄예방 환경설계(crime prevention through environmental design)의 약자로서 건축 및 주변 환경의 디자인을 활용하여 범죄의 억제를 목적으로 하는 것을 의미한다(서울특별시, 2013). 셉테드 역시 안전디자인의 한 예라고 할 수 있다. 도시 건축 및 지역의 사회문화적 요인들을 모두 고려하여 공간을 디자인하는 것으로, 지역 주민의 참여까지 유도하여 지역을 활성화한다는 특성을 지니고 있다. 가스 배관의 방범덮개 등이 대표적인 사례이다. 우리나라에서는 서울특별시 마포구 염리동의 소금길이 가장 유명하다. 그러나 어떠한 안전디자인도 지속적인 관리가 되지 않으면 더 위험을 초래할 수 있으므로 주의해서 관리하여야 한다.[1)]

요약(Wrap-up)

안전디자인은 '안전+디자인'이며, 안전과 디자인의 요소를 모두 갖추고 있어야 한다.
안전디자인에서 가장 중요한 것은 '안전'이며, 디자인이 활용될 수 있는 모든 분야에서 활용 가능하다(제품, 시설, 공간, 정책, 행위 등).
셉테드도 안전디자인의 한 예이다. 그렇지만 관리가 안 되면 아무 소용 없다.

✱ 생각해 보기 안전과 디자인 무엇이 더 중요할까요?

 **[QR 코드 스캔]**
디자인 논란 있었지만…'안전 일등공신' 헤일로 영상 보기(채널A)

---

1) 지속적 관리의 필요성(https://www.youtube.com/watch?v=ENFmTk7afBU).

| 참고 문헌 |

도로교통공단(2017). 옐로카펫 설치효과 분석연구.
서울특별시(2013). 범죄예방환경설계(CPTED)가이드라인.
장닝·조정형(2021). CPTED 전략에 근거한 주거지역의 안전디자인에 관한 연구: 한국 부산 감천문화마을 사례를 중심으로. 『한국융합학회논문지』, 12(8): 93-104.
최정수(2018). 안전디자인의 정책 방향에 관한 연구: 지방자치단체 사업을 중심으로. 건국대학교 대학원 박사학위논문.
경기도청(https://www.gg.go.kr/archives/3823034).
채널A 뉴스. 디자인 논란 있었지만…'안전 일등공신' 헤일로(https://youtu.be/e0mrZVjdhjg).
MBCNEWS. "조금만 바꾸면"…안전·환경 지키는 '공공디자인' 2021년 8월 17일자.

키워드로 보는 생활과 안전

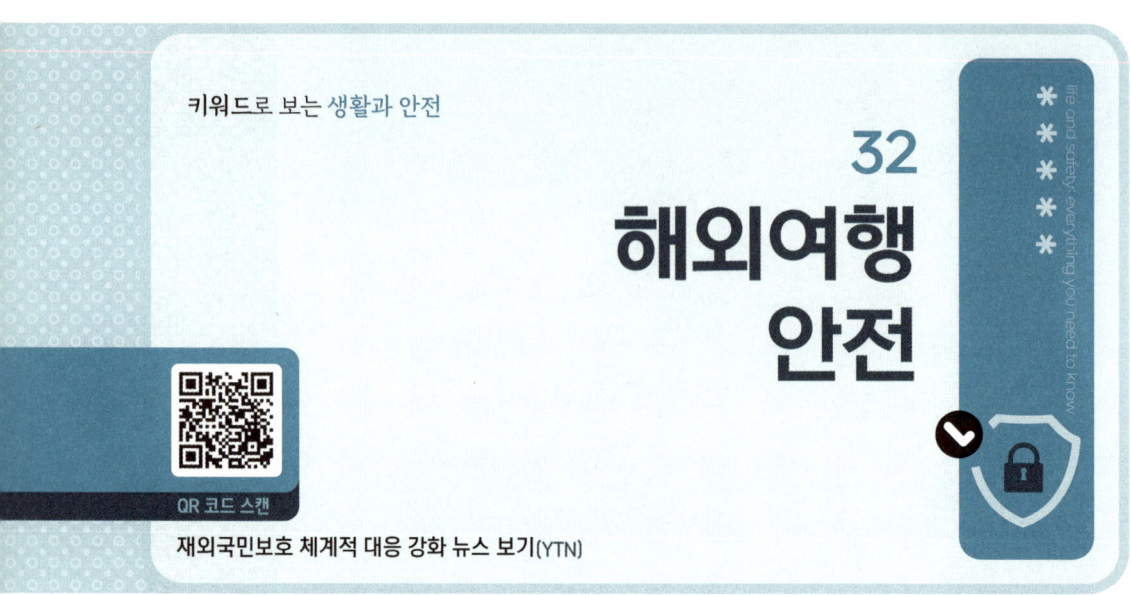

32
해외여행
안전

QR 코드 스캔
재외국민보호 체계적 대응 강화 뉴스 보기(YTN)

*
해외여행 중에 사고가 생기면 어떻게 하여야 할지 난감해요.

우선, 해외여행 중에 사건사고가 생길 경우, 24시간 이용할 수 있는 외교부 안전여행서비스 콜센터가 있다. 국내에서는 02-3210-0404, 해외에서는 +82-2-3210-0404으로 전화하면 위기 상황별 대처 방안 정보를 제공해 준다. 또 외교부 '해외안전여행 애플리케이션'을 다운받아 실행하면 여행경보제도, 위기 상황별 매뉴얼, 대사관 및 총영사관 연락처에 대한 정보를 수시로 제공받을 수 있다. 특히, 해외 체류 중 긴급 상황 시 의사소통이 어려운 경우 7개 국어(영어, 중국어, 일본어, 베트남어, 프랑스어, 러시아어, 스페인어) 통역 서비스를 24시간 365일 지원하고 있다. 경찰서, 출입국 심사, 병원 등 위험 상황 시 3자 통역 방식으로 서비스를 제공하고 있다. 외교부에서 제공하는 해외안전정보에 위기 상황별(인질/납치, 교통사고, 자연재해, 대규모 시위/전쟁, 테러/폭발 등) 대처 매뉴얼에 대한 상세한 정보를 확인할 수 있다.[1]

우리나라의 경우 재외국민 보호를 위한 「재외국민 보호를 위한 영사조력법」(약칭: 영사조력법)이 2021년 4월 20일자로 시행됨에 따라서, 외국에 거주, 체류 또는 방문하는 대한민국 국민의 생명·신체 및 재산을 보호하기 위한 국가의 영사 조력(領事助力)과 관련한 제반 사항을 규정함으로써 국민의 안전한 국외 거주·체류 및 방문(여행)을 도모하고 있다. '영사 조

---

1) 외교부 해외안전여행(https://www.0404.go.kr/country/manual.jsp).

력'이란 사건·사고로부터 재외국민의 생명·신체 및 재산을 보호하기 위하여 국가가 이 법에 따라 재외국민에게 제공하는 조력을 말하고, '사건·사고'란 재외국민이 거주, 체류 또는 방문하는 국가에서 재외국민의 생명·신체에 대한 위해(危害) 또는 재산상의 중대한 손해가 발생하였거나 발생할 우려가 현저한 상황을 말한다. 한편, 영사 조력의 기본 원칙은 '영사 관계에 관한 비엔나 협약' 등 관련 조약, 일반적으로 승인된 국제법규 및 주재국 법령을 준수하여 제공되어야 하고, 영사 조력의 구체적인 범위와 수준을 정할 때에는 주재국의 제도 및 문화 등 특수한 상황을 고려하여야 한다. 영자 조력은 형사절차상의 영사 조력, 재외국민 범죄피해 시의 영사 조력, 재외국민 사망 시의 영사 조력, 미성년자·환자인 재외국민에 대한 영사 조력, 재외국민 실종 시의 영사 조력 등 다양한 범위에서 영사 조력을 받을 수 있다(「재외국민 보호를 위한 영사조력법」 제1조, 제2조, 제10조, 제11조, 제12조, 제13조, 제14조, 제15조).

＊ 해외여행에서 어떤 나라가 안전한 나라인지 어떻게 알 수 있나요?

외교부는 해외안전여행 사이트에서 국가별 위험 수준을 해당 국가(지역) 내 범죄, 정정(政情), 불안, 보건, 테러, 재난 및 기타 상황을 종합적으로 고려하여 1단계(남색경보, 여행 유의), 2단계(황색경보, 여행 자체), 3단계(적색경보, 출국 권고), 4단계(흑색경보, 여행 금지)로 나눠 위험경보를 발령하며, 단기적으로 긴급한 위험이 있는 국가(지역)에 특별여행주의보)를 실시간으로 발령하고 있다. 단계별 여행경보 발령에 따른 행동 요령도 제공하고 있다. 코로나19 대유행 시기에는 세계 모든 국가에 여행경보 2단계 이상 3단계 이하에 준하는 특별여행주의보가 발령되어 그 위험성을 여행자에게 알렸다. 여행경보 1~3단계 행동 요령 위반 경우에는 별도의 처벌 규정이 없지만, 여행경보 4단계 발령지역을 허가 없이 방문하는 경우 처벌을 받을 수 있으므로 여행 전에는 이러한 외교부 해외안전여행 사이트에서 여행경보를 미리 확인하는 것이 필요하다.[2]

---

2) 외교부 해외안전여행(https://www.0404.go.kr/dev/main.mofa).

✱ 해외여행 중에 발생할 수 있는 사고는 어떤 게 있나요?

해외여행 중에도 분실 및 도난, 부당한 체포와 구금, 인질과 납치, 교통사고, 자연재해, 대규모 시위 및 전쟁, 테러와 폭발, 여행 중 사망, 보이시피싱 등 다양한 사건사고가 발생할 수 있다.

① 분실 및 도난을 살펴보면, 전형적인 소매치기 수법은 옷에 이물질 묻히기, 동전 떨어뜨리기, 길 묻기 등의 수법이 있으므로 낯선 사람이 가까이 접근하는 경우 경계하여야 한다. 우선, 여권 분실 발견 즉시, 가까운 현지 경찰서를 찾아가 여권 분실 증명서를 발급받아야 한다. 신분증(주민등록증, 여권 사본 등), 경찰서 발행 여권분실증명서 원본, 여권용 컬러사진 2매, 수수료 등을 지참하여, 재외공관을 방문하여 여권발급신청서(재외공관용), 여권 분실신고서 등을 작성한 후 여권담당자에게 제출하여야 한다. 다음, 여행경비를 분실·도난당한 경우, 신속해외송금지원제도를 이용하면 된다(재외공관·영사콜센터 문의). 마지막, 항공권을 분실한 경우, 해당 항공사의 현지 사무실에 신고하고, 항공권 번호를 알려주면 된다.

② 부당한 체포와 구금을 살펴보면, 부당한 체포 및 구금 시, 당황하지 말고 침착하게 현지 사법당국의 절차에 따라야 하고, 우리 공관에 구금 사실을 알리도록 현지 사법당국에 요청하여야 한다. 특히, 해외에서 사건·사고가 발생할 경우, 그 나라의 법과 절차에 따라 수사와 사건 처리가 진행된다. 재외공관은 자국민이라는 이유로 현지 사법당국에 특별한 대우를 요구하거나, 직접 해당 사건을 담당할 법적 권한이 없음을 기억하여야 한다. 다만, 영사조력법에 따라 일정의 조력을 받을 수는 있다.

③ 납치가 되어 인질이 된 경우, 자제력을 잃지 말고 납치법과 대화를 지속하여 우호적인 관계를 형성하도록 하여야 한다. 눈이 가려지면 주변의 소리, 냄새, 범인의 억양, 이동 시 도로 상태 등 특징을 기억하도록 노력하여야 하고, 납치범을 자극하는 언행은 삼가고, 몸값 요구를 위한 서한이나 음성 녹음을 원할 경우 응하도록 하여야 한다. 해외여행 중에 납치를 예방하기 위해서는 혼자 외출하는 것을 삼가야 하고, 여행 전 치안 사각지대를 미리 확인하고 항상 휴대폰을 켜두어야 한다. 또한, 히치하이킹은 자제하여야 한다.

④ 테러와 폭발을 살펴보면, 광장 등 다수의 사람들이 운집해 있는 장소는 테러 공격 대상이 되기 쉽다는 것을 알고 있어야 한다. 또한, 주변 안전시설 위치를 미리 파악하고, 화단이

나 차벽 등 테러 공격을 피할 수 있는 시설 주변으로 이동하여야 하고, 생화학 테러 발생 시에는 코와 입을 손수건 등으로 가린 후 신속히 현장에서 벗어나야 한다. 또한, 폭탄 테러 발생 시에는 바닥에 엎드려 팔과 손으로 머리와 얼굴을 보호하여야 한다.[3]

✱ 여행하는 나라의 제도와 문화도 미리 알고 가는 게 중요해요.

"로마에서는 로마법을 따른다"는 말처럼, 해외 여행에서는 그 나라만의 제도와 문화를 미리 알고 가야 한다.

태국의 경우 국왕을 존경하는 나라로서, 큰 도로와 교차로나 식당, 심지어 호텔 로비에 국왕의 사진이 걸려 있는 것을 목격할 수 있는데, 국왕을 손가락으로 가리키거나 모욕하는 표현은 금지이다. 자칫 잘못하면 태국 경찰에 제재를 받을 수 있다는 것을 미리 알고 여행에 임하여야 한다.

세계적으로 유명한 관광명소인 에펠탑의 경우, 예술품으로 인정되어 저작권 보호를 받는다. 제작 관련 저작권 시효는 지났지만 야간 조명에 대한 소유권은 민간 회사가 가지고 있어 에펠탑 야경 사진을 상업적으로 SNS에 게재 시 법적인 책임을 질 수 있다고 한다. 독일의 경우 경찰관에게 '너'라고 호칭하거나 반말 등 무례한 언행을 하면 벌금을 내야 한다. 이란에서는 2010년 '적절한 남자 헤어 스타일'을 공표하고 이를 따르도록 하고 있는데, 남자들이 머리를 하나로 묶는 '포니테일' 등 여러 가지 머리 모양을 금지하는 조항도 포함하고 있으니 세심한 주의가 필요하다. 언행의 심각성에 따라 벌금이 다르다고 한다. 이 밖에도 나라마다 전자담배를 소지하고 입국하는 것 자체를 불법으로 간주하는 나라들도 태국, 싱가포르을 비롯하여 상당수 있으니 유의하여야 한다.

✱ 국가별 긴급전화 번호는 몇 번인가요?

우리나라 국민들의 해외여행 빈도가 많은 유럽, 아시아 국가들과 미국의 긴급전화 번호는 다음과 같다.

---

[3] 외교부 해외안전여행 위기상황별 대처매뉴얼(https://www.0404.go.kr/country/manual.jsp).

〈국가별 긴급전화 번호〉

지역	국가	소방	경찰	응급	긴급	기타
아시아	대한민국	119	112	119	+82-44-320-0119 (해외응급의료상담)	110(정부 민원 상담)/120(광역 지자체 민원 상담)
	북한	119	110	119		여행 금지 국가
	네팔	101	100	977-1-4228094		
	대만	119	110	119		
	동티모르	115	112	110	(670) 7723-5068	
	라오스	1190	1191		(856) 20-5839-0080	
	레바논	175	112	140	(961) 81-007-491	
	마카오(중국)	999	999	999	(852) 9731-0092	
	말레이시아	999	999	999	(60) 17-623-8343	
	몰디브	118	191 (해양)	119/102 (구급차)	(94) 77-332-5676	
	몽골	101/105 (재난재해)	102	103 (구급차)	(976) 9911-4119	
	미얀마	191	199		(95) 9-4211-58030	
	바레인	999	999	999	(973) 6674-4737	199(교통)
	방글라데시	199	999		(880) 17-5563-9618	
	베트남	114	113	115	(84) 90-402-6126	
	부탄	110	113	112 (구급차)	(880) 17-5563-9618	
	브루나이	995	993	991	673-729-1336	
	사우디아라비아	998	993/999 (교통)	997	(966) 50-080-1065	
	스리랑카	110	119	110	(94) 77-332-5676	
	시리아	113	112/115 (교통)	110	(961) 81-007-491	여행 금지 국가

아시아	싱가포르	995 (소방차)	999	995	(65) 9654-3528	
	아랍에미리트	997	999	998 (아부다비) /999 (두바이)	(971) 50-133-7362	
	아프가니스탄	105	119	102	(93) 70-735-6492(24시 운영)	여행 금지 국가
	예멘	179	199/194 (교통)	195	(966) 53-717-8300, (966) 55-376-9538	여행 금지 국가
	오만	9999	9999		(968) 9944-2892	
	요르단	911 (교통 겸용)	911 (교통 겸용)	911 (교통 겸용)	(962) 79-750-0358	
	우즈베키스탄	101	102	103	1050 (구조 요청)	
	이라크	115	104	122	964-770-725-2006	여행 금지 국가
	이란	125	110	115	(98) 912-159-1158	
	이스라엘	102	100	101	(972) 50-528-8345	
	인도	101	100	102 (구급차)	(91)99-5359-6008	
	인도네시아	113	110	118/119 (둘 다 구급차)	(62) 811-852-446	
	일본	119	110/118(해양)		(81) 70-2153-5454	
	중국	119/999	110/122(교통)/999		120 (구조요청)	
	카자흐스탄	101	102	103 (구급차)	(7) 705-757-9922	
	카타르	999	999	999	(974) 5001-1695	
	캄보디아	012-786-693/118	117/118	119	(855) 92-555-235	
	쿠웨이트	112			(965) 9919-3048	

아시아	키르기스스탄	101	102	103	(996) 550-031-122
	타지키스탄	01 (일반전화)	02 (일반전화)	113	(992) 93-532-0803
	태국	199	1155(관광(영어, 무료))/1669(교통)	191	
	투르크메니스탄	01	02	03	(993) 6585-7173
	파키스탄	16	15	115	(92) 301-854-6944
	필리핀	116/757	166 (세부, 보라카이 바기오 등)/117	911/112	(63) 917-817-5703
	홍콩	999	999	999	(852) 9731-0092
유럽	독일	112	110	310031	
	스위스	118	117	144	
	스페인		092	092	112
	영국	999	999	999	999	필요한 부서로 연결
	오스트리아	122	133	144	
	이탈리아	115	113	118	
	체코	150	158	155	
	프랑스	18	17	15	
	미국	911	911	911	

요약(Wrap-up)

외교부 안전여행서비스 콜센터 +82-2-3210-0404

해외여행 전에는 '해외안전여행' 애플리케이션부터 설치하고 출발한다.

긴급전화 번호는 나라마다 다르다.

| 생각해 보기 | 해외안전여행 애플리케이션을 알고 싶어요.

[QR 코드 스캔]
해외안전여행 국민외교 애플리케이션

| 참고 문헌 |

재외국민 보호를 위한 영사조력법(약칭: 영사조력법)[시행 2021. 4. 20.][법률 제18081호].
YTN. 재외국민보호 체계적 대응 강화. 2021년 12월 7일자.
외교부 해외안전여행(https://www.0404.go.kr/dev/main.mofa).
외교부 해외안전여행 위기 상황별 대처 매뉴얼(https://www.0404.go.kr/country/manual.jsp).

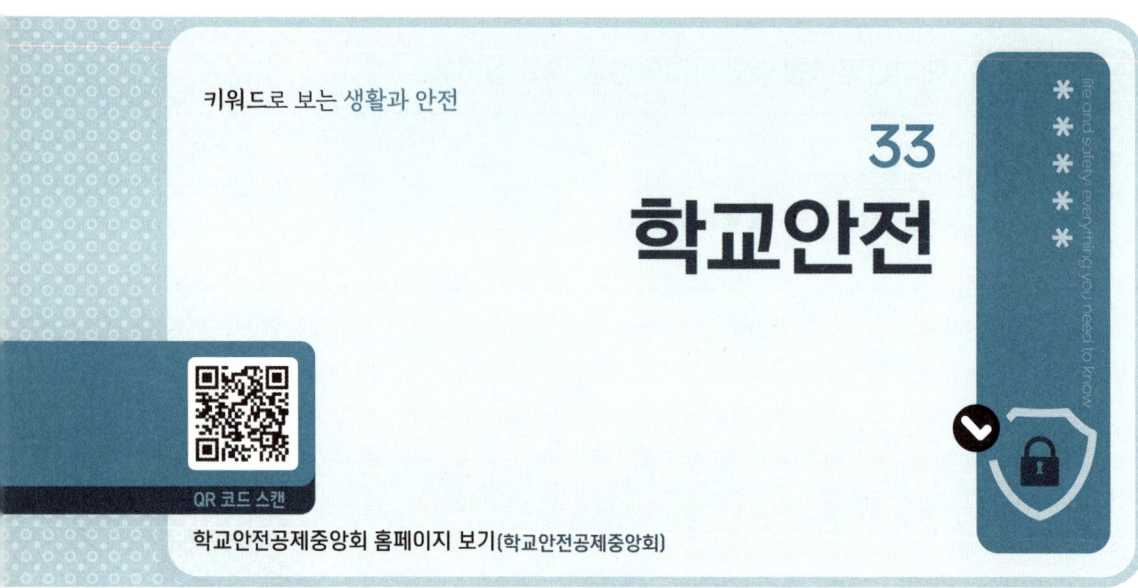

키워드로 보는 생활과 안전

33 학교안전

학교안전공제중앙회 홈페이지 보기(학교안전공제중앙회)

✱ 무엇을 학교안전이라고 하나요?

학교안전이란 '안전교육'과 '안전관리'로 나뉘며, 안전교육에서 '안전에 관한 학습'과 '안전에 대한 지도'가 있다. 안전관리는 '대인관리'와 '시설관리'로 구분할 수 있다.

학교 안전사고는 교육활동 중에 학생, 교직원 또는 교육활동 참여자의 생명 또는 신체에 피해를 주는 사고 및 학교 급식 등 학교장의 관리·감독에 속하는 업무가 직접 원인이 되어 발생하는 사고와 등·하교시간, 휴식 시간 및 교육활동 전·후의 학교 체류시간, 기숙사 생활시간, 학교 내외 장소의 교육활동 시간 등을 포함한다.

1) 안전교육

① 안전학습 : 모든 교과서를 통한 지식이나 기능 습득은 물론 체육·보건·교련의 영역에 중심을 두고, 실험·실습, 특별활동 등의 학습지도와 학교 행사를 중심으로 행하여지는 것

② 안전지도 : 안전에 대한 바람직한 행동 변화에 필요한 지식이나 기능을 습득시키기 위하여 안전학습과 안전에 관한 원리 원칙을 구체적인 행동 장면에 적용시켜 항상 안전한 행동을 실천하는 태도와 능력을 기르는 것

2) 안전관리
① 대인관리 : 안전 인식 진단, 일상 행동 관찰 등으로 사고 요인이 되는 학생의 심신의 특징을 파악하거나 안전 행동의 실태 파악, 위험한 행동의 규제 및 긴급 시의 구급 체제를 확립하는 것
② 시설관리 : 주로 환경관리로 학교 내·외의 시설 설비의 안전 점검과 안전 조치 및 정서적 환경 등

* 학교안전을 위하여 어떠한 노력을 하고 있나요?

학교의 구성원들은 안전하게 교내에서 교육활동을 할 수 있도록 정부와 지방자치단체 및 학교는 학교 안전사고 예방을 위하여 지속적으로 노력할 의무를 가지고 있다. 세부적으로 ① 학교 구성원들에게 안전에 대한 태도와 행동을 습관화하기 위한 안전교육, ② 안전한 학교생활 여건 조성을 위한 학교 안전관리, ③ 학교 안전사고 발생 시 신속, 정확하게 처리(피해 최소화, 사후관리) 등의 노력을 하고 있다.

더불어 유·초·중·고 발달 단계별 '학교 안전교육 7대 영역 표준안'을 마련하여 학교 안전교육의 통일된 체계를 갖추고 안전 사각지대를 해소하고자 한다. 안전교육 전문가와 현장 교사를 위촉하여 유아에서 고교까지 발달 단계에 따른 체계적 안전교육이 가능하도록 개발되었으며, 7대 영역, 25개 중분류, 52개 소분류로 교육은 학년당 총 51시간 이상 시행하도록 규정하고 있다.

* 학교 안전교육 7대 영역 표준안은 어떻게 구성되어 있나요?

1) 학교 안전교육 7대 영역
① 일상생활에서 발생할 수 있는 안전사고 예방을 위한 생활안전교육
② 교통수단 등으로 발생할 수 있는 안전사고 예방을 위한 교통안전교육
③ 폭력 및 신변 보호를 위한 안전교육
④ 약물·사이버 중독 예방을 위한 안전교육
⑤ 화재·재난 등의 예방 및 대비를 위한 재난안전교육

⑥ 일터에서 발생할 수 있는 안전사고 예방을 위한 직업안전교육

⑦ 응급처치에 관한 교육

* 그 밖에 안전사고 예방을 위하여 필요한 교육

2) 7대 영역 25개 중분류

생활안전	교통안전	폭력 및 신변안전	약물/사이버 중독
• 시설 및 제품 이용 안전 • 신체활동 안전 • 유괴 및 미아사고 방지	• 보행자 안전 • 자전거 안전 • 오토바이 안전 • 자동차 안전 • 대중교통 안전	• 학교폭력 • 성폭력 • 아동 학대 • 자살 • 가정폭력	• 약물 중독 • 사이버 중독
재난안전	직업안전	응급처치	
• 화재 • 사회재난 • 자연재난	• 직업안전의식 • 산업재해의 이해와 예방 • 직업병 • 직업안전의 예방과 관리	• 응급처치의 이해와 중요성 • 심폐소생술 • 상황별 응급처치	

＊ 학교 안전사고란 무엇인가요?

1) 학교 안전사고

교육활동 중 발생한 사고로서 학생, 교직원, 교육활동 참여자의 생명이나 신체에 피해를 주는 사고 및 학교 급식 등 학교장의 관리·감독에 속하는 업무가 직접 원인이 되어 발생하는 질병을 말한다(「학교안전법」 제2조 제6호).

2) 학교 안전사고로 인한 질병과 보상

① 학교 급식이나 가스 등에 의한 중독, 일사병, 이물질의 섭취·접촉에 의한 질병, 외부 충격 및 부상이 직접적인 원인이 되어 발생한 질병을 보상한다.

② 교육과정 또는 학교장의 계획, 관리·감독에 따라 행하여지는 수업·특별활동 등의 활동과 통상적인 등·하굣길에 일어나는 사고에 대하여 보상한다(「학교안전법」 제2조 제4호).

3) 학교 안전사고 형태

2020년 학교 안전사고 분석통계 기준 학교 안전사고 형태는 ① 사람과 충돌, ② 물리적 힘 노출, ③ 낙상 미끄러짐·넘어짐·떨어짐, ④ 기타(가스 등에 의한 중독, 일사병, 이물질 섭취·접촉에 의한 질병/피부염, 질식, 화상, 자연재해, 교통사고, 정신적 장해 … 등등)으로 사고 유형을 보인다.

✱ 학교에서 안전사고가 발생하면 어떤 보상을 받을 수 있을까요?

1) 학교 안전사고 보상제도

학교안전사고로 ① 치료를 받았거나 장해가 남은 경우, ② 간병인이 필요한 경우, ③ 사망한 경우 등에 보상이 가능하다.

〈학교 안전사고 보상제도〉

구분	내용	비고
요양급여	학교 안전사고로 인하여 부상 또는 질병의 치료비가 발생한 경우 지급	「학교안전법」 제36조
장해급여	학교 안전사고로 인한 치료(요양)를 종료한 후에도 장해가 남은 경우 지급	「학교안전법」 제37조
간병급여	학교 안전사고로 인한 치료(요양)를 받은 경우에도 의학적으로 상시·수시 간병이 필요한 경우 지급	「학교안전법」 제38조
유족급여	학교 안전사고로 인하여 사망한 경우 지급	「학교안전법」 제39조
장례비		「학교안전법」 제40조
위로금	교육활동 중 원인을 알 수 없는 이유로 사망한 경우 지급	「학교안전법」 제40조2
보전비용	교직원과 교직원의 업무를 보조하는 자가 학교 안전사고와 관련하여 비용을 지출한 경우 지급	「학교안전법」 제48조

2) 학교 안전사고 피해자 상담 및 심리치료 지원제도

학교안전사고로 피해를 입은 학생, 교직원, 교육활동 참여자, 그 가족의 심리적 안정과 사회 적응을 돕기 위해 상담과 심리치료를 지원하는 제도이다.

3) 학교폭력 피해 지원 제도

학교폭력으로 인한 피해는 가해학생의 보호자가 부담하는 것이 원칙이나, 피해 학생의 신속한 치료 등의 사유로 필요한 경우 학교안전공제중앙회에서 치료비를 선지원하고 추후 가해 학생(보호자)에게 구상하는 제도이다.

요약(Wrap-up)

학교안전이란 '안전교육'과 '안전관리'로 크게 구분되어 시행되고 있다.

학교안전을 위하여 안전교육 7대 영역 표준안이 구성되어 의무교육(51시간 이상)을 시행하고 있다.

학교안전사고가 발생할 경우, 피해자가 스스로 해결하지 않고 지원·보상을 받을 수 있는 제도가 마련되어 있다.

---

*

생각해 보기 학교 안전교육 7대 영역 표준안에 따른 안전교육을 실제로 받아 보자!

 **[QR 코드 스캔]**
학교안전정보센터 홈페이지 보기(학교안전정보센터)

| 참고 문헌 |

교육부(2020). 2020년 학교안전사고 분석통계.
학교안전공제중앙회. 학교안전공제제도 안내.
성신여대 학교안전연구소 홈페이지. 자료실(https://www.sungshin.ac.kr/safety/17060/subview.do).
전라북도교육청 홈페이지. 학교안전이란(https://www.jbe.go.kr/index.jbe?menuCd=DOM_000000104006000000).
학교안전공제중앙회 홈페이지(https://www.ssif.or.kr/safety/law).
학교안전정보센터 홈페이지(https://www.schoolsafe.kr/).

34 학교폭력

키워드로 보는 생활과 안전

QR 코드 스캔

사례를 통하여 알아보는 '학교폭력'의 유형 영상 보기(경기남부경찰)

무엇을 학교폭력이라고 하나요?

'학교폭력'이란 학교 내외에서 학생을 대상으로 발생한 상해, 폭행, 감금, 협박, 약취·유인, 명예훼손·모욕, 공갈, 강요·강제적인 심부름 및 성폭력, 따돌림, 사이버 따돌림, 정보통신망을 이용한 음란·폭력 정보 등에 의하여 신체·정신 또는 재산상의 피해를 수반하는 행위를 말한다(「학교폭력예방 및 대책에 관한 법률」 제2조 제1호).

'따돌림'이란 학교 내외에서 2명 이상의 학생들이 특정인이나 특정 집단의 학생들을 대상으로 지속적이거나 반복적으로 신체적 또는 심리적 공격을 가하여 상대방이 고통을 느끼도록 하는 모든 행위를 말한다(「학교폭력예방 및 대책에 관한 법률」 제2조 제1호의2).

'사이버 따돌림'이란 인터넷, 휴대전화 등 정보통신기기를 이용하여 학생들이 특정 학생들을 대상으로 지속적·반복적으로 심리적 공격을 가하거나, 특정 학생과 관련된 개인정보 또는 허위 사실을 유포하여 상대방이 고통을 느끼도록 하는 모든 행위를 말한다(「학교폭력예방 및 대책에 관한 법률」 제2조 제1호의3).

학교 폭력의 주된 유형은 무엇일까요?

〈학교폭력의 유형〉

유형	예시 상황
신체폭력	• 신체를 손, 발로 때리는 등 고통을 가하는 행위(상해, 폭행) • 일정한 장소에서 쉽게 나오지 못하도록 하는 행위(감금) • 강제(폭행, 협박)로 일정한 장소로 데리고 가는 행위(약취) • 상대방을 속이거나 유혹해서 일정한 장소로 데리고 가는 행위(유인) • 장난을 빙자한 꼬집기, 때리기, 힘껏 밀치기 등 상대 학생이 폭력으로 인식하는 행위
언어폭력	• 여러 사람 앞에서 상대방의 명예를 훼손하는 구체적인 말(성격, 능력, 배경 등)을 하거나 그런 내용의 글을 인터넷, SNS 등으로 퍼뜨리는 행위(명예훼손) ※ 내용이 진실이라고 하더라도 범죄이고 허위인 경우에는 형법상 가중 처벌 대상이 됨. • 여러 사람 앞에서 모욕적인 용어(생김새에 대한 놀림, 병신, 바보 등 상대방을 비하하는 내용)를 지속적으로 말하거나 그런 내용의 글을 인터넷, SNS 등으로 퍼뜨리는 행위(모욕) • 신체 등에 해를 끼칠 듯한 언행("죽을래" 등)과 문자 메시지 등으로 겁을 주는 행위(협박)
금품갈취 (공갈)	• 돌려줄 생각이 없으면서 돈을 요구하는 행위 • 옷, 문구류 등을 빌린다며 되돌려주지 않는 행위 • 일부러 물품을 망가뜨리는 행위 • 돈을 걷어오라고 하는 행위
강요	• 속칭 빵 셔틀, 와이파이 셔틀, 과제 대행, 게임 대행, 심부름 강요 등 의사에 반하는 행동을 강요하는 행위(강제적 심부름) • 폭행 또는 협박으로 상대방의 권리 행사를 방해하거나 하여야 할 의무가 없는 일을 하게 하는 행위(강요)
따돌림	• 집단적으로 상대방을 의도적이고 반복적으로 피하는 행위 • 싫어하는 말로 바보 취급 등 놀리기, 빈정거림, 면박주기, 겁주는 행동, 골탕 먹이기, 비웃기 • 다른 학생들과 어울리지 못하도록 막는 행위
성폭력	• 폭행·협박을 하여 성행위를 강제하거나 유사 성행위, 성기에 이물질을 삽입하는 등의 행위 • 상대방에게 폭행과 협박을 하면서 성적 모멸감을 느끼도록 신체적 접촉을 하는 행위 • 성적인 말과 행동을 함으로써 상대방이 성적 굴욕감, 수치감을 느끼도록 하는 행위
사이버 폭력	• 속칭 사이버모욕, 사이버명예훼손, 사이버성희롱, 사이버스토킹, 사이버음란물 유통, 대화명 테러, 인증놀이, 게임부주 강요 등 정보통신기기를 이용하여 괴롭히는 행위 • 특정인에 대하여 모욕적 언사나 욕설 등을 인터넷 게시판, 채팅, 카페 등에 올리는 행위, 특정인에 대한 저격글이 그 한 형태임.

- 특정인에 대한 허위 글이나 개인의 사생활에 관한 사실을 인터넷, SNS 등을 통하여 불특정 다수에 공개하는 행위
- 성적 수치심을 주거나 위협하는 내용, 조롱하는 글, 그림, 동영상 등을 정보통신망을 통하여 유포하는 행위
- 공포심이나 불안감을 유발하는 문자, 음향, 영상 등을 휴대폰 등 정보통신망을 통하여 반복적으로 보내는 행위

자료: 교육부, 2021년도 학교폭력 사안처리 가이드북(2020: 8-9); 부산광역시교육청(https://home.pen.go.kr/).

✻ 학교폭력, 어떻게 알 수 있나요?

학교폭력 피해 학생들은 대부분 그 피해 사실을 부모나 교사에게 알리지 않고 친구에게만 의논하거나 혼자서 고민하는 경우가 많다. 가해 학생의 경우는 더더욱 부모에게 알려지면 야단맞을 것이라는 생각 때문에, 자신의 가해 사실을 숨기는 것이 자연스러운 현상이다. 따라서 자녀에 대한 부모의 세심한 관찰과 주의가 매우 중요하다. 조그마한 징후라도 발견하게 된다면, 자녀와의 대화를 통하여 반드시 사실 여부를 확인한다. 그것이 자녀의 안전을 지켜내는 첫걸음이 된다. 학교폭력의 피해 및 가해 여부를 살펴볼 수 있는 구체적인 징후들은 다음과 같다.[1]

피해 학생의 징후	가해 학생의 징후
• 지우개나 휴지, 쪽지가 특정 아이를 향한다. • 특정 아이를 빼고 이를 둘러싼 아이들이 이유를 알 수 없는 웃음을 짓는다. • 자주 등을 만지고 가려운 듯 몸을 자주 비튼다. • 평상시와 달리 수업에 집중하지 못하고 불안해 보인다. • 교과서가 없거나 필기도구가 없다. • 종종 무슨 생각에 골몰해 있는지 정신이 팔려 있는 듯이 보인다. • 친구들과 어울리기보다 교무실이나 교과전담실로 와 선생님과 어울리려 한다.	• 친구들이 자신에 대해 말하는 걸 두려워한다. • 교사가 질문할 때 다른 학생의 이름을 대면서 그 학생이 대답하게 한다. • 교사의 권위에 도전하는 행동을 종종 나타낸다. • 자신의 문제 행동에 대하여 이유와 핑계가 많다. • 친구에게 받았다고 하면서 비싼 물건을 가지고 다닌다. • 자기 자신에 대하여 과도하게 자존심이 강하다. • 작은 칼 등 흉기를 소지하고 다닌다. • 등하교 시 책가방을 들어주는 친구나 후배가 있다.

---

[1] 삼성서울병원(http://www.samsunghospital.com/).

- 자기 교실에 있기보다 이 반, 저 반, 다른 반을 떠돈다.
- 친구들과 자주 스파링 연습, 격투기 등을 한다.
- 교실보다는 교실 밖에서 시간을 보내려 한다.
- 손이나 팔 등에 종종 붕대를 감고 다닌다.

자료: (재)푸른나무재단 청예단(https://btf.or.kr/).

✱ 학교폭력의 징후를 발견하였다면?

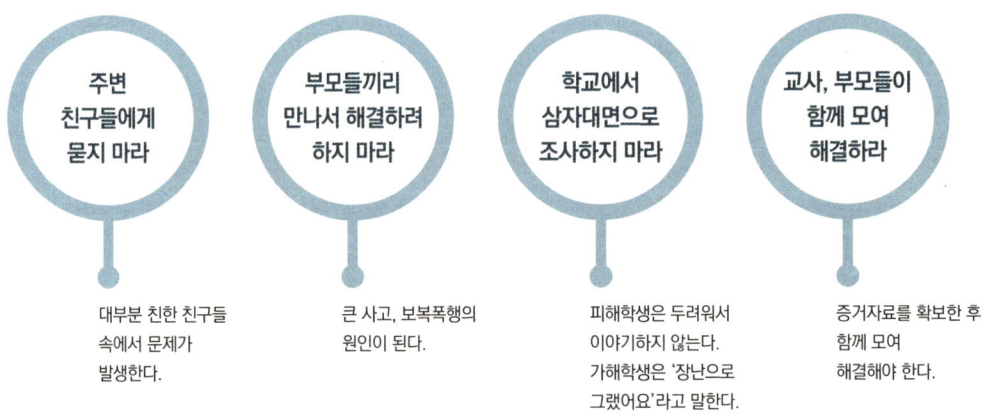

자료: 국가평생교육진흥원·전국학부모지원센터, 학교폭력 예방과 지혜로운 대처방법(2016: 16).

✱ 학교폭력의 도움이 필요하다면?

신고방법

- 학교폭력신고센터 117
  국번 없이 117을 누른다. 신고센터는 24시간 운영하며, 긴급 상황 시에는 경찰 출동, 긴급구조를 실시한다.
- 휴대전화 문자 신고 '#0117'
  받는 사람을 #0117로 하여 문자를 보낸다.
- 학교전담경찰관
  해당 학교의 담당 학교전담경찰관에게 문자 또는 전화로 신고한다.
- 인터넷 사이트 '안전 Dream(www.safe182.go.kr)' 접속
  www.safe182.go.kr 접속(또는 '안전드림' 검색) → '신고·상담' 탭 클릭

도움기관

- Wee 프로젝트
  We(우리들), education(교육), emotion(감성)의 첫 글자를 모은 것으로 청소년들의 고민을 상담해주는 곳
- Wee클래스(학교단위) - Wee센터(교육지원청 단위) - Wee스쿨(시·도교육청 단위)
- 지역사회 청소년통합지원체계(CYS-Net)
  위기청소년에게 적합한 맞춤형 서비스를 제공하는 ONE-STOP 지원센터
- 청소년전화 1388
  청소년의 위기, 학교폭력 등의 상담, 신고 전화
- (재)푸른나무 청예단
  학교폭력 관련 심리상담 및 심리치료를 실시하고, 학교폭력SOS지원단에서는 분쟁조정지원, 자치위원회 자문 및 컨설팅 지원
- 청소년 꿈키움센터
  법무부에서 설치한 청소년비행예방센터
- 대한법률구조공단(132)
  법률상담, 변호사 또는 공익법무관에 의한 소송대리 및 형사변호 등의 법률적 지원

자료: 교육부(https://happyedu.moe.go.kr/).

요약(Wrap-up)

학교폭력은 나만의 문제로 발생하였다는 인식은 잘못되었다는 것을 알아야 한다.

학교폭력이 발생하면 다른 사람의 도움을 요청한다.

학교폭력의 심각성이 인지되면 학교나 117 신고상담센터에 즉시 신고한다.

학교폭력 감지·인지를 위한 학교 구성원의 역할이 중요하다.

* 생각해 보기 핀란드 학교폭력 예방 교육

[QR 코드 스캔]
'왕따' 직접 겪어본다...핀란드 학교 폭력 예방 교육 영상 보기(YTN korean)

학교폭력, 방어자를 키우는 캐나다 교육의 힘

[QR 코드 스캔]
학교폭력, 방어자를 키우는 캐나다 교육의 힘 영상 보기(KBS창원)

내 마음이 들리니? 샌드아트로 보는 우리의 마음

[QR 코드 스캔]
내 마음이 들리니? 샌드아트로 보는 우리의 마음 영상 보기(교육부 TV)

| 참고 문헌 |

교육부(2020). 2021년도 학교폭력 사안처리 가이브북.
국가평생교육진흥원·전국학부모지원센터(2016). 학교폭력 예방과 지혜로운 대처 방법.
경기남부경찰. 사례를 통해 알아보는 '학교폭력'의 유형! 학교폭력 예방 교육자료 (https://youtu.be/ovn4YmZYltU).
교육부(https://happyedu.moe.go.kr/).
교육부 TV. 내 마음이 들리니? 샌드아트로 보는 우리의 마음(https://youtube.com/watch?v=CvtL6D5nEak&feature=share).
부산광역시교육청(https://home.pen.go.kr/).
푸른나무재단(https://btf.or.kr/).
KBS창원. 학교폭력, 방어자를 키우는 캐나다 교육의 힘(https://youtu.be/yWbHV5AVegw).
YTN korean. '왕따' 직접 겪어본다…핀란드 학교 폭력 예방 교육(https://youtu.be/eS1a_f58Es4).

키워드로 보는 생활과 안전

35 아동 학대

QR 코드 스캔

가정폭력 및 아동 학대 예방의 첫걸음! 우리 모두의 관심 영상 보기(교육부 TV)

* 아동 학대는 무엇인가요?

'아동'이란 18세 미만의 사람을 말한다(「아동복지법」 제3조 제1호).
"아동 학대란 보호자를 포함한 성인이 아동의 건강 또는 복지를 해치거나 정상적 발달을 저해할 수 있는 신체적·정신적·성적 폭력이나 가혹행위를 하는 것과 아동의 보호자가 아동을 유기하거나 방임하는 것을 말한다."라고 규정하여 적극적인 가해행위뿐만 아니라 소극적 의미의 단순 체벌 및 훈육까지 아동 학대의 정의에 명확히 포함하고 있다.
이는 "아동의 복지나 아동의 잠정적 발달을 위협하는 좀 더 넓은 범위의 행동"으로 확대하여, 신체적 학대뿐만 아니라 정서적 학대나 방임, 아동의 발달을 저해하는 행위나 환경, 더 나아가 아동의 권리 보호에 이르는 매우 포괄적인 경우를 규정하고 있다.

* '아동 학대'는 아동의 복지 등을 훼손하는 복지적 차원의 광의의 개념이다. 이러한 광의적 개념의 아동 학대는 사법기관의 처벌 결정 과정에서의 학대 개념과 상이할 수 있다.[1]

---

1) 아동권리보장원(https://www.ncrc.or.kr/ncrc/main.do).

＊ 아동 학대의 주된 형태는 무엇이 있나요?

〈아동 학대의 형태〉

신체학대	정서학대	성학대	방임
아동의 신체에 손상을 주거나 신체의 건강 및 발달을 해치는 행위	아동의 정신건강 및 발달에 해를 끼치는 행위	아동에게 음란한 행위를 시키거나 이를 매개하는 행위 또는 아동에게 성적 수치심을 주는 성희롱 등의 성적 학대행위	아동의 보호·양육·치료 및 교육을 소홀히 하는 행위

＊ 아동 학대가 발생하는 주된 원인은 무엇일까요?

아동 학대는 한 가지 요인에 의하여 발생하는 것이 아니라 복잡하고 다양한 요인이 함께 작용하여 발생한다.

〈아동 학대 발생 원인〉

아동 요인	미숙아, 기형아 고집스러운 성격 분리 불안을 보이는 아동 지나친 자신감 결여
부모 요인	아동에 대한 지나친 기대 잦은 가정 위기 어릴 때 학대받은 경험 알코올 및 약물 중독 불안정한 성격
사회적 요인	가족구조적 요인 (빈곤, 실직, 사회적 고립 등) 자녀에 대한 소유의식이 강한 사회 아동을 존중하지 않는 사회 체벌이 수용되는 사회

자료: 부산광역시 아동보호종합센터(https://www.busan.go.kr/adong/index);
서울특별시 아동복지센터(2012). 아동학대예방지침서.

＊ 아동 학대가 발생하는 특징은 무엇일까요?

01 신고접수·판단·법적조치

접수 ▶ 판단 ▶ 법적조치

- 접수 38,929건 *일반상담 등 제외
- 판단 30,905건
- 학대행위자 법적조치 11,209건

신고의무자 신고 비율
- 비신고의무자 71.8%
- 신고의무자 28.2%

02 피해아동 발견율

- 미국 8.9‰
- 한국 4.02‰

※ 피해아동발견율: 아동 인구 1,000명 대비 아동학대로 판단된 피해아동 수를 의미하며, 통계청(2020) 성 및 연령별 추계인구(11세비, 5세비/시도 자료를 기반으로 2020년 피해아동 발견율 산출하였음.

03 아동학대 유형

- 신체학대 3,807건
- 정서학대 8,732건
- 성학대 695건
- 방임 2,737건
- 중복학대 14,934건

04 아동학대 대상자 특성

피해아동 (단위: 명)
- 남 51.8%
- 여 48.2%
- 16세이상 12.5%
- 13~15세 23.9%
- 0~3세 10.1%
- 4~6세 11.9%
- 7~9세 18.7%
- 10~12세 22.9%

학대행위자 (단위: 명)
- 남 55.5%
- 여 44.5%
- 40대 46.8%
- 30대 24.2%
- 50대 15.5%
- 20대 이하 8.5%
- 60대 이상 4.5%
- 파악불가 0.4%

05 아동학대 상황

- 원가정 보호 83.9%
- 분리조치 12.7%
- 가정복귀 2.6%
- 기타 0.6%
- 사망 0.3%

06 학대행위자 상황

학대행위자 법적조치 건수
- 경찰수사 4,329건
- 검찰수사 2,628건
- 재판진행중 804건
- 판결 2,600건
- 파악불가 848건

07 서비스 제공 현황

- 상담, 가족기능강화, 학습 및 보호지원, 피해아동 수학 프로그램, 의료지원, 심리치료지원, 사건처리지원, 기타
- 아동 651,619회
- 학대행위자 335,818회
- 가족 165,586회
- 총 1,153,023회

08 아동학대 사망

피해아동 성별 및 연령
- 남 31명, 여 12명
- 1세 미만 20명
- 1~3세 9명
- 4~6세 4명
- 7~8세 5명

학대행위자 성별 및 연령
- 남 19명, 여 32명
- 20대 21명
- 30대 22명
- 40대 6명
- 50대 1명
- 60대 1명

사망 유형 - 아동에 대한 직접적 가해
- 치명적 신체학대 14사건 14명
- 자녀살해 후 자살 12사건 12명
- 신생아 살해 3사건 3명
- 정신질환 살해 1사건 1명

극단적 방임에 의한 사망
- 기본욕구 박탈에 의한 사망 4사건 4명
- 감독소홀에 의한 사망 3사건 3명
- 의료적방임에 의한 사망 6사건 6명

자료: 보건복지부(2021). 2020년 아동 학대 통계 현황 보도자료.

[아동 학대 발생 특징]

아동 학대에 대한 오해와 편견

1) '설마 부모가 자녀를 학대하려고?'라는 생각
매년 아동 학대 행위자의 82% 이상이 부모에 의하여 발생한다. 부모라는 이유로 누구나 사랑과 헌신으로 아동을 양육할 것이라는 편견을 가져서는 안 된다.

2) '학대하는 부모는 친부모가 아닐 것이다'라는 생각
아동 학대 행위자가 계부모 혹은 양부모라고 생각할 수 있으나 통계에 따르면 친부모에 의한 아동 학대가 77% 이상이다.

3) '사랑의 매'가 존재한다는 생각
"잘못하면 때려서라도 고쳐야 한다"는 잘못된 통념 속에서 신체적 폭력을 가하지만 아동의 잘못된 행동이 매맞음으로 고쳐지지 않으며 어떤 이유로도 아동을 대상으로 한 폭력은 정당화될 수 없다.

4) '한두 번 맞고 클 수도 있지'라는 생각
아동 학대의 85% 이상이 가정 내 발생이며 피해 아동의 56% 이상이 최소 일주일에 한 번 이상 혹은 그보다 자주 학대받았다고 보고된다. 따라서 아동 학대는 지속적이고 음행적으로 이루어지고 있다는 사실을 명심하여야 한다.

5) '아이가 맞을 만한 행동을 했다'라는 생각
동의 문제행동을 "나 같아도 때리겠다, 이런 애를 어떻게 키우냐"라는 편견보다 가족 내에서 아동에 대한 적절한 양육 방법이 행해져야 한다.

6) '있을 수도 있는 일'이라는 생각
아동 학대는 고질적으로 반복, 확대되는 경향이 있어 초기에 적절히 대응하지 않으면 향후 '아동 사망'이라는 치명적 결과를 초래한다.

7) '이 정도가 아동 학대?'라는 생각

아동 학대는 신체적 폭력 외에도 정신적 괴롭힘, 성적 수치심이 들게 하는 언행 등 다양한 형태로 발생하며 사소한 말이나 작은 행동하나가 아동에게 돌이킬 수 없는 상처를 줄 수 있다.

8) '왜 아이가 말을 안 할까?, 학대가 아닌 건 아닐까?'라는 생각

피해 아동은 만성화된 학대 피해로 무력감과 좌절, 아동 학대 행위자에 대한 공포에 사로잡혀 있을 수 있다.

＊ 어떠한 상황에서 아동 학대 신고를 하여야 하나요?

정확히 확인된 상황이 아니더라도 아래와 같이 의심이 되는 아동은 꼭 신고하여야 한다.

① 아동의 울음소리나 비명, 신음 소리가 계속되는 경우
② 아동의 신체에 상처(화상, 멍자국, 골절 등)가 자주 발견되는 경우
③ 부모가 외출할 때 밖에서 문을 잠그거나 아동이 장시간 집 밖에 방치된 경우
④ 아동이 뚜렷한 이유 없이 자주 지각을 하거나 결석을 하는 경우
⑤ 계절에 맞지 않거나 깨끗하지 않은 의복을 입고 다니는 경우
⑥ 자녀의 상처나 대한 부모의 설명이 모순되거나 거짓인 경우
⑦ 반복적인 상처와 부상을 입는 아동을 보았을 경우
⑧ 부모의 언어적·정신적 폭력으로 정서적 장애를 겪고 있는 아동을 보았을 경우
⑨ 근친상간, 매춘 등의 성폭력을 당하는 아동을 보았을 경우
⑩ 유해한 환경에서 비도덕적으로 노동에 이용당하는 아동을 보았을 경우
⑪ 부모나 친척으로 버림받게 된 아동을 보았을 경우

＊ 무엇을 신고하여야 하나요?

신고할 때에는 가능한 한 많은 정보를 알려주는 것이 아동 학대를 판단하는 데 도움이 된다.

① 피해 아동에 대한 사항 : 이름, 나이(생년월일), 성별, 전화번호, 현거주지, 학교

② 학대 행위자에 대한 사항 : 이름, 나이(생년월일), 성별, 전화번호, 현거주지, 피해 아동과의 관계, 직업/직장, 동거 여부, 학대 발생 일시, 학대 발생 장소
③ 신고자에 대한 사항 : 이름, 주소, 전화번호, 피해 아동과의 관계, 학대 사실을 알게 된 경위, 신고를 통하여 원하는 결과

*
아동 학대 신고 시 처리 절차는 어떻게 되나요?

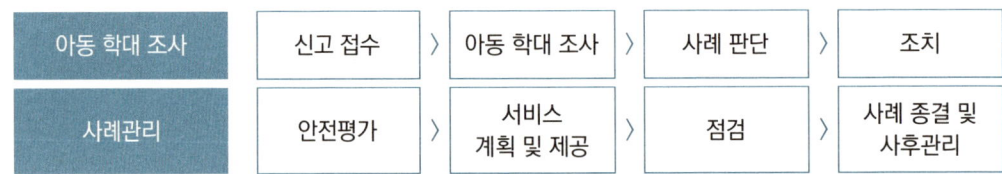

자료: 보건복지부(2021). 2020 아동 학대 주요 통계.

[아동보호전문기관 업무 진행 절차]

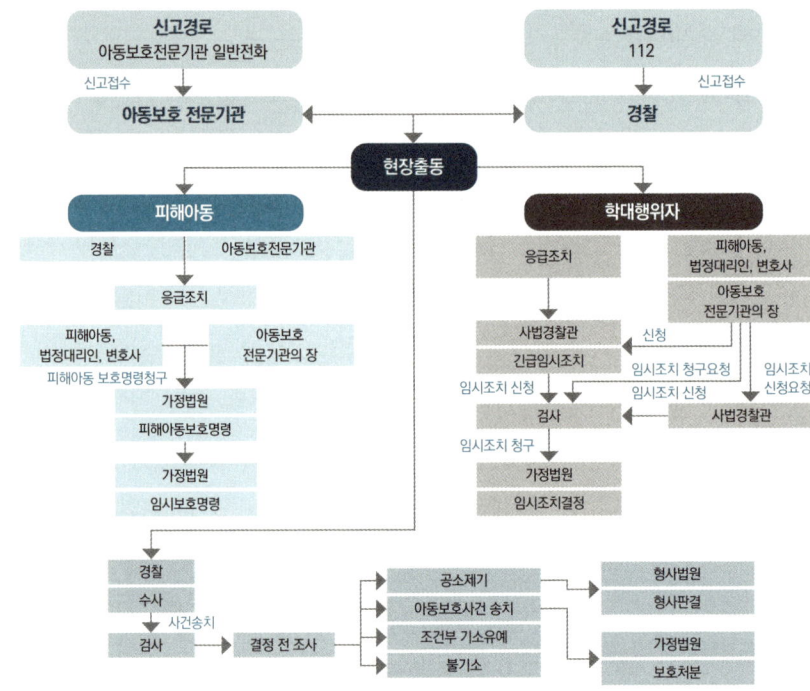

자료: 아동권리보장원(http://www.korea1391.go.kr/new/page/work_system.php)

[사법처리 절차]

아동 학대에 대한 처벌은 어떻게 되나요?

〈아동 학대에 대한 처벌〉

내용	처벌
「형법」상 상해, 폭행, 특수폭행 및 폭행치사상(상해에 이르게 한 때에만 해당함)의 죄, 유기, 영아유기, 학대, 아동 혹사 및 유기 등 치사상(상해에 이르게 한 때에만 해당함)의 죄 및 체포, 감금, 중체포, 중감금, 특수체포, 특수감금, 미수범, 체포·감금 등의 치사상(상해에 이르게 한 때에만 해당함)의 죄를 범한 사람이 아동을 사량에 이르게 한 행위	무기 또는 5년 이상의 징역 (「아동학대범죄의 처벌 등에 관한 특례법」 제4조)
「형법」상 상해, 폭행, 특수폭행 및 폭행치사상(상해에 이르게 한 때에만 해당함)의 죄, 유기, 영아유기, 학대, 아동 혹사 및 유기 등 치사상(상해에 이르게 한 때에만 해당함)의 죄 및 체포, 감금, 중체포, 중감금, 특수체포, 특수감금, 미수범, 체포·감금 등의 치사상(상해에 이르게 한 때에만 해당함)의 죄를 범한 사람이 아동의 생명에 대한 위험을 발생하게 하거나 불구 또는 난치의 질병에 이르게 한 행위	3년 이상의 징역 (「아동학대범죄의 처벌 등에 관한 특례법」 제5조)
아동을 매매하는 행위	10년 이하의 징역(미수범 처벌) (「아동복지법」 제71조 제1항 제1호 및 제73조)
아동에게 음행을 시키거나 음행을 매개하는 행위 또는 아동에게 성적 수치심을 주는 성희롱 등의 성적 학대행위	10년 이하의 징역 또는 5천만 원 이하 벌금 (「아동복지법」 제71조 제1항 제1호의 2)
① 아동의 신체에 손상을 주거나 신체의 건강 및 발달을 해치는 신체적 학대행위 ② 아동의 정신건강 및 발달에 해를 끼치는 정서적 학대행위 ③ 자신의 보호·감독을 받는 아동을 유기하거나 의식주를 포함한 기본적 보호·양육·치료 및 교육을 소홀히 하는 방임행위 ④ 장애를 가진 아동을 공중에 관람시키는 행위 ⑤ 아동에게 구걸을 시키거나 아동을 이용해 구걸하는 행위	5년 이하의 징역 또는 3천만 원 이하의 벌금 (「아동복지법」 제71조 제1항 제2호)
공중의 오락 또는 흥행을 목적으로 아동의 건강 또는 안전에 유해한 곡예를 시키는 행위 또는 이를 위하여 아동을 제3자에게 인도하는 행위	1년 이하의 징역 또는 500만 원 이하의 벌금 (「아동복지법」 제71조 제1항 제4호)
① 정당한 권한을 가진 알선기관 외의 자가 아동의 양육을 알선하고 금품을 취득하거나 금품을 요구 또는 약속하는 행위 ② 아동을 위하여 증여 또는 급여된 금품을 그 목적 외의 용도로 사용하는 행위	3년 이하의 징역 도는 2천만 원 이하의 벌금 (「아동복지법」 제71조 제1항 제3호)

*상습적으로 위의 죄를 범한 사람은 그 죄에서 정한 형의 2분의 1까지 가중한다(「아동복지법」 제72조).

요약(Wrap-up)

정확히 확인된 상황이 아니더라도 의심이 되는 아동은 신고한다.
신고는 국번 없이 112(전화), 관할지역 아동보호전문기관(방문)으로 한다.
아동 학대 범죄는 강력한 처벌이 따른다.

생각해 보기 다시는 일어나서는 안 될 끔찍한 실화…우리 곁의 아동 학대

[QR 코드 스캔]
다시는 일어나서는 안 될 끔찍한 실화…우리 곁의 아동 학대 영상 보기(경찰청)

아동 학대 예방 프로젝트

[QR 코드 스캔]
아동 학대 예방 프로젝트 영상 보기(EBS 다큐)

| 참고 문헌 |

보건복지부(2021). 2020년 아동 학대 통계 현황 보도자료. 9월 1일.
_____(2021). 2020 아동 학대 주요 통계.
서울특별시 아동복지센터(2012), 아동학대예방지침서, 서울특별시.
경찰청. 다시는 일어나서는 안될 끔찍한 실화… 우리 곁의 아동학대(https://youtu.be/Q8aF4tsKaVs).
교육부 TV. 가정폭력 및 아동학대 예방의 첫걸음! 우리 모두의 관심(https://youtu.be/Z331D9hccwc).
국가법령정보센터(https://www.law.go.kr/).
부산광역시 아동보호종합센터(https://www.busan.go.kr/adong/index).
아동권리보장원(https://www.ncrc.or.kr/ncrc/main.do).
찾기 쉬운 생활법령정보(https://www.easylaw.go.kr/CSP/Main.laf).
EBS 다큐. 아동 학대 예방프로젝트: 세 명의 위험한 시각(https://youtube.com/watch?v=vVjHxrJqYRU&feature=share).

키워드로 보는 생활과 안전

36 가정폭력

가정 폭력 피해자를 위한 안내 영상 보기(경찰청)

무엇을 가정폭력이라고 하나요?

'가정폭력'이란 가정구성원 사이의 신체적, 정신적 또는 재산상 피해를 수반하는 행위를 말한다(「가정폭력범죄의 처벌 등에 관한 특례법」 제2조 제1호).

가정폭력 당사자로서의 '가정구성원'이란 다음 중 어느 하나에 해당하는 사람을 말한다(「가정폭력범죄의 처벌 등에 관한 특례법」 제2조 제2호).

① 배우자(사실상 혼인 관계에 있는 사람 포함) 또는 배우자였던 사람
② 자기 또는 배우자와 직계존비속 관계(사실상의 양친자 관계 포함)에 있거나 있었던 사람
③ 계부모와 자녀의 관계 또는 적모(嫡母)와 서자(庶子)의 관계에 있거나 있었던 사람
④ 동거(同居)하는 친족

'가정폭력 행위자(가해자)'란 가정폭력범죄를 범한 사람 및 가정구성원인 공범을 말한다(「가정폭력범죄의 처벌 등에 관한 특례법」 제2조 제4호).

'가정폭력 피해자'란 가정폭력범죄로 인하여 직접적으로 피해를 입은 사람을 말한다(「가정폭력범죄의 처벌 등에 관한 특례법」 제2조 제5호).

* 어떤 것이 가정폭력인가요?

가정폭력범죄는 가정폭력으로서 다음 중 어느 하나에 해당하는 죄를 말한다(「가정폭력범죄의 처벌 등에 관한 특례법」 제2조 제3호).

강제, 위협하기
피해자를 구타하거나 흉기로 협박하기, 자해 또는 자살하겠다고 위협하기 등

부인, 비난
폭언, 멸시하기, 피해자가 폭력을 유발한 것처럼 말하기 등

남성중심적인 가부장적 행동
피해자를 하인처럼 취급하기, 모든 결정을 혼자 하기 등

가정 내 성적 학대
원치 않는 성관계를 강요하거나 성적으로 의심하기, 낙태 강요, 신체 부위 등을 동의 없이 촬영·유포하기 등

가정폭력 유형
모든 유형은 하나 또는 그 이상, 복합적으로 발생할 수 있다.

경제적 학대
낭비, 채무, 지출을 의심하거나 경제적으로 방임하기, 지속적으로 돈 요구하기, 직업을 갖지 못하게 하기, 허락을 구해 돈을 사용하게 하기 등

정서적 학대
피해자가 있는 장소 미행하기, 죄책감이나 모욕감 느끼게 하기, 만나는 사람 또는 행동 통제하기, 고립시키기, 공포감 조성하기, 조롱하기등

자녀 이용
아이들에게 폭력을 가하거나 떼어놓겠다고 위협하기, 피해자를 학대하는 모습을 자녀에게 보여주기 등

협박
눈빛, 행동, 체스처로 협박하기, 물건을 부수거나 반려동물을 학대하기, 무기 전시, 피해자 주변인에 대하여 위협하기 등

[가정폭력의 유형]

* 가정폭력 사건 발생 시 행동 요령은?

1) 가정폭력 상담

가정폭력 피해자(이하 '피해자'라 함)와 그 가족은 「가정폭력 방지 및 피해자 보호 등에 관한 법률」에 따라 설치된 가정폭력 관련 상담소(이하 '가정폭력상담소'라 함)를 통하여 가정폭력과

관련된 다음의 사항들에 대하여 상담받을 수 있다(「가정폭력 방지 및 피해자 보호 등에 관한 법률」 제6조 참조).

① 가정폭력 피해 관련 사항
② 피해자 긴급 보호 및 피난처 관련 사항
③ 이혼을 비롯한 가정폭력 관련 법률문제 사항
④ 가정폭력 예방을 위한 각종 교육 및 치료 관련 사항
⑤ 그 밖에 가정폭력 관련 사항

※ 가정폭력상담소는 여성가족부에서 위탁·운영하는 여성긴급전화(☎ 국번 없이 1366)를 비롯해 경찰청 및 각종 단체 등에서 운영하고 있다.

〈가정폭력상담소 운영 현황〉

기관	전화	홈페이지
여성긴급전화	국번 없이 1366	https://www.women1366.kr/_main/main.html
안전Dream 아동·여성·장애인 경찰지원센터	국번 없이 117	http://www.safe182.go.kr
한국남성의전화	02-2653-1366	http://www.manhotline.or.kr
건강가정지원센터	1577-9337	http://www.familynet.or.kr
한국가정법률상담소	1644-7077	http://www.lawhome.or.kr

※ 한국어에 서툰 결혼이민자의 경우에는 다누리콜센터(☎ 1577-1366)를 통하여 여러 나라의 언어(베트남어, 중국어, 타갈로그어, 크메르어, 캄보디아어, 우즈벡어, 몽골어, 러시아어, 태국어, 일본어, 영어, 네팔어, 라오스어)로 상담을 받거나, 통역 등의 서비스를 받을 수 있다(「가정폭력 방지 및 피해자 보호 등에 관한 법률」 제4조의6 참조).

2) 가정폭력 신고

가정폭력은 다른 가정의 사생활이 아닌 범죄이다. 따라서 누구든지 가정폭력을 알게 된 경우에는 경찰(☎ 112)에 신고할 수 있다(「가정폭력범죄의 처벌 등에 관한 특례법」 제4조 제1항).

3) 가정폭력 신고 의무

일반인의 경우에는 가정폭력에 대한 신고 의무가 없다. 그러나 다음 중 어느 하나에 해당하는 교육기관, 의료기관, 보호시설의 종사자는 그 직무를 수행하면서 가정폭력범죄를 알게 된 경우에는 정당한 사유가 없으면 즉시 신고하여야 한다(「가정폭력범죄의 처벌 등에 관한 특례법」 제4조 제2항).

① 아동의 교육과 보호를 담당하는 기관의 종사자와 그 기관장
② 아동, 60세 이상의 노인 그 밖에 정상적인 판단 능력이 결여된 사람의 치료 등을 담당하는 의료인 및 의료기관의 장
③ 노인복지시설, 아동복지시설, 장애인복지시설의 종사자와 그 기관장
④ 다문화가족지원센터의 전문인력과 그 장
⑤ 국제결혼 중개업자와 그 종사자
⑥ 구조대·구급대의 대원
⑦ 사회복지 전담공무원
⑧ 건강가정지원센터의 종사자와 그 센터의 장

※ 위의 어느 하나에 해당하는 사람이 정당한 사유 없이 신고를 하지 않을 경우에는 300만 원 이하의 과태료가 부과된다(「가정폭력범죄의 처벌 등에 관한 특례법」 제66조 제1항).

다음 중 어느 하나에 해당하는 기관에 근무하는 상담원과 그 기관장은 가정폭력 피해자(이하 '피해자'라 함) 또는 그 가족 등과 상담을 하는 과정에서 가정폭력범죄 사실이 확인된 경우에는 피해자의 명시적인 반대 의견이 없으면 즉시 이를 신고하여야 한다(「가정폭력범죄의 처벌 등에 관한 특례법」 제4조 제3항).

① 아동상담소
② 가정폭력상담소 및 피해자 보호시설
③ 성폭력 피해 상담소 및 성폭력 피해자 보호시설

4) 신고자 보호

누구든지 가정폭력범죄를 신고한 사람에게 그 신고행위를 이유로 불이익을 주어서는 안 된다(「가정폭력범죄의 처벌 등에 관한 특례법」 제4조 제4항).

＊ 가정폭력 피해자를 위한 어떤 지원제도가 있나요?

〈가정폭력 피해자 지원제도〉

상담 지원	전화와 면접을 통한 피해 상담을 받을 수 있도록 국번 없는 특수전화 '1366'을 365일 24시간 운영
긴급 지원	가정폭력 피해자와 생계 및 주거를 함께하는 가족구성원의 생계 유지가 어렵게 된 경우 긴급 지원 가능
의료 지원	지자체, 1366센터, 보호시설, 상담소, 해바라기센터 등에서 의료비 지원
무료법률 지원	가정폭력 피해자(국내 거주 이주여성 포함)에 한하여 가정폭력에 관련된 민사, 가사 사건에 대한 무료 법률 상담 및 무료 법률 구조 신청 가능 ※ 대한법률구조공단 대표번호 : 국번 없이 132, www.klac.or.kr ※ 한국가정법률상담소 대표번호 : 1644-7077, lawhome.or.kr
보호시설 지원	가정폭력 피해자 중 보호시설 입소 희망자에 한하여 각 기관과 면접 상담 후 입소 가능. 특히, 10세 이상 남아를 동반한 가정폭력 피해자를 위한 보호시설 별도로 운영 ※ 단기보호시설 : 6개월, 장기보호시설 : 2년 이내, 긴급피난처 : 최대 7일까지 - 보호시설 퇴소 후 또는 가정복귀가 어려운 경우 자립 지원을 위하여 심사를 거쳐 주거공간(그룹홈) 지원
주거 지원	가정폭력 피해자와 자녀가 안정적이고 장기적인 거주지를 원할 경우 입주 심사를 거쳐 임대주택 거주 가능

요약(Wrap-up)

가정폭력은 사생활이 아닌 범죄이다.

가정폭력이 발생하면 안전을 위하여 일단 안전한 곳으로 피한다.

상담은 여성긴급전화 1366 또는 가까운 가정폭력상담소로 전화한다.

가정폭력이 발생한 즉시 112로 신고한다.

이웃들에게 폭행을 당하는 소리가 나면 경찰에 신고해달라고 사전에 알려준다.

*
생각해 보기 가정폭력, 침묵하지 말아주세요.

[QR 코드 스캔]
가정폭력, 침묵하지 말아주세요 영상 보기(YTN)

| 참고 문헌 |
경찰청. 가정폭력 피해자를 위한 안내(https://youtu.be/G8nhWYO-DvQ).
국가법령정보센터(https://www.law.go.kr/).
국민재난안전포털(https://www.innogov.go.kr/ucms/main/main.do).
여성폭력 Zoom-in(https://www.stop.or.kr/modedg/contentsView.do?ucont_id=CTX000064&srch_menu_nix=QIuR8Qcp&srch_mu_site=CDIDX00005).
찾기 쉬운 생활법령정보(https://easylaw.go.kr/CSP/Main.laf).
한국여성인권진흥원(https://www.stop.or.kr).
YTN news. 가정폭력, 침묵하지 말아주세요!(https://youtu.be/ROl6YVZw1nU).

키워드로 보는 생활과 안전

37
데이트 폭력

QR 코드 스캔

데이트 폭력 사건 하루 26건 발생...구속률 4% 기사 보기(연합뉴스)

＊ 데이트 폭력이란 무엇인가요?

데이트 폭력의 개념에 대하여는 다양한 견해가 있다. 세계보건기구(WTO)에 따르면, 데이트 폭력이란 "연인 관계나 호감을 가지고 만나는 관계에서 일어나는 폭력으로, 한 사람이 일방적으로 상대를 감시(스토킹)하거나 통제하려는 행위와 정서적 학대(언어적, 경제적), 신체적 폭력, 성적 폭력을 포괄하는 개념"을 말한다(WHO, 2013).

데이트 관계에서 발생하는 신체적·정서적·경제적·성적 폭력으로, 다양하고 복합적인 폭력을 말한다. 여기에는 감시, 통제, 폭언, 갈취, 협박, 폭행, 상해, 감금, 납치, 살인미수 등 그 유형이 다양하게 해당한다. 데이트 관계는 데이트 또는 연애를 목적으로 만나고 있거나 만난 적이 있는 관계와 넓게는 맞선·부킹·채팅을 통하여 그 가능성을 인정하고 만나는 관계까지 포괄하며, 사귀는 것은 아니나 호감을 갖고 있는 상태까지 포함한다(여성가족부, 2018).

＊ 그렇다면, 젠더 폭력은 무엇이죠?

젠더 폭력(gender-based violence)은 특정 성(性, gender)에 대한 혐오에 기인하여 저질러지는 다양한 형태의 폭력을 말한다. 여기에는 직접적·간접적 폭력을 모두 포함한다. 주로 여성성을 대상으로 이루어지는 폭력을 지칭하는 개념으로 사용되지만, 남성성을 대상으로 이루어지는 폭력도 그 개념 범위에 포함된다(경찰청, 2021). 젠더 폭력과 관련해서 성폭력·가정폭력·성매매·데이트 폭력이 주로 논의되고 있다.

* 데이트 폭력에는 어떤 유형이 있나요?

데이트 폭력의 유형은 개념과 마찬가지로 다양하다. 특히 변화하고 있는 사회적 환경을 고려할 때 그 유형을 정형화하는 것은 쉽지 않다. 미국의 법무부 산하 여성폭력대응국(The Office on Violence Against Women: OVW)은 성폭력, 성희롱, 협박, 신체적·성적·정신적·감정적 학대, 통제 및 사회적 고립, 디지털 및 인터넷 관련 범죄 및 스토킹 등을 데이트 폭력의 유형으로 구분한다(https://www.justice.gov). 디지털 환경에서 발생하는 부분까지도 데이트 폭력의 유형으로 고려하는 변화로 이해할 수 있다.

〈데이트 폭력의 유형〉

유형	내용
신체적 폭력	팔을 비틀거나 꼬집는 행동, 거칠게 미는 행동, 힘껏 움켜잡은 행동, 뺨을 때린 행동, 발로 찬 행동, 다치게 할 수 있는 물건으로 때린 행동, 심하게 마구 때린 행동, 목을 조른 행동, 뜨거운 물이나 불로 화상을 입히는 행동, 흉기로 위협하거나 상해를 입힌 행동 등
정서적 폭력	욕을 하거나 모욕적인 말을 하는 것, 위협을 느낄 정도로 고함을 지르거나 소리를 지르는 것 등의 폭력, 화가 나서 발을 세게 구르거나 문을 세게 닫는 것, 상대방을 괴롭히기 위하여 악의에 찬 말을 하는 것, 상대방의 소유물을 만지거나 부수는 것, 상대방을 형편없는 사람이라고 비난하는 것, 때리거나 물건을 부수겠다고 위협하는 것 등의 폭력을 모두 포함함.
성폭력	성희롱(원하지 않는데도 얼굴, 팔, 다리 등을 만지거나 기분에 상관없이 키스를 하거나 원하지 않는데도 애무를 하는 행동)에서 신체적 폭력을 쓰진 않았으나 원하지 않는 형태의 성관계를 요구하거나 유사 성교나 성관계를 하기 위해 위협을 하거나 흉기를 사용하는 등에 이르기까지를 모두 포함함.

자료: 정혜원(2020: 32).

✱ 발생된 데이트 폭력의 특성은 무엇인가요?

발생된 데이트 폭력의 특성을 통하여 우리가 조심하여야 할 사항을 생각해 볼 수 있다. 미리 강조하건대 데이트 폭력은 사회의 환경에 따라 변화할 수 있다. 따라서 데이트 폭력에 대한 유의 사항을 인식하고 피해자·가해자가 되지 않도록 행동하여야 할 것이다.

경찰청을 비롯한 관련 기관에서 데이트 폭력 발생 및 특성에 대하여 분석된 결과를 요약하면 다음과 같다(경찰청, 2021; 경기도가족여성연구원, 2018).

① 발생 현황: 데이트 폭력은 2013년 대비 2,621건 증가한 것으로 감소와 증가를 반복하고 있다(여성가족부, 2021). 중요한 점은 지속적으로 발생하고 있다는 점이다.

② 가해자 특성 : 20대가 가장 많다. 그다음은 30대-40대-50대-60대 이상-10대 순으로 나타난다. 특히, 20대 가해자가 증가하고 있으며, 10대에서도 발생된다는 점에서 심각성이 크다.

③ 폭력 경험 비율: 1번 이상 연인에게 폭력을 경험한 비율이 과반수를 넘고 있다.

④ 최초 경험 시기: 사귄 후 1년 이내가 가장 많다.

⑤ 데이트 폭력 이후 피해자들의 후유증: 피해자들의 반응과 후유증은 개인에 따라 차이를 나타낼 수 있다. 중요한 점은 신체적 피해뿐만 아니라 정신적 피해까지 나타나고 있다는 것이다. 사회생활 및 대인관계의 문제, 알코올 중독 경험, 섭식 장애, 정신적 고통 등이 나타난다(정혜원, 2020).

✱ 데이트 폭력의 대응 요령을 추천한다면?

심각한 폭행 피해를 지속적으로 당하는 상황에서도 피해자가 어떻게 이것을 벗어나야 하는지 알지 못하고, 단지 두려워하는 경우가 있다. 피해자는 이미 가해자에게 신체적·정신적으로 장악당한 상태이다(오윤성, 2020). 그 때문에 대처할 수 있는 '생각'에 대하여 주저하고 망설이게 된다.

결코 잊어서는 안 되는 것이 '나는 혼자가 아니다!'라는 것이다. '한국여성의 전화'에서 제공하고 있는 대응 요령을 소개한다.

- 자신을 지지해 주고 도와줄 수 있는 사람을 찾아요.
- 도움을 요청할 수 있는 상담소에 가서 상담을 받을 수 있어요.
- 지금 당장 사법제도를 이용하지 않더라도 나중을 위해서라도 증거를 모아 두세요.
- 상대방이 폭력(언어적·정서적·성적·신체적)을 행사한 날짜, 시간, 장소, 가해자의 행동, 상황 및 구체적인 피해 내용을 6하 원칙에 따라 자세히 기록해 두세요.
- 몸에 멍이나 상처가 있는 경우 사진을 찍어 두세요. 병원에 가서 데이트 폭력으로 생긴 상처임을 반드시 밝히고 필요 시 상해 진단서를 발급받을 수 있도록 하여 진료 기록을 남깁니다.
- 폭력의 흔적(상처, 부서진 물건 등)을 찍은 사진, 동영상, 문자나 메일, 통화 및 대화 녹음, 연락 기록, 메신저 기록 등을 저장해 두세요.
- CCTV 영상은 삭제될 수도 있으니 빠른 시일 내에 확보해 두는 게 필요해요.
- 주변인에게 폭력 피해를 호소한 기록도 증거로 사용될 수 있어요.
- 안전을 위협하는 상황이라면 반드시 112에 신고하고 상담소에 도움을 청하세요. 상담 기록과 신고 기록은 피해를 입증하는 증거자료로 활용될 수 있어요.

자료: 한국여성의 전화(2018). F언니의 두 번째 상담실.

요약(Wrap-up)

데이트 폭력의 개념과 유형은 매우 다양하다. 그만큼 가해와 피해의 형태는 다양하며, 이 순간에도 새롭게 변화하여 나타날 수 있다. 데이트 폭력은 애정이나 사랑이 아니라 '폭력'이라는 점을 명심하여야 한다.

| 생각해 보기 | 과연 사랑인가요? 데이트 폭력 예방법은?

[QR 코드 스캔]
사랑이라는 이름의 범죄, 데이트 폭력 예방법 영상 보기(YTN 사이언스)

| 참고 문헌 |

경찰청(2021). 치안전망2022. 치안정책연구소.
여성가족부(2018). 데이트폭력·스토킹 피해자 지원을 위한 안내서.
_____(2021). 2021 통계로 보는 여성의 삶.
오윤성(2020). 『범죄는 나를 피해 가지 않는다』. 지금이책.
정혜원(2018). 경기도 데이트폭력 실태에 관한 연구, 경기도가족여성연구원.
_____(2020). 데이트폭력의 현실, 새롭게 읽기. KOSTAT 통계 플러스 2020년 가을호. 28-39.
한국여성의 전화(2018). F언니의 두 번째 상담실: 데이트폭력 대응을 위한 안내서.
미국 법무부(https://www.justice.gov).
연합뉴스. 데이트폭력 사건 하루 26건 발생…구속률 4%. 2021년 9월 21일자.
YTN 사이언스. 사랑이라는 이름의 범죄, 데이트 폭력 예방법(https://m.tv.naver.com/v/1656513).
WHO(2013). Clinical and Policy guidelines.

키워드로 보는 생활과 안전

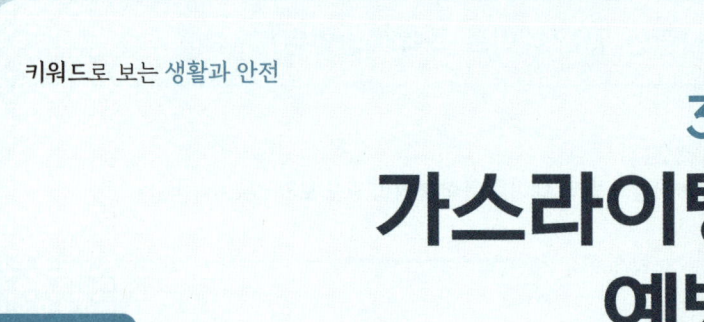

38
가스라이팅 예방

QR 코드 스캔

심리 이용한 욕망 충족…사랑 아닌 학대 '가스라이팅' 영상 보기(JTBC)

가스라이팅의 등장?

최근 사회적으로 주목받고 있는 용어는 '가스라이팅(gaslighting)'이다. 이 용어는 '정서적 학대', '심리적 지배' 등으로 표현되고 있으며, 개념이 무엇인지 명확하게 정의내리기 쉽지 않다. 또한 심리적인 지배-복종과 관련하여 구별하는 것도 어렵다.

가스라이팅은 최근 성폭력을 포함한 전반적인 젠더 폭력뿐만 아니라 다양한 분야에서 사용되고 있는 용어로, "타인의 심리나 상황을 교묘하게 조작하여 그 사람이 스스로 의심하게 만듦으로써 타인에 대한 지배력을 강화하는 행위"로 이해할 수 있다(김지은·안현의, 2021). 그렇다면 이 용어는 어떻게 탄생한 것인가?

워졸렉(Wozolek, 2021)에 따르면, '가스라이팅'이라는 용어는 1944년 영화 〈가스등(Gaslight)〉에서 차용된 용어로 피해자가 자신의 제정신을 의심하도록 강요하는 심리적인 조작을 의미한다. '가스라이팅'은 자신의 이익을 위하여 타인을 통제하고 그의 마음을 조종함으로써 판단력과 현실감을 상실하게 만드는 현상을 의미한다. 1938년작 연극 〈가스등〉에서 유래한 이 용어는 정신분석학자 로빈 스턴(Robin Stern)의 저서 『가스라이팅 효과(The Gaslight Effect)』에서 사용되며, 특정 유형의 정신적 학대를 칭하는 말로 널리 알려졌다(대학신문, 2021.10.17.).

가스라이팅이란 무엇인가?

국립국어원은 'gaslighting'을 '가스라이팅'으로 표현하던 것을 '심리(적) 지배'의 순화어로 제시하고 있다. 의미는 "타인의 심리나 상황을 교묘하게 조작해 판단력을 잃게 만들고, 타인에 대한 통제력이나 지배력을 강화하는 행위"이다(국립국어원, 검색어: 가스라이팅). 리그스와 바르톨로매우스(Riggs & Bartholomaeus, 2018)에 따르면, 가스라이팅은 피해자 스스로가 "유능하지 못하기 때문에 자신의 견해와 경험, 판단을 신뢰하지 못한다"라는 확신을 미묘하게 전달하는 것으로 개념을 설명한다. 스위트(Sweet, 2019)는 가해자들이 친밀한 관계에 있는 피해자들을 상대로 성차별적 고정관념, 구조적 불평등, 제도적 취약성을 동원할 때 가스라이팅은 효과적일 뿐만 아니라 파괴적이라고 하였다.

가스라이팅에 대하여 사적인 관계에서 권력을 가지는 가해자가 상황을 조작하여 피해자가 스스로를 불신하게 만들고, 피해자에 대한 영향력을 증폭시켜 지배력을 행사하는 것이라고 하였다(이재영, 2021). 타인의 감정을 지배하여 정신적으로 조정하게 되면서 피해자 스스로가 범죄 사실을 인지하지 못하는 상황에서 가해자의 범죄 실행 도구로 세뇌당해 불법행위나 범죄를 행하는 것이 가스라이팅의 문제라고 하였다(오세연·송혜진, 2021).

가스라이팅 가해자는 어떤 특성이 있는가?

가스라이팅을 하는 가해자에게는 그로 인하여 얻는 이익이 있어야 한다. 범죄를 비롯한 악의적인 행동의 내면은 타인을 이용하고 자신의 목적을 달성하기 위한 속성이 있다. 또한 인간은 약한 상대에게 더욱 공격적인 특성을 보이는 것을 고려할 때(오윤성, 2016), 자신이 타인보다 강한 상대로서 피해자가 약한 상대임을 스스로를 인식할 때 목적 달성은 더욱 수월해진다는 점을 가해자 스스로가 인식하고 행동하는 것이다.

가스라이팅은 타인의 심리나 상황을 교묘하게 조작해 스스로를 의심하게 만들어 타인에 대한 지배력을 강화하는 행위이다. 따라서 가해자는 거부, 반박, 전환, 경시, 망각, 부인 등 타인의 심리나 상황을 교묘하게 조작하여 그 사람이 현실감과 판단력을 잃게 만들고, 이로 인하여 타인에 대한 통제 능력을 행사하는 것을 달성하고자 한다.

이것은 정신적 학대의 한 유형으로, 친구·연인·가족 등 친밀한 관계는 물론 학교나 직장 등에서 주로 발생한다는 점에서 심각하다. 가스라이팅 가해자는 피해자의 자존감과 판단 능력을 잃게 만든다. 이 과정에서 피해자는 사회적·심리적으로 고립되고 정신력이 약해진다. 결국 피해자는 가해자에게 더욱 의존하게 된다. 특히 가해자는 피해자를 위한다는 명분을 갖고 가스라이팅을 더욱 면밀하고 심도 있게 진행한다. 따라서 안타깝게도 피해자 대부분은 자신이 가스라이팅을 당하고 있는 그 사실조차 인지하지 못하게 된다.

*
그루밍과의 차이는?
'그루밍(grooming)'은 가해자가 피해자와 친밀한 관계를 형성해 신뢰를 쌓은 뒤 행하는 성적 가해를 가리킨다. 주로 그루밍 성범죄라는 말로 쓰인다. 어원은 마부라는 뜻의 'groom'으로 마부들이 말을 씻고 다듬어주는 'grooming'이라는 단어가 지금과 같은 뜻을 가지게 되었다고 한다. 가스라이팅이 위력을 앞세워 상대를 억압하는 것이라면, 그루밍은 친밀함을 가장한다는 것이 다른 점이다(청주일보, 2021.06.22.).

*
가스라이팅의 단계?
가스라이팅의 진행 단계는 사건별로 차이를 나타내므로 일률적으로 정형화하는 것은 어렵다. 대표적 사례 분석을 통하여 도출된 단계는 '준비 단계-실행 단계-실행 이후 단계'로 볼 수 있다. 이러한 단계를 거치면서 안타까운 점은 피해자 대부분이 범죄에 대한 피해 사실을 잘 인지하지 못하고 있다는 점이다. 또한 피해 사실을 알게 되더라도 심리적 의존 관계가 크고 지배의 기간이 장기화된 탓에 회복하기 힘들고 현실적인 법적 처벌에도 많은 한계가 존재한다(오세연·송혜진, 2021).

〈가스라이팅의 단계〉

단계	내용
준비 단계	• 피해 대상자를 물색한다. • 피해 대상자는 주로 지인, 가족, 연인, 부부 등 친밀한 관계에 있는 주변의 사람으로 자신의 영향력을 가장 잘 끼칠 수 있는 특정인이다. • 피해자를 물색한 이후 메시지 등의 반복적 주입을 통하여 피해자의 판단력을 흐리게 한다. 가해자에게 의존할 수 있는 상황을 만들어 다른 누구의 말이나 행동보다 가해자를 피해자로 하여금 신뢰할 수 있는 관계를 형성한다.
실행 단계	• 관계의 형성과 발전을 통하여 가스라이팅을 하기 위한 준비가 끝났다면 범죄 실행 단계로 넘어간다. • 범죄 실행 단계에서는 준비 단계에서 관계를 형성하여 발전시킨 대상자를 상대로 범죄를 실행하기 위한 세뇌 및 조작 등의 비정상적인 심리통제를 이용하기 시작한다. • 관계를 통한 심리적인 통제와 지배가 가능해지면 반복적인 정서적 학대와 함께 본격적으로 범죄를 실행하게 된다.
실행 이후 단계	• 반복적이고 지속적인 정신적 학대와 함께 물리적·신체적 폭력 등을 수반하는 2차 가해가 발생된다. • 피해자의 심리적인 지배를 통한 정서적 학대와 감금, 폭력, 협박, 공갈 등의 물리적 학대가 동시에 수반된다. • 또 다른 형태로, 피해자의 동산 및 부동산 등 재산상의 이득을 취하거나 살인 등의 심각한 강력범죄로 발전한다.

자료: 오세연·송혜진(2021).

요약(Wrap-up)

가스라이팅은 피해자에 대한 가해자의 목적을 토대로 한 심리적 지배라고 볼 수 있다. 피해자는 가스라이팅이 장기화된 이유로 현실을 깨닫고 회복하는 데 많은 어려움이 나타난다.

피해자가 약한 상대일수록 강한 상대로 인식되는 가해자에게 더욱 유리한 측면이 강한 속성을 갖는다.

생각해 보기 가스라이팅이 발생하는 데 위계질서가 중요한가요?

[QR 코드 스캔]
'가스라이팅', 권력 관계 속 은밀한 폭력을 설명하는 방식 기사 보기(대학신문)

| 참고 문헌 |

김지은·안현의(2021).한국판 조직배반 척도의 타당화: 조직 내 성폭력 피해를 중심으로. 『한국심리학회지: 여성』, 26(2): 99-121.

오세연·송혜진(2021). 사례분석을 중심으로 한 가스라이팅 범죄의 진행 과정에 관한 연구. 『한국융합과학회지(구 한국시큐리티융합경영학회지)』, 10(5): 101-111.

오윤성(2016). 『범죄, 그 심리를 말하다』. 박영사.

이재영(2021). 조직 내의 가스라이팅 대응 모델에 관한 연구. 『사회융합연구』, 5(6): 47-54

Riggs, Damien W. & Bartholomaeus, Clare(2018), Gaslighting in the context of clinical interactions with parents of transgender children, *Sexual and Relationship Theraphy*, 33(4): 382-394.

Sweet, Pagie L.(2019), The sociology of galighting, *Americal Sociological Review*, 84(5): 851-875.

Wozolek, Boni(2021), "Is Your Dad a Towelhead?": Capitals of Shame and Necropolitics in Post-9/11, *America, Canadian Social Studies*, 52(2): 10-21.

국립국어원(https://www.korean.go.kr).

대학신문(http://www.snunews.com).

_____. '가스라이팅', 권력 관계 속 은밀한 폭력을 설명하는 방식, 2021년 10월 21일자.

청주일보(http://www.cj-ilbo.com).

JTBC News. 심리 이용한 욕망 충족…사랑 아닌 학대 '가스라이팅'(https://youtu.be/6c44FKbnhRY).

키워드로 보는 생활과 안전

39 보이스피싱 예방

QR 코드 스캔

16차례 신고된 남성 보이스피싱 음성 영상 보기(보이스피싱 그만)

* 보이스피싱이란?

우리에게 보이스피싱(voice phishing)은 더 이상 낯선 단어가 아니다. 그만큼 보이스피싱이 생활 주변에서 일반화된 범죄라는 것이다. 하지만, 모두가 알고 있는 그 범죄가 왜 사라지지 않는 것인가? 모두가 알고 있다는 그 범죄에 왜 우리는 당하고 있는 것인가?

보이스피싱은 주로 금융기관이나 유명 전자 상거래 업체를 사칭하여 불법적으로 개인의 금융정보를 빼내 범죄에 사용하는 범법 행위. 음성(voice)과 개인 정보(private data), 낚시(fishing)를 합성한 용어이다.[1] 보이스피싱은 기존의 사기와는 달리 처음부터 2인 이상이 계획적·조직적으로 사기행위를 실행하는 대표적인 악성 사기에 해당한다(김경진·서준배, 2021). 금융감독원에서는 '피싱 사기'를 전기통신 수단 등을 통하여 '개인정보를 낚아 올린다'는 뜻으로 개인정보(Private Data) + 낚시(Fishing)를 합성한 신조어로 규정한다. 일반적으로 「형법」상 사기죄 또는 공갈죄 등이 적용된다. ① 기망행위로 타인의 재산을 편취하는 사기범죄의 하나로 ② 전기통신 수단을 이용한 비대면 거래를 통하여 ③ 금융 분야에서 발생하는 일종의 특수사기범죄이다(금융감독원).

---

1) 고려대한국어대사전(https://ko.dict.naver.com/#/entry/koko/0b0047ce67e943e6a7cb37934bb0a551).

✱ 사이버 범죄란 무엇인가?

경찰청에서는 사이버 범죄(cyber crime)를 크게 세 가지로 분류하고 있다. 정보통신망 침해 범죄, 정보통신망 이용 범죄, 불법 콘텐츠 범죄가 그것이다.

첫째, 정보통신망 침해 범죄는 정당한 접근 권한 없이 또는 허용된 접근 권한을 넘어 컴퓨터 또는 정보통신망(컴퓨터 시스템)에 침입하거나 시스템, 데이터 프로그램을 훼손, 멸실, 변경한 경우 및 정보통신망(컴퓨터 시스템)에 장애(성능 저하, 사용 불능)를 발생하게 한 경우를 말한다. 고도의 기술적인 요소가 포함되며, 컴퓨터 및 정보통신망 자체에 대한 공격행위를 수반하는 범죄로, 정보통신망을 매개한 경우 및 매개하지 않은 경우도 포함된다.

둘째, 정보통신망 이용 범죄는 정보통신망(컴퓨터 시스템)을 범죄의 본질적 구성 요건에 해당하는 행위를 행하는 주요 수단으로 이용하는 경우이며, 컴퓨터 시스템을 전통적인 범죄를 행하기 위하여 이용하는 범죄(인터넷 사용자 간의 범죄)를 말한다.

셋째, 불법 콘텐츠 범죄는 정보통신망(컴퓨터 시스템)을 통하여, 법률에서 금지하는 재화, 서비스 또는 정보를 배포, 판매, 임대, 전시하는 경우이며, 정보통신망을 통하여 유통되는 '콘텐츠' 자체가 불법적인 경우가 해당된다(경찰청 사이버수사국).

✱ 보이스피싱의 주요 유형은?

보이스피싱의 유형은 매우 다양하고 새롭게 늘 변화하고 있다. 좋지 않은 발전을 거듭하고 있는 것이다. 대표적인 주요 유형은 다음과 같다.

〈보이스피싱의 유형〉

유형	수법
자녀 납치 및 사고 빙자 편취	자녀와 부모의 전화번호 등을 사전에 알고 있는 사기범이 자녀의 전화번호로 발신자번호를 변조, 부모에게 마치 자녀가 사고 또는 납치 상태인 것처럼 가장하여 부모로부터 자금을 편취하는 수법으로, 학교에 간 자녀 납치 빙자, 군대에 간 아들 사고 빙자, 유학 중인 자녀 납치 또는 사고 빙자 등의 유형이 있음.

메신저상에서 지인을 사칭하여 송금을 요구	타인의 인터넷 메신저 아이디와 비밀번호를 해킹하여 로그인한 후 이미 등록되어 있는 가족, 친구 등 지인에게 1:1 대화 또는 쪽지 등을 통하여 금전, 교통사고 합의금 등 긴급자금을 요청하고 피해자가 속아 송금하면 이를 편취
인터넷 뱅킹을 이용하여 카드론 대금 및 예금 등 편취	명의 도용, 정보 유출, 범죄사건 연루 등 명목으로 피해자를 현혹하여 피싱 사이트를 통하여 신용카드정보(카드번호, 비밀번호, CVC번호) 및 인터넷뱅킹정보(인터넷뱅킹 ID, 비밀번호, 계좌번호, 공인인증서 비밀번호, 보안카드번호 등)를 알아낸 후, 사기범이 ARS 또는 인터넷으로 피해자 명의로 카드론을 받고 사기범이 공인인증서 재발급을 통하여 인터넷뱅킹으로 카드론 대금 등을 사기범 계좌로 이체하여 편취
금융회사, 금감원 명의의 허위 긴급공지 문자 메시지로 기망, 피싱 사이트로 유도하여 예금 등 편취	금융회사 또는 금융감독원에서 보내는 공지 사항(보안 승급, 정보 유출 피해 확인 등)인 것처럼 문자 메시지를 발송하여 피싱 사이트로 유도한 후 금융거래정보를 입력하게 하고 그 정보로 피해자 명의의 대출 등을 받아 편취
전화통화를 통하여 텔레뱅킹 이용정보를 알아내어 금전 편취	50~70대 고령층을 대상으로 전화통화를 통하여 텔레뱅킹 가입 사실을 확인하거나 가입하게 한 후, 명의 도용, 정보 유출, 범죄사건 연루 등 명목으로 피해자를 현혹하여 텔레뱅킹에 필요한 정보(주민등록번호, 이체비밀번호, 통장비밀번호, 보안카드 일련번호, 보안카드코드 등)를 알아내어 피해자 계좌에서 금전을 사기범 계좌로 이체하여 편취
피해자를 기망하여 피해자에게 자금을 이체토록 하여 편취	검찰, 경찰, 금융감독원 등 공공기관 및 금융기관을 사칭하는 자가 누군가 피해자를 사칭하여 예금 인출을 시도한다고 기망한 후 거래 내역 추적을 위하여 필요하다면서 사기범이 불러주는 계좌로 이체토록 한 후 편취
물품대금 오류 송금 빙자로 피해자를 기망하여 편취	사기범이 문자 메시지 또는 전화로 물품대금, 숙박비 등을 송금하였다고 연락한 후, 잠시 후 실수로 잘못 송금하였다면서 반환 또는 차액을 요구하여 편취

자료: 금융감독원, 보이스피싱지킴이.

＊ 보이스피싱을 당하는 방법은?

보이스피싱을 당하고 싶으신가요? 보이스피싱을 당한 사람들의 행동 특성을 토대로 나타난 '당하는 방법'이 있다. 이런 행동을 하면 보이스피싱을 당할 수 있다는 것으로 우리는 어떻게 행동하여야 할까?

⟨보이스피싱 당하는 방법⟩

STEP1 모르는 전화가 오면 친절하게 받는다.
STEP2 범인이 하는 말은 무조건 믿는다.
STEP3 예금을 보호해 줄 테니 현금으로 찾아오라고 하면 빨리 찾아온다.
STEP4 범인이 요구한대로, 냉장고에 돈을 보관한다.
STEP5 범인이 돈을 찾으러 오면, 신속하게 문을 열어준다.

자료: 사이버경찰청 게시판(2017).

*
보이스피싱에 대한 예방법은?

보이스피싱을 예방할 수 있는 방법은 무엇일까? 발전하고 있는 수법과 범죄자들의 행동에 일반 시민은 노출되어 있다. 보이스피싱을 예방하기 위한 가장 좋은 방법은 범죄에 대한 지속적인 '관심'이다. 그럼에도 불구하고, 우리가 만들어 놓은 예방책을 범죄자들은 깨뜨리며 그들의 이익을 추구하기 위하여 달려든다. 보이스피싱을 예방할 수 있는 대표적인 방법은 다음과 같다(금융감독원, 불법금융대응단 금융사기대응팀).

1) 금융 거래정보 요구는 일절 응대하지 말아야 한다.
전화로 개인정보 유출, 범죄사건 연루 등을 이유로 계좌번호, 카드번호, 인터넷뱅킹 정보를 묻거나 인터넷 사이트에 입력을 요구하는 경우 절대 응하지 말아야 한다.

2) 현금지급기로 유인하면 100% 보이스피싱이다!
현금지급기를 이용하여 세금, 보험료를 환급해 준다거나 계좌 안전 조치를 취해 주겠다면서 현금지급기로 유인하는 경우에는 보이스피싱으로 생각하면 된다.

3) 자녀 납치 보이스피싱에 미리 대비하여야 한다.
자녀 납치 보이스피싱 대비를 위하여 평소 자녀의 친구, 선생님 등의 연락처를 미리 확보하면 좋다.

4) 개인·금융거래정보를 미리 알고 접근하는 경우에도 내용의 진위를 확인하자.

최근 개인 및 금융거래정보를 미리 알고 접근하는 경우가 많다. 전화, 문자 메시지, 인터넷 메신저 내용의 진위를 반드시 확인하여야 한다.

5) 피해를 당한 경우 신속히 지급 정지를 요청한다.

보이스피싱을 당한 경우 경찰청 112콜센터 또는 금융회사 콜센터를 통하여 신속히 사기 계좌에 대하여 지급 정지를 요청하여야 한다.

6) 유출된 금융 거래정보는 즉시 폐기한다.

유출된 금융거래정보는 즉시 해지하거나 폐기하여야 한다.

7) 예금통장 및 현금(체크)카드 양도는 절대 하면 안 된다.

통장이나 현금(체크)카드 양도 시 범죄에 이용되므로 어떠한 경우에도 타인에게 양도하지 말아야 한다. 이는 「전자금융거래법」 위반으로 형사 처벌을 받을 수 있는 범죄이다.

8) 발신(전화)번호는 조작이 가능함에 유의하여야 한다.

텔레뱅킹 사전지정번호제에 가입되었다 하더라도 인터넷 교환기를 통하여 발신번호 조작이 가능하다. 사기범들이 피해자들에게 "사전지정번호제에 가입한 본인 외에는 어느 누구도 텔레뱅킹을 이용하지 못하니 안심하라"고 하는 말에 현혹되면 안 된다.

9) 금융회사 등의 정확한 홈페이지 여부 확인이 필요하다.

피싱사이트의 경우 정상적인 주소가 아니므로 문자 메시지, 이메일 등으로 수신된 금융회사 및 공공기관의 홈페이지는 반드시 인터넷 검색 등을 통하여 정확한 주소인지를 확인하여야 한다.

10) '전자금융사기 예방 서비스'를 적극 활용한다.

타인에 의하여 무단으로 공인인증서가 재발급되는 것 등을 예방하기 위하여 각 은행에서 시행하는 '전자금융사기 예방 서비스'를 적극 활용한다.

요약(Wrap-up)

보이스피싱 관련 범죄도 지능화·조직화되어가는 추세가 심각해지고 있다. '나는 절대로 당하지 않을거야!'라는 안일한 생각과는 달리 예방법과 피해 발생 시 대응 요령에 대하여 제대로 알지 못하고 있다. 정말 당신은 당하지 않을 자신이 있는가?

 계좌 이체를 통한 보이스피싱을 당했다면 어떻게 하여야 할까요?

[QR 코드 스캔]
금융감독원 통합 홈페이지 보기(금융감독원)

| 참고 문헌 |

김경진·서준배(2021). 보이스피싱 현황과 정책제언.『시큐리티연구』. 66: 111-128
경찰청 사이버수사국(https://ecrm.police.go.kr/minwon/crs/quick/cyber1).
금융감독원(https://www.fss.or.kr/fss/main/contents.do?menuNo=200354).
보이스피싱 그만. 16차례 신고된 남성 보이스피싱 음성!(https://youtu.be/TF_X3g_z2VE).
사이버경찰청(https://www.police.go.kr/user/bbs/BD_selectBbs.do?q_bbsCode=1006&q_bbscttSn=1B000002113684900).
https://ko.dict.naver.com/#/entry/koko/0b0047ce67e943e6a7cb37934bb0a551

키워드로 보는 생활과 안전

40 물놀이 안전사고

QR 코드 스캔

물놀이 안전사고 예방 및 행동요령 영상 보기(안전한 TV)

*
무엇을 물놀이 안전사고라고 하나요?

익사사고, 조난사고, 안전 부주의 사고, 시설안전사고 등 여름철 물놀이 중에 인명 피해 또는 재산 피해가 발생한 사고를 말한다.

*
물놀이 사고는 언제, 어떻게 발생하나요?

어린이는 위험에 대한 불안감이 적어 대범한 행동을 하기 쉬운 반면 갑작스러운 위험에 대처하는 능력이 떨어지기 때문에 부주의로 인한 사고를 당하기 쉽다. 또한 준비 운동 없이 입수하여 급작스런 속도로 수영을 하는 경우 심장마비에 의한 익사사고가 발생할 수 있으며, 물놀이 중에 가족, 친구 등이 물에 빠진 경우 정에 이끌린 충동적 행동을 취하거나 당황하여 올바른 대처를 못함으로써 이차적 안전사고를 야기하기도 한다.

최근 5년간(2016~2020년, 합계) 여름철(6월~8월)에 발생한 물놀이 사고로 총 158명이 사망하였다.

특히, 전체 사고의 절반(105명, 66%) 이상 정도가 7월 하순부터 8월 중순 사이에 집중적으로 발생하였다.

연령대로 보면 50대 이상에서 발생한 물놀이 사고(53명)가 가장 많지만 10대(29명), 20대(31명) 사고도 두루 발생하고 있어 나이에 관계없이 주의하여야 한다.

물놀이 사망 사고 원인의 대부분은 수영 미숙(45명, 28.5%)이며, 그 밖에 안전 부주의(27.2%), 음주 수영(17.1%), 높은 파도(11.4%), 튜브 전복(8.9%) 등의 사망사고도 꾸준히 나타나고 있다 (행정안전부 보도자료, 2021).

* 물놀이 사고가 발생하면 어떻게 하여야 하나요?

1) 물놀이 도중 경련이 난 경우

① 힘을 빼고 몸을 둥글게 오므려서 물 위에 뜨도록 하여야 한다.
② 크게 숨을 들이마시고 물속에 얼굴을 넣은 채 쥐가 난 쪽의 엄지발가락을 힘껏 앞으로 꺾어서 잡아당긴다. 한동안 계속하면서 격통이 가라앉기를 기다린다.
③ 한 번 쥐가 난 곳은 버릇이 되어 다시 쥐가 날 가능성이 있으므로 통증이 가셨을 때 잘 마사지하면서 천천히 육지로 가야 한다.
④ 육지에 오른 다음에도 발을 뻗고 장딴지 근육을 충분히 마사지해 준다.
⑤ 타월에 더운 물을 적셔서 장딴지에 감아주면 훨씬 효과적이다.[1]

2) 물에 빠진 경우

① 물에 빠지면 당황하지 않는 것이 가장 중요하다. 최대한 침착하려고 노력하며 몸에 힘을 빼고 주변 사람에게 도움을 요청한다. 발이 바닥에 닿으면 팔을 아래로 내리고 발바닥으로 물을 누르듯 치면서 올라와 숨을 들이마신다.
② 머리가 부분적으로 물 밖으로 나올 때, 팔을 벌리고 동시에 마치 가위질을 하듯 양다리를 젓는다.
③ 옷이 물에 젖으면 무거워서 가라앉기 쉬우므로 옷을 입고 물에 빠진 경우에는 침착하게 신발과 옷을 벗도록 노력한다.
④ 셔츠나 바지의 밑자락을 묶어 공기를 넣고 단단히 움켜잡으면 튜브 역할을 해 물에 뜰 수

---

[1] 국제아동안전기구 세이프키즈 한국법인(Safe Kids Korea).

있다.[2]

3) 주변 사람이 물에 빠진 경우

① 즉시 큰 소리로 인명구조요원과 어른에게 알리고 ☎ 119에 신고한다.

② 물에 빠진 친구를 구하려고 함부로 물에 뛰어들지 않는다. 인명 구조 자격이 있는 사람만 수영으로 구조할 수 있다.

③ 구명 튜브(rescue tube), 구명조끼 등을 던져준다. 튜브가 없는 경우, 윗도리, 바지, 넥타이 등을 묶어 하나의 줄 형태로 연결한 후 주변에 음료수 PET병이나 물에 뜰 수 있는 슬리퍼를 끝에 묶어서 던져주면 잡고 나오기가 쉽다.

④ 물에 빠진 사람을 구조한 뒤에는 체온이 떨어지지 않도록 젖은 옷을 벗기고 옷이나 수건 등으로 몸을 따뜻하게 감싼 후 마사지해 주는 것이 필요하다.[3]

4) 의식이 없는 사고자를 구조하였을 경우

① 구조요원 또는 119에 아직 신고되어 있지 않다면 신고한다. 가장 먼저 할 것은 인공호흡이다. 물 밖으로 완전히 나오지 않았더라도 얕은 곳까지 도착하면 곧바로 실시하여야 한다.

② 사고자의 사망을 막는 데 가장 중요한 처치 중의 하나이다.

* 물을 빼기 위하여 복부나 등을 누르는 행위는 하지 않는다. 이유는 사고자의 대부분이 물을 많이 흡입하지 않으며 흡입한 물은 신속히 폐를 통하여 흡수되므로 물을 빼는 것은 의미가 없다. 사고자의 위 속에 있는 물과 음식물을 오히려 역류시켜 기도를 막을 수 있다. 인공호흡이 늦어지게 되므로 그만큼 사고자의 소생 가능성이 작아진다. 이후의 응급처치 요령은 일반적인 심폐소생술 요령과 동일하다. 만약을 위하여 자녀들의 연령에 맞는 심폐소생술 요령을 반드시 숙지하여야 한다.

---

[2] 국제아동안전기구 세이프키즈 한국법인(Safe Kids Korea).
[3] 국제아동안전기구 세이프키즈 한국법인(Safe Kids Korea).

신속하게 환자를 안전한 곳에 대피시키고 119에 신고한다.

환자를 딱딱하고 평평한 곳에 반듯하게 눕힌다. 이때 머리, 목, 몸을 동시에 눕힌다.

의식이 없으면 한 손으로 이마를 짚고, 다른 손의 손가락 끝으로 턱을 들어 올려 기도를 열고, 10초 동안 호흡을 확인한다.

호흡이 있는 환자는 옆으로 눕히고, 호흡이 없는 환자는 심폐소생술을 시행하여야 한다.

자료: E-GEN통합홈페이지(https://www.e-gen.or.kr/egen/water_negligent_accident.do?contentsno=58); 중앙응급의료센터(https://edu.nemc.or.kr/main.do).

요약(Wrap-up)

물놀이는 구조대원과 안전시설이 갖춰진 곳에서 즐기고, 위험하고 금지된 구역에는 절대 출입하지 않아야 한다. 유속이 빨라 급류를 형성하고, 바닥이 갑자기 깊어지는 곳은 물놀이 장소로는 매우 위험하다.

물놀이는 물론 수상 스포츠를 할 경우에도 구명조끼를 철저히 착용하고 물에 들어가기 전에 간단히 준비운동 후 심장에서 먼 부분부터 물을 적신 후 입수하도록 한다.

음주 후 수영은 절대 하지 말아야 하며, 사탕·껌 등 음식물은 자칫 기도를 막아 위험할 수 있으니 먹지 않도록 한다.

어린이를 동반한 물놀이 시에는 물가에 아이들만 두지 않도록 항상 보호자가 지켜보고, 위급 상황에 대비해 구명조끼를 착용하는 것이 좋다.

해수욕장이나 하천 등에서 물놀이 중 튜브나 신발 등이 떠내려가도 무리하게 잡으려고 따라가지 않아야 한다.

✱ 생각해 보기 물놀이 사망사고 절반은 안전 부주의

[QR 코드 스캔]
물놀이 사망사고 절반은 '안전 부주의' 탓 영상 보기(연합뉴스 TV)

아이는 생존수영, 어른은 플라스틱통

[QR 코드 스캔]
긴박하였던 구조 순간 영상 보기(연합뉴스)

| 참고 문헌 |

국민재난안전포털(https://www.safekorea.go.kr/idsiSFK/neo/sfk/cs/contents/prevent/SDIJKM5209.html?menuSeq=131).
국제아동안전기구 세이프키즈(http://www.safekids.or.kr/content/content.php?cont=record03).
안전한 TV. 물놀이 안전사고 예방 및 행동 요령(https://youtu.be/ttvKRnJmvqk).
연합뉴스. 아이는 생존수영, 어른은 플라스틱통…긴박했던 구조 순간(https://youtu.be/IAzT7k5ie7U).
연합뉴스 TV. 물놀이 사망사고 절반은 '안전 부주의' 탓(https://youtu.be/OhyPA-hZzrI).
중앙응급의료센터(https://edu.nemc.or.kr/main.do).
E-GEN통합홈페이지(https://www.e-gen.or.kr/egen/water_negligent_accident.do?contentsno=58).

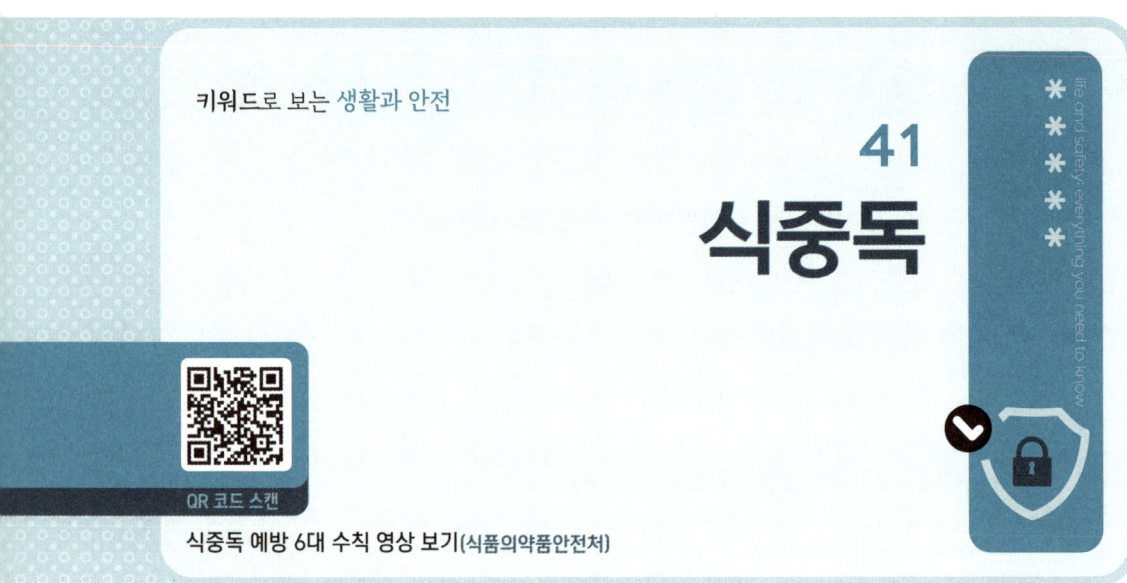

키워드로 보는 생활과 안전

41 식중독

QR 코드 스캔
식중독 예방 6대 수칙 영상 보기(식품의약품안전처)

＊ 무엇을 식중독이라고 하나요?

식중독(食中毒, food poisoning)이란 식품의 섭취로 인하여 인체에 유해한 미생물 또는 유독물질에 의하여 발생하였거나 발생한 것으로 판단되는 감염성 또는 독소형 질환을 말한다(「식품위생법」 제2조 제14항). 집단식중독은 학교나 회사의 단체급식소 등에서 집단으로 발생하는 식중독을 말하는데, 조사 결과 식품 또는 물이 질병의 원인이 된 경우로서 동일한 식품이나 동일한 공급원의 물을 섭취한 후 2인 이상의 사람이 유사한 질병을 경험하는 사건을 말한다.

＊ 식중독의 발생 원인은 무엇일까요?

식중독은 미생물, 자연독, 화학적 식중독으로 구분되는데, 각 분류별 원인균 및 물질은 다음 표와 같다. 주로 세균이 수분, 운동, 영양 등의 조건이 갖추어지면 활발하게 증식되어 발생한다. 식품을 충분히 높은 온도에서 충분한 시간으로 조리하지 못하거나 조리 후에 음식물을 적합하지 않은 온도에서 장시간 보관하였을 때 발생한다. 또한 오염된 조리기구와 용기로 인하여 발생하기도 하며, 개인의 비위생적인 습관이나 식품 취급 부주의에서 발생하기도 한다.

〈식중독의 분류〉

분류	종류		원인균 및 물질
미생물 식중독 (30종)	세균성 (18종)	감염형	살모넬라, 콜레라, 장염비브리오, 비브리오 불니피쿠스, 리스테리아 모노사이토제네스, 바실러스세레우스(설사형), 병원성대장균(EPEC, EHEC, EIEC, ETEC, EAEC), 쉬겔라, 여시니아 엔테로콜리티카, 캠필로박터 콜리, 캠필로박터 제주니
		독소형	황색포도상구균, 클로스트리디움 보툴리눔, 클로스트리디움 퍼프린젠스, 바실러스세레우스(구토형)
	바이러스성 (7종)	-	로타, 노로, 아스트로, 장관아데노, A형간염, E형간염, 사포바이러스
	원충성 (5종)	-	이질아메바, 작은와포자충, 람블편모충, 원포자충, 쿠도아
자연독 식중독	동물성		복어독, 시가테라독
	식물성		감자독, 원추리, 여로 등
	곰팡이		황변미독, 맥각독, 아플라톡신 등
화학적 식중독	고의 또는 오용으로 첨가된 유해물질		식품첨가물
	본의 아니게 잔류 혼입되는 유해물질		잔류농약, 유해성 금속화합물
	제조·가공·저장 중에 생성되는 유해물질		지질의 산화생성물, 니트로아민
	기타 물질에 의한 중독		메탄올 등
	조리기구·포장에 의한 중독		녹청(구리), 납, 비소 등

자료: 식품안전나라 홈페이지(https://www.foodsafetykorea.go.kr/).

*
식중독의 증상은 무엇일까요?

식중독은 원인균에 따라서 증상이 다르지만 통상적으로 설사, 구토, 복통, 메스꺼움, 발열, 두통 등의 증상이 나타나는 경우가 많다. 대부분의 식중독은 가벼운 증상으로 끝나지만, 때로는 중증으로 발전할 수 있기 때문에 신체저항력이 없는 유아나 고령자는 주의하여야 한다.

✱ 식중독이 자주 발생하는 계절은 언제인가요?

식중독은 연중 발생하지만 세균성 식중독은 온도에 영향을 더울 때가 추울 때보다 더 많이 발생하는 경향이 있다. 보통 6월에서 9월 사이에 식중독이 가장 많이 발생한다. 최근 3년간 식품안전나라에서 집계한 월별 식중독 환자 발생 건수를 살펴보면 기온이 높아지는 여름철에 식중독 환자가 많이 발생한 것으로 나타났다.

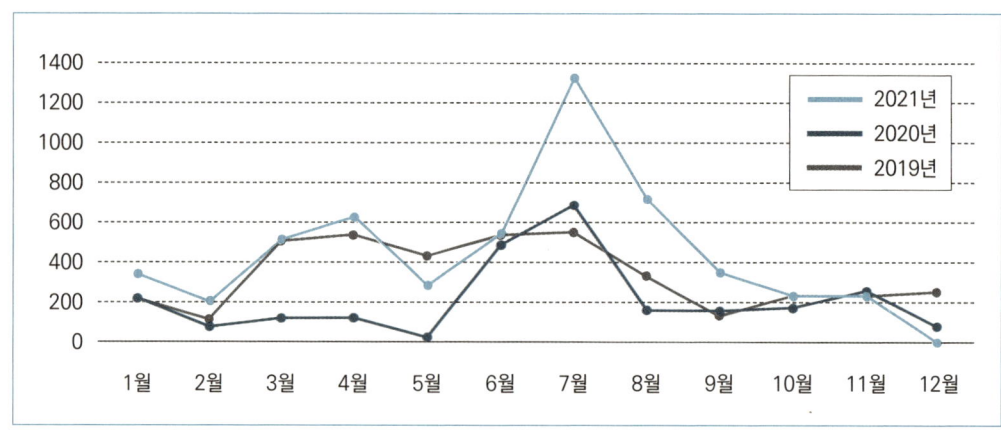

자료: 식품안전나라 통계표 활용.

[최근 3년간 식중독 환자 발생 건수]

✱ 식중독이 의심되면 어떻게 처치하여야 할까요?

식중독의 치료는 구토나 설사로 인하여 손실된 체내의 수분과 전해질을 보충하는 데 있다. 따라서 다음과 같은 방법으로 응급처치한다.

① 음식을 먹으면 설사가 더 심해질 수 있으므로 음식 대신 수분을 충분히 섭취하여 탈수를 예방한다.
② 수분은 끓인 물이나 보리차 1리터에 설탕 4티스푼, 소금 1티스푼을 타서 보충하며, 시중에 판매되는 이온음료도 좋은 수분 보충제가 된다.
③ 설사, 복통, 구토, 발열, 혈변 증상이 1~2일이 지나도 멎지 않으면 병원을 찾아 적절한

치료를 받는 것이 좋다.
④ 설사약은 자칫 잘못하면 장 속에 있는 세균이나 독소를 배출하지 못하여 병을 악화시킬 수 있으므로 함부로 복용하지 않는다.
⑤ 설사가 줄어들면 미음이나 쌀죽 등 기름기가 없는 담백한 음식부터 섭취한다.

요약(Wrap-up)

식중독이란 식품의 섭취로 인하여 인체에 유해한 미생물 또는 유독 물질에 의하여 발생하였거나 발생한 것으로 판단되는 감염성 또는 독소형 질환을 말한다.

식중독은 원인균에 따라서 증상이 다르지만 통상적으로 설사, 구토, 복통, 메스꺼움, 발열, 두통 등의 증상이 나타나는 경우가 많다.

식품을 충분한 온도와 시간으로 조리하지 못하거나 조리 후 음식물을 부적절한 온도에서 장시간 보관할 때 발생한다. 또한 오염된 조리기구와 용기로 인하여 발생하기도 하며, 개인의 비위생적인 습관이나 식품 취급 부주의에서 발생하기도 한다.

*

생각해 보기   식중독 예방을 위하여 정부는 어떤 정책을 펼치고 있을까요?

[QR 코드 스캔]
국민 여러분의 건강은 안녕하신가요 영상 보기(식품의약품안전처)

| 참고 문헌 |
식품위생법.
식품안전나라 홈페이지(https://www.foodsafetykorea.go.kr/).
식품의약품안전처. 국민 여러분의 건강은 안녕하신가요?(https://youtu.be/Ki_2k5DFlfY).
_____. 식중독예방 6대 수칙~ 놓치지 않을 거예요(https://youtu.be/i8EsjAjBaJk).

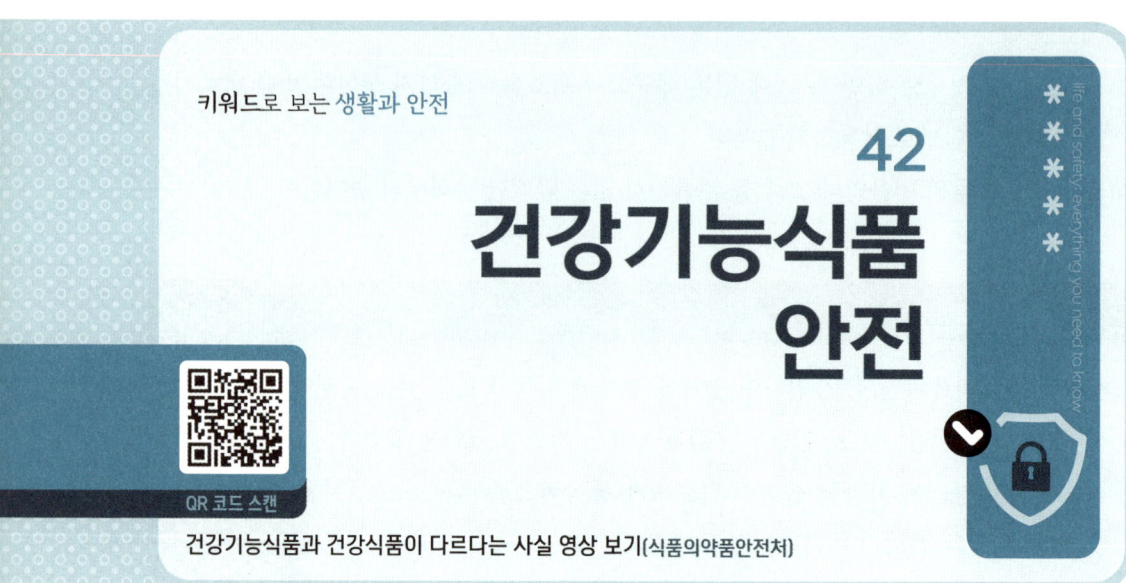

키워드로 보는 생활과 안전

42 건강기능식품 안전

건강기능식품과 건강식품이 다르다는 사실 영상 보기(식품의약품안전처)

*무엇을 건강기능식품이라고 하나요?

「건강기능식품에 관한 법률」 제3조 1항에 따르면, 건강기능식품이란 "인체에 유용한 기능성을 가진 원료나 성분을 사용하여 제조 및 가공한 식품"을 말한다. 여기서 기능성이란 인체의 구조나 기능에 대하여 영양소를 조절하거나 생리학적 작용과 같은 보건 용도에 유용한 효과를 얻는 것을 말한다.

우리는 흔히 어떤 식재료가 건강에 좋다는 정보를 접하기도 하고, 건강기능식품의 효과로 인하여 의약품이랑 혼동하기도 하는데, 일반식품과 건강기능식품, 의약품에는 다음과 같은 차이가 있다.

건강기능식품은 일반식품과 달리 「건강기능식품에 관한 법률」에 따라 일정 절차를 거쳐 만들어지는 제품으로서 '건강기능식품'이라는 명확한 문구 또는 인증 마크가 있다. 따라서 '건강식품', '자연식품', '천연식품'과 같은 명칭을 쓰고 있는 식품과는 차이가 있다. 또한 모든 건강기능식품에는 기능성 원료의 '기능성'이 표시되어 있다. 여기서 기능성은 의약품이 갖는 치료 효과는 다소 차이가 있다. 의약품은 질병의 직접적인 치료나 예방을 목적으로 사용되지만 건강기능식품은 인체의 정상적인 기능을 유지하거나 생리 기능의 활성화를 통하여 건강을 유지하고 개선하는 것을 말한다.

✱ 건강식품에는 어떠한 안전문제가 있나요?

건강기능식품은 유통되기 전 사전에 안전성 평가를 통하여 안전성이 확보되었음을 확인한다. 그러나 사용자의 오남용, 위해 성분 혼입·오염, 개인별 특이한 생리 반응 등에 의하여 다양한 부작용이 나타날 수도 있다. 그러나 부작용의 원인이 과학적으로 규명되기 전까지는 건강기능식품 때문인 것으로 단정할 수 없기 때문에 '부작용'이라는 표현보다는 '이상 사례'라는 표현을 사용한다.

건강기능식품에서 발생하는 많은 안전문제는 중복 섭취로 인하여 발생하는 경우가 많다. 예를 들어 특정 기능이 있는 제품을 2개 이상 중복하여 섭취하는 경우가 이에 해당하는데, 1일 섭취량을 초과하여 섭취할 경우에 필요한 부분만 체내에서 흡수하고 나머지는 몸 밖으로 배출하는 성분이 있는가 하면, 체내에 잔류하여 이상 사례를 발생시키기도 한다.

✱ 건강기능식품 오남용 사례에는 어떤 것이 있을까요?

최근 마른 몸매가 아름다움(美)의 기준이 되면서 남녀노소를 불문하고 체중 감량에 관심을 쏟고 있다. 그러나 체중 감량을 위해서는 많은 시간과 노력이 투입되어야 하는데, 최근에는 체중 감량에 효과가 있는 성분이 함유된 건강기능식품이 판매되면서 인기를 끌고 있다. 체중 감량에 효과가 있다고 알려진 성분으로는 녹차 추출물, 알로에 전잎, 가르시니아캄보지아 추출물 등이 있는데 빠른 효과를 위하여 두 개 이상의 체중 감량 기능성식품을 섭취한 소비자가 속쓰림, 구토, 간기능 이상 등을 호소하는 경우가 많고, 독성 간염으로 이어져 간 이식 수술 치료를 받은 경우도 있다(식품안전나라 홈페이지).

✱ 건강기능식품을 안전하게 섭취하기 위해서는 어떻게 하여야 할까요?

첫째, 목적에 맞는 우수한 건강기능식품을 선택하여 구매하여야 한다. 이때 건강기능식품, 우수건강기능식품 표시 정보를 활용할 수 있으며, 건강기능식품 이력추적제를 활용할 수 있다. 건강기능식품을 안전하게 섭취하기 위해서는 먼저 좋은 건강식품을 선택하여야 한다. 식품의약품안전처에서 인증한 건강기능식품에는 '건강기능식품'이라는 문자 또는 건강기능식품임을 나타내는 도안(식품의약품안전처 고시 제2020-54호, 2020. 6. 23. 발령 시행. 제6조 제1호 가목)을 표시할 수 있다. 또한 식품의약품안전처장은 건강기능식품의 제조 및 품질관리를 위하여 '우수건강기능식품 제조 기준'(식품의약품안전처 고시 제2019-130호, 2019. 12. 17. 발령·시행)을 운영하고 있으며, 건강기능식품 제조업자가 동 고시에 적합한 요건을 갖추어 신청을 하여 현장조사 등으로 적합한지 확인이 되면 우수건강기능식품 제조 기준 적용 업소로 지정하고, 아래와 같은 표시를 사용할 수 있다. 따라서 건강기능식품, 우수건강기능식품 표시 정보를 확인하는 것이 중요하다.

[건강기능식품 관련 표시]

또한 식품의약품안전처에서는 건강기능식품 이력추적관리제도를 시행하고 있다. 이 제도는 건강기능식품의 제조 단계에서부터 판매 단계에 이르기까지 각 단계별로 정보를 기록하고 관리하여 해당 건강기능식품에서 안전에 관한 문제가 발생하였을 때 해당 건강기능식품을 신속히 추적하여 원인을 규명하고 필요한 조치를 취하도록 하는 것으로, 연 매출 1억 원 이상의 건강기능식품 제조·가공업자나 수입·판매업자는 이력추적관리 등록을 반드시 하여야 하고, 등록한 건강기능식품에는 건강기능이력추적관리 표시를 하여야 한다. 소비자는 건강기능식품에 대한 정보를 알고 싶다면 식품이력관리시스템(https://www.tfood.go.kr/)을 통하여 쉽게 확인할 수 있다.

둘째, 제품의 섭취량, 섭취 방법, 섭취 시 주의 사항을 반드시 확인하고 이를 준수하여 섭취하여야 한다. 또한 같은 기능을 가진 건강기능식품을 중복하여 섭취하지 않도록 한다.

우리나라에서는 건강기능식품에는 반드시 다음 사항을 표시하도록 법률(「식품 등의 표시·광고에 관한 법률」 제4조 3항)로 정하고 있다. 따라서 해당 건강기능식품에 표시된 섭취량, 섭취 방법 및 섭취 시 주의 사항을 반드시 확인하고 이를 준수하여 섭취하여야 한다. 또한 동일한 기능성을 가진 건강기능식품을 함께 다량으로 섭취하거나 하루에 여러 종류의 건강기능식품을 섭취하지 않도록 주의하여야 한다.

〈건강기능식품 표시 사항〉

1. 제품명, 내용량 및 원료명
2. 영업소 명칭 및 소재지
3. 소비 기한 및 보관 방법
4. 섭취량, 섭취 방법 및 섭취 시 주의 사항
5. 건강기능식품이라는 문자 또는 건강기능식품임을 나타내는 도안
6. 질병의 예방 및 치료를 위한 의약품이 아니라는 내용의 표현
7. 기능성에 관한 정보 및 원료 중에 해당 기능성을 나타내는 성분 등의 함유량

요약(Wrap-up)

건강기능식품이란 인체에 유용한 기능성을 가진 원료나 성분을 사용하여 제조한 식품을 말한다.

건강기능식품을 안전하게 섭취하기 위해서는 목적에 맞는 우수한 건강기능식품을 선택하여 구매하여야 하며, 제품의 섭취량, 섭취 방법, 섭취 시 주의 사항을 반드시 확인하고 이를 준수하여 섭취하여야 한다.

또한 같은 기능을 가진 건강기능식품을 중복하여 섭취하지 않도록 한다.

※ **생각해 보기** 우리집에 있는 건강기능식품을 찾아보고 관련 표시를 확인하여 봅시다.

[QR 코드 스캔]
건강기능식품 표시 사항 확인 영상 보기(식품안전정보원)

| 참고 문헌 |

식품 등의 표시·광고에 관한 법률.
식품의약품안전처 고시 제2020-54호.
식품안전나라 홈페이지(https://www.foodsafetykorea.go.kr/).
식품안전정보원. 건강기능식품-표시 사항 확인 편(https://youtu.be/bJ0qqzO_jLE).
식품의약품안전처. 건강기능식품과 건강식품이 다르다는 사실(https://youtu.be/VXs4pesI7DY).

키워드로 보는 생활과 안전

43 항생제 내성

항생제 내성의 위험성을 알고 계신가요 영상 보기(식품의약품안전처)

*
무엇을 항생제 내성이라고 하나요?

항생제(抗生劑, antibiotics)란 세균의 번식을 억제하거나 죽여서 세균 감염을 치료하는 데 사용되는 약물이다. 현대적 개념의 최초의 항생제는 페니실린(pennicillin)으로 여러 개발 단계를 거치면서 화학적 합성이 가능하게 되어 세균으로부터 인류의 생명을 구하는 데 널리 사용되었다. 항생제의 개발로 감염질환으로 인하여 사망하는 환자의 수가 크게 줄고 인간의 평균 수명도 크게 향상되었다. 하지만 항생제 사용과 함께 항생제 내성(Antimicrobial Resistance: AMR)을 보이는 세균이 발견되었고, 항생제 과다 사용 및 오남용이 항생제 내성을 증가시켜 항생제 치료가 어려운 상황을 만들기도 하였다(질병관리청 보도자료, 2021년 11월 18일). 항생제 내성은 박테리아 감염을 예방하고 치료하는 데 사용되는 의약품인 항생제 사용에 따라 박테리아가 변하면서 내성(耐性)이 생기게 된 것을 말한다(Martines et al., 2007). 항생제 내성균이 생기면 항생제가 제대로 작용하지 못하며, 감염균이 발생할 가능성이 높아지게 된다(오성우 외, 2019).

국내 항생제 사용 실태와 항생제 내성률은 어떻게 되나요?

경제협력개발기구(OECD)의 통계에 따르면, 2019년 한국의 항생제 사용량은 26.1DID로, 이는 한국인 1,000명 중 26.1명이 매일 항생제를 복용한다는 뜻이다. 보건복지부의 2021년 11월 7일 보도자료에 따르면, 비인체(축·수산) 분야 항생제 사용량도 타 국가에 비교해서 많은 편이다. 특히 세계보건기구(WHO)에 따르면, 최우선 중요 항생제의 사용량이 증가하는 추세이다. 여기서 최우선 중요 항생제라 함은 가축에서 항생제 내성균이 발생하였을 때, 사람에게 위해를 끼칠 수 있다고 판단되는 항생제로 국내 사용량이 2013년 92톤에서 2020년 155톤으로 증가하여 항생제 내성에 경종을 울리고 있다. 항생제 내성률은 분리된 세균 중에서 항생제에 내성을 가진 세균의 비율을 말하는데, 국내 항생제 내성률 또한 선진국과 비교해 높은 편이다. 반코마이신 내성 장알균 감염은 2007년 26.0%에서 2017년 34.0%로 증가하였으며, 2019년에는 40.9% 수준으로 나타났다. 카바페넴 내성 장내세균속균종은 2010년에 국내에 첫 보고된 이후 보고 건수가 급증하여 2020년에는 18,904건으로 나타났다.

항생제 내성 발생 원인은 무엇일까요?

항생제 내성은 다양한 원인으로 발생하게 된다. 먼저, 감염병 환자에게 적절한 양을 투여하지 않거나 투여 기간을 지키지 않고 중단하는 경우에 항균제 내성 세균이 발생하도록 유도하거나 내성 세균이 완전히 제거되지 않고 증식하는 결과를 초래하게 된다(신은주, 2017). 그 밖에도 위생환경이 부적절한 경우나 가축이나 양식 어류에게 항생제가 과도하게 투여된 경우에도 항생제 내성이 생길 수 있다.

항생제 내성으로 인하여 어떤 결과가 초래될까요?

항생제 내성이 생기면 감염병을 더 오래, 더 심각하게 앓을 수 있고 일부 항생제 내성균에 감염된 경우에는 환자의 생명에 위협이 되기도 한다.

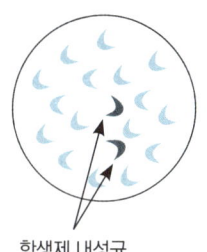 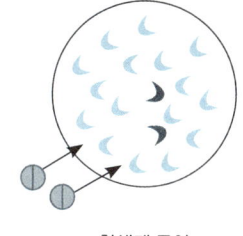 

| 항생제 내성균 | 항생제 투여 | 항생제 내성 세균만 남기고 다른 세균은 죽음 | 항생제 내성균이 증식 항생제를 써도 호전 안 됨 |

[항생제 내성의 결과]

✱ 항생제 내성을 예방하기 위해서는 어떻게 하여야 할까요?

항생제 내성의 증가는 항생제의 오·남용과 밀접한 관련이 있다. 따라서 항생제 내성을 줄이기 위해서는 반드시 올바른 사용 원칙을 지켜야 한다. 항생제는 반드시 사용하는 목적이 확실한 경우에만 사용하고, 감염질환에 맞게 사용해야 한다. 즉, 감염의 원인균에 따라 항균제의 선택이 달라져야 하며, 무조건 광범위한 항생제를 사용하는 것을 지양하여야 한다(신은주, 2017). 개인이 항생제 내성을 예방하기 위해서는 다음과 같은 예방 수칙을 준수할 필요가 있다(보건복지부 보도자료, 2018년 11월 12일).

① 의사가 처방한 경우에만 항생제를 복용한다.
② 항생제는 처방받은 대로 방법과 기간을 지켜 복용한다.
③ 남겨둔 항생제를 임의로 먹지 않는다.
④ 처방받은 항생제를 다른 사람과 나눠 먹지 않는다.
⑤ 손 씻기, 예방접종 등을 통하여 감염질환의 발생을 예방한다.

> ### 요약(Wrap-up)
>
> 항생제란 세균의 번식을 억제하거나 죽여서 세균 감염을 치료하는 데 사용되는 약물이다. 항생제 과다 사용 및 오남용이 항생제 내성을 증가시켜 항생제 치료가 어려운 상황을 만들기도 한다. 따라서 항생제 내성을 줄이기 위해서는 반드시 올바른 사용 원칙을 지켜야 한다.

* **생각해 보기** 사용하고 남은 항생제를 무단으로 폐기하는 경우에 어떤 결과가 발생할지 생각해 봅시다.

[QR 코드 스캔]
환경의 재앙으로 돌아오는 폐의약품 영상 보기(YTN 사이언스)

| 참고 문헌 |

신은주(2017). 항생제와 항생제 내성 슈퍼박테리아, *The Ewah Medical Journal*, 40(3): 99-103.

오성우·이한길·신지연·이정훈(2019). 딥러닝 기반 항생제 내성균 감염 예측. 한국전자거래학회지, 24(1): 105-120.

Martinez, J. L., Baquero, F., & Andersson, D. I. (2007). Predicting antibiotic resistance, *Nature Reviews Microbiology*, 5(12), 958-956.

보건복지부. 2018년 11월 12일 보도자료, 올바른 항생제 사용을 위해 다 함께 약속해요(http://www.mohw.go.kr/react/al/sal0301vw.jsp?PAR_MENU_ID=04&MENU_ID=0403&CONT_SEQ=346607&page=1)

_____. 2021년 11월 7일자 보도자료, 항생제 내성균으로부터 국민의 건강을 지키자(http://www.mohw.go.kr/react/al/sal0301vw.jsp?PAR_MENU_ID=04&MENU_ID=0403&page=1&CONT_SEQ=368388)

식품의약품안전처. 항생제 내성의 위험성을 알고 계신가요?(https://youtu.be/rM3A6M-r_Xs).

질병관리청, 2021년 11월 18일 보도자료, 내 몸을 위한 항생제, 건강을 위해 올바르게 써주세요.(https://www.kdca.go.kr/board/board.es?mid=a20501010000&bid=0015&act=view&list_no=717556).

OECD 홈페이지(https://www.oecd.org/).

YTN 사이언스. 환경의 재앙으로 돌아오는 폐의약품(https://youtu.be/ZBHJLmZYyW8).

44 어린이제품 안전사고

키워드로 보는 생활과 안전

QR 코드 스캔

"집이 가장 위험하다?"…가정 어린이 안전사고 예방법 영상 보기(YTN 사이언스 투데이)

* 어린이제품이란 무엇인가요?

「어린이제품 안전 특별법」 제1조 1항에 따르면, 어린이제품이란 "만 13세 이하의 어린이가 사용하거나 만 13세 이하의 어린이를 위하여 사용되는 물품 또는 그 부분품이나 부속품"을 말한다. 어린이 제품 중에서도 구조·재질 및 사용 방법 등으로 인하여 어린이의 생명·신체에 위해(危害)를 초래할 우려가 있는 제품으로 제품검사로 그 위해를 방지할 수 있다고 인정되는 어린이제품을 안전 확인 대상 어린이제품으로 지정하고 있으며, 동법 시행규칙에서는 안전인증 대상 어린이제품, 안전확인 대상 어린이제품, 공급자적합성확인 대상 어린이제품으로 안전확인 대상 어린이제품을 구분하고 있다.

〈안전확인 대상 어린이제품〉

안전인증 대상 어린이제품	안전확인 대상 어린이제품	공급자적합성 확인 대상 어린이제품

1. 어린이용 물놀이기구
2. 어린이 놀이기구
3. 자동차용 어린이 보호장치
4. 어린이용 비비탄총
	1. 유아용 섬유제품
	2. 합성수지제 어린이제품
	3. 어린이용 스포츠 보호용품
	   (보호 장구 및 안전모)
		1. 어린이용 가죽제품
		2. 어린이용 안경테
		   (선글라스를 포함)
		3. 어린이용 물안경

4. 어린이용 스케이트보드	4. 어린이용 우산 및 양산
5. 아동용 이단침대	5. 어린이용 바퀴 달린 운동화
6. 완구	6. 어린이용 롤러스케이트
7. 유아용 삼륜차	7. 어린이용 스키용구
8. 유아용 의자	8. 어린이용 스노보드
9. 어린이용 자전거	9. 쇼핑카트 부속품
10. 학용품	10. 어린이용 장신구
11. 보행기	11. 어린이용 킥보드
12. 유모차	12. 어린이용 인라인 롤러스케이트
13. 유아용 침대	13. 어린이용 가구
14. 어린이용 온열팩 (주머니난로 포함)	14. 아동용 섬유제품
15. 유아용 캐리어	
16. 어린이용 스포츠용 구명복	

* 어린이제품 안전문제를 별도로 관리하여야 하는 이유는 무엇인가요?

어린이는 신체적 조건, 인지 능력, 행동 양식이 일반 성인과 다르므로 동일한 위험 상황에서도 그 결과를 예측하기 어렵다. 또한 어린이들은 신진대사와 인체 장기 및 조직의 성장 속도가 빨라서 어른들보다 화학물질에 더 민감하다. 2020년 한국소비자원 소비자위해감시시스템(CISS)에 접수된 어린이 안전사고 건수는 18,494건으로 전체 안전하고 건수의 26.4%를 차지하고 있다. 우리나라의 인구 대비 어린이 인구 비중이 12.2%에 비하여 어린이들의 안전사고가 높은데 이를 통하여 어린이가 안전사고 취약계층임을 알 수 있다. 따라서 어린이제품 이외에도 일반제품이라 하더라도 어린이 안전사고가 발생할 여지가 많기 때문에 특별히 관리하여야 한다. 특히 2016년부터 2020년까지 어린이 안전사고 위해 품목을 살펴보면 완구 및 게임용품이 4위를 차지하고 있다. 이와 같이 어린이를 대상으로 생산된 제품이 어린이의 안전을 위협하는 사례가 발생하고 있어 주의가 요구된다.

* 어린이제품 안전사고의 대표 사례에는 무엇이 있을까요?

1) 유해물질 검출

국가기술표준원이 유치원·초등학교 2학기 등교를 앞둔 2021년 6~8월 169개 어린이 제품을 대상으로 안전성 조사를 한 결과, A회사의 제조품인 색종이, B회사의 수입품인 찰흙 등에서 방부제가 검출되거나, 납·붕소·프탈레이트계 가소제가 기준치를 초과한 것으로 나타나 리콜명령을 내렸다. 색종이 1개 제품에서 피부염 등을 일으킬 수 있는 납이 기준치(300mg/kg)를 초과하였으며, 찰흙 점토 1개 제품에서는 유독성을 띠어 사용 제한되는 방부제(MIT, CMIT)가 검출되었다(제품안전정보센터 홈페이지).

2) 합성세제 삼킴 후 사망사건

2013년 미국에서 7개월 된 유아가 캡슐형 세제를 삼킨 후 병원으로 이송된 지 한 시간 만에 사망하였으며, 2012년에도 20개월 된 유아가 캡슐형 세제의 내용물을 삼킨 수 구토와 호흡곤란, 발작 증상을 일으켜 흉부 방사선 촬영에서 폐문 주위 침윤 진단을 받았으며, 같은 해 4세 어린이가 캡슐형 세제를 손에 쥐고 있다가 세제가 터지면서 눈에 튀어 각막 찰과상 신단을 받은 사고가 있었다(생활환경안전정보시스템 초록누리 홈페이지).

3) 워터비즈 삼킴 후 장폐색 증상 발생

수경 재배 또는 원예용 장식품으로 쓰이는 워터비즈(water beads)를 삼킨 후 워터비즈가 소장에서 부풀어 오르면서 소장을 막아 장폐색 증상이 발생하였다. 워터비즈는 수경 재배나 원예용으로 허가받은 제품과 소재나 팽창 기준을 엄격히 지켜 어린이 안전 기준(KC 인증)까지 받은 제품으로 나뉘는데, KC 인증이 없는 워터비즈들도 어린이 놀잇감이나 완구용으로 홍보하고 있는 문제가 있다(한겨레, 2021년 3월 16일자).

* 어린이 보호포장이란 무엇인가요?

영유아들은 습관적으로 손에 잡히는 제품을 입에 넣기도 하고, 제품의 위험성을 인지하지 못하는 경우가 많다. 2020년 어린이 안전사고 현황을 살펴보면, 완구, 문구용품 및 학습용품, 기타 생활용품의 이물질을 삼킨 경우가 주요 원인으로 나타났다(한국소비자원, 2021). 이에 「안전확인대상 생활화학제품 지정 및 안전·표시 기준」(환경부고시 제2021-150호) 제5조 제1항 제3호 및 별표 4에 따라 액체형 자동차용 워셔액, 액체형 자동차용 부동액, 순간접착제(순간 접착력이 있는 미용 접착제 포함), 캡슐형 세탁제품은 어린이 보호 포장을 하도록 하고 있다. 여기서 어린이 보호 호장이란 안전확인 대상 생활화학제품의 안전 기준으로, 성인이 개봉하기는 어렵지 않지만 만 5세 미만의 어린이가 일정 시간 내에 내용물을 꺼내기 어렵게 설계·고안된 포장 및 용기를 말한다.

한편, 최근 재미를 소비하는 소비자를 뜻하는 컨슈머가 시장의 한 트렌드로 자리잡으면서, 제품의 포장이나 디자인에도 변화가 찾아오면서 어린이가 오인할 만한 제품이 등장하고 있다. 식품의 외형을 흉내낸 어린이 장난감이나 화장품 때문에 안전사고도 빈번하게 일어나고 있다. '우유팩 모양 바디워시'나 유명 음료수 디자인을 모방한 슬라임 제품이 대표적인 사례이다. 이러한 제품은 어린이에게 혼동을 유발하여 삼킴 등의 안전사고가 발생할 우려가 높은 만큼 각별한 주의가 필요하다.

*
어린이제품 안전사고를 예방하기 위해서는 어떻게 하여야 할까요?

어린이제품 안전사고를 예방하기 위해서는 다음의 사항을 주의하여야 한다.

① 유해물질이 포함된 것인지 확인하여야 한다. 만 13세 이하의 어린이가 사용하거나 만 13세 이하 어린이를 위하여 사용되는 물품 또는 그 부분품이나 부속품에 대한 유해화학물질의 허용치 기준을 확인한다. 납, 카드뮴 등 유해물질의 종류 및 종류별 허용치 기준에 관한 자세한 내용은 「어린이제품 공통안전기준」을 참고한다.

② 아이의 연령대에 맞는 용품을 선택하여야 한다. 안전 인증·안전 확인 또는 공급자적합성 확인을 받은 어린이용품에는 제품을 사용할 수 있는 어린이의 연령이 표시되어 있으므로, 이를 확인하여 아이의 연령대에 맞는 용품을 선택하여야 합니다(「어린이제품 안전 특별법」 제29조 참조).

③ 리콜 대상 제품이 아닌지 확인한다.

요약(Wrap-up)

어린이제품이란 만 13세 이하의 어린이가 사용하거나 만 13세 이하의 어린이를 위하여 사용되는 물품 또는 그 부분품이나 부속품을 말한다. 어린이는 신체적 조건, 인지 능력, 행동 양식이 일반 성인과 다르므로 동일한 위험 상황에서도 그 결과를 예측하기 어렵다.

생각해 보기 어린이제품 안전 사용을 위한 관리 방안을 생각해 봅시다.

[QR 코드 스캔]
어린이용 제품 안전하게 사용하기 영상 보기(행정안전부)

| 참고 문헌 |

생활환경안전정보시스템 초록누리 홈페이지.
안전확인대상생활화학제품 지정 및 안전·표시기준.
어린이안전제품특별법.
어린이안전제품특별법 시행령 별표1, 별표2, 별표3.
제품안전정보센터 홈페이지.
한겨레(2021). 워터비즈, 구슬자석 꿀꺽…영유아에 매우 위험, 2021년 3월 16일 박수진 기자(https://news.sbs.co.kr/news/endPage.do?news_id=N1006242959&plink=ORI&cooper=NAVER).
한국소비자원(2021). 2020년 어린이 안전사고 동향 분석. 안전보고서, 1-53.
행정안전부. 어린이용 제품 안전하게 사용하기(https://youtu.be/pavH6kQwvTo).
YTN 사이언스 투데이. "집이 가장 위험하다"…가정 어린이 안전사고 예방법은?(https://youtu.be/dchdE7hymWM).

키워드로 보는 생활과 안전

45
생활화학제품과 살생물제

QR 코드 스캔

항생제 내성의 위험성을 알고 계신가요 영상 보기(식품의약품안전처)

*
무엇을 생활화학제품이라고 하나요?

생활화학제품이란 가정, 사무실, 다중이용시설 등 일상적인 생활공간에서 사용되는 화학제품으로서 사람이나 환경에 화학물질의 노출을 유발할 가능성이 있는 것을 말한다(「생활화학제품 및 살생물제의 안전관리에 관한 법률」 제3조 제3항). 특히 안전 확인 대상 생활화학제품은 생활화학제품의 안전 실태를 조사한 결과 위해성이 우려되는 경우 또는 제품에 들어 있는 화학물질이 위해성이 크다는 우려가 제기된 경우에 위해성평가를 실시하고 그 결과 위해 위해성이 있다고 인정되는 제품이다. 「안전 확인 대상 생활화학제품 지정 및 안전·표시 기준」(환경부고시 제2021-150호)의 '별표1'에 따라 안전 확인 대상 생활화학제품은 다음과 같다.

〈안전 확인 대상 생활화학제품〉

분류	품목	분류	품목
세정제품	1. 세정제 2. 제거제	미용제품	1. 미용 접착제 2. 문신용 염료
세탁제품	1. 세탁세제 2. 표백제 3. 섬유유연제	살균제품	1. 살균제 2. 살조제 3. 가습기용 항균·소독제

			4. 감염병 예방용 방역 살균·소독제
코팅제품	1. 광택 코팅제 2. 특수목적 코팅제 3. 녹 방지제 4. 윤활제 5. 다림질 보조제	구제제품	1. 기피제 2. 보건용 살충제 3. 보건용 기피제 4. 감염병 예방용 살충제 5. 감염병 예방용 살서제
접착·접합제품	1. 접착제 2. 접합제	보존·보존 처리제품	1. 목재용 보존제 2. 필터형 보존 처리제품
방향·탈취제품	1. 방향제 2. 탈취제		
염색·도색제품	1. 물체 염색제 2. 물체 도색제	기타	1. 초 2. 습기제거제 3. 인공 눈 스프레이 4. 공연용 포그액 5. 가습기용 생활화학제품
자동차 전용 제품	1. 자동차용 워셔액 2. 자동차용 부동액		
인쇄 및 문서 관련 제품	1. 인쇄용 잉크·토너 2. 인주 3. 수정액 및 수정 테이프		

자료: 「안전 확인 대상 생활화학제품 지정 및 안전·표시 기준」(환경부고시 제2021-150호)의 '별표1.

*
생활화학제품은 어떤 안전문제를 내포하고 있나요?

울리히 벡(Ulich Beck)은 오늘날의 소비자들에게서 발생하는 비만이나 당뇨병 같은 만성대사성 질환이나 난소 기능 이상, 자궁내막증과 같은 여성 질환에 대하여 화학물질의 영향을 무시할 수 없다고 주장하였다(Beck, 1986). 국내에서도 시중에 판매되고 있는 다양한 생활화학제품이 내분비계 교란물질과 같은 위해 성분을 포함하고 있다고 보고되고 있다(박신영 외, 2017; 허다안 외, 2015). 한국소비자원(2017)의 생활화학제품 위해정보 동향분석 보고서에 따르면, 생활화학제품 위해 사례 건수는 2014년 445건, 2015년 432건, 2016년 652건으로 3년간 1,529건으로 나타났다. 위해 증상으로는 결막염 또는 안구 손상, 체내 위험 이물질 흡입, 중독, 화상 등이 주로 나타났다. 한국소비자원(2021)이 발표한 「2020년 어린이 안전사고 동향분석」에 따르면 어린이가 가정용 청소 및 세탁용품을 삼킨 건수가 213건으로 나타났다. 그중 대표 사례로는 2020년 2월 2개월 여아가 구연산을 삼켜 소화 계통의 화학물질 중독 치료를 받은 사례가 있다. 특히 휘발성 유기화학물질(VOCs)이 포함된 각종 살균 세정제나 제거제, 복사기 토너, 접착제, 방향제, 보존제 등과 같은 생활화학제품은 소비자가 제품을 사용할 때 직접적으로 노출되는가 하면 실내 공기 중에 잔류하여 장시간 간접적으로 노출되기도 한다. VOCs는 인체에 나타나는 자극과 증상이 경미하고 서서히 나타나는 특징이 있으며, 노출량에 따라 호흡기관 문제나 두통의 원인이 되기도 하고 신경·생리학적 기능 장해를 유발하는 것으로 알려져 있다(손장열·윤동원, 1995).

생활화학제품은 인체위험성 이외에도 다양한 위험과 관련되어 있다. 2018년 서울시 소방재난본부는 서울시내 대형 점포 98곳에서 판매 중인 생활화학제품 604종의 안전성 실험을 실시하였다. 그 결과 311종이 인화성·발화성 성질이 있어 화재의 위험성이 높은 것으로 확인되었다. 또한 이 중 고위험군 제품이 195종에 달했다(뉴시스1, 2018.01.09). 이와 같이 생활화학제품은 유해 성분을 함유하고 있기 때문에 각별한 관리와 감독이 필요하며 소비자들 역시 생활화학제품을 사용할 때 주의를 기울여야 한다.

*
생활화학제품은 어떻게 관리되고 있나요?

우리나라에서는 가습기 살균제 사고를 계기로 살생물제에 대한 사회적 경각심이 높아지고 관리의 필요성이 제고되면서 2015년에 「화학물질의 등록 및 평가 등에 관한 법률」이 제정되었으며, 그 후 생활화학제품에 대한 체계적이고 안전한 관리를 위하여 2018년에는 「생활화학제품 및 살생물제의 안전관리에 관한 법률」이 제정되어 생활화학제품의 안전관리에 대하여 미비하였던 사항이 보완되었다. 이 법률에서는 '안전 확인 대상 생활화학제품'을 지정·고시하도록 하여, 가정 내, 사무실, 다중이용시설 등 일상적인 생활공간에서 사용되는 생활화학제품으로 인하여 사람이나 환경이 화학물질에 노출될 가능성이 있는 제품을 지정하여 관리하도록 하고 있다.

해외의 관리 사례를 간단히 살펴보면 다음과 같다. 일본에서는 후생노동성에서 「유해물질 함유 가정용품 규제법」에 따라 가정용 에어로졸, 주택 세정제 등의 가정용품에 함유된 유해물질(수산화칼륨, 메탄올, 유기화합물, 포름알데히드 등 20종) 함유량, 용출량, 시험 방법 등을 규정하고 있으며, 기준이 부적합인 제품을 판매 금지·회수·수거, 피해 발생에 대한 조사·예방 등을 사업자의 의무 사항으로 정하고 있으며, 미국은 「연방살충·살균·살서제법(FIFRA)」에 따라 시판 전 모든 항균 제품(antimicrobial products)의 안전성 자료 등을 심사하여 제품 유통을 승인하고 있다. 유럽에서는 생활화학용품의 원료물질이 인체에 노출되었을 때의 위험성을 일찍이 인식하고 「바이오사이드 제품지침(Biocidal products directive)」에 따라 제품으로 인하여 사람, 동물 등에서 나타날 수 있는 모든 위해를 평가하고 관리하고 있다. 특히 독일 연방위해평가원(BfR)에서는 자국에 유통되는 화장품, 위생용품, 장난감, 세척제, 담배, 가구 등 생활용품 원료물질 정보와 자국민의 생활 패턴에 적합한 제품의 사용 방법, 빈도 등 관련 정보를 확보하여 위해평가를 실시하고 제품안전 관리 부처에 결과를 제공하고 있으며, 네덜란드의 국립공중위생환경연구소(RIVM)에서도 접착제, 페인트, 화장품, 가정용 세척제 등에 대한 위해평가를 수행하고 있다.

✽ 생활화학제품 안전사고를 예방하기 위해서는 어떻게 하여야 할까요?

생활화학제품을 안전하게 사용하기 위해서는 제품의 용도에 맞게 적정량을 사용하여야 하며, 사용 시 주의 사항을 유념하여야 한다. 생활화학제품은 유해물질에 지속적으로 노출되면서 발생하는 안전사고도 있지만 소비자의 사용 부주의로 인하여 발생하는 안전하고도 적지 않다. 한국소비자원(2017)의 생활화학제품 관련 위해 예방 가이드라인을 살펴보면 다음과 같다.

① (구입 시) 용도에 맞는 생활화학제품을 필요한 만큼 구입한다. 또한 성분, 부작용 및 응급조치 사항, 사용 시 주의 사항과 같은 제품 관련 정보(리콜정보 포함) 등을 확인하고 구입한다.
② (사용 시) 제품에 표시된 주의 사항을 준수하여 용도에 맞게 정량을 사용하여야 하며, 밀폐된 환경에서 사용을 자제하고 사용 후 충분히 환기하여야 한다.
③ (보관 시) 어린이의 손에 닿지 않는 곳에 보관하고, 제품에 표시된 보관 방법을 준수한다.
④ (위해 발생 시) 눈에 들어간 경우에는 다량의 물로 세척한다. 섭취한 경우에는 강제로 구토를 유발하지 않는 등 응급조치 요령에 따라야 한다. 또한 치료 시에는 제품의 성분을 확인하여야 하므로 병원 방문 시 제품을 가지고 가야 한다.

요약(Wrap-up)

생활화학제품이란 가정, 사무실, 다중이용시설 등 일상적인 생활공간에서 사용되는 화학제품으로서 사람이나 환경에 화학물질의 노출을 유발할 가능성이 있는 것을 말한다. 생활화학제품은 유해물질에 지속적으로 노출되면서 발생하는 안전사고도 있지만 소비자의 사용 부주의로 인하여 발생하는 안전하고도 적지 않다. 위해가 발생하였을 때에는 제품의 성분을 확인하여야 하므로 병원 방문 시 제품을 가지고 가야 한다.

생각해 보기 생활화학제품을 어떻게 관리하고 있는지 스스로 점검해 봅시다.

[QR 코드 스캔]
생활 속 위험 화학제품, 안전하게 관리하기 영상 보기(행정안전부)

| 참고 문헌 |

박신영·이지윤·홍영완·지경희(2017). 생활화학제품 내 내분기계 장애물질의 검출, 독성자료 분석. 『한국환경보건학회 2017 가을 학술대회 자료집』, 183.

손장열·윤동원(1995). 실내공기환경에 휘발성 유기화학물질(VOCs)의 특성과 제어 방법, 『설비저널』. 24(1): 44-55.

한국소비자원(2017), 생활화학제품 위해정보 동향 분석, 보고서, 1-54.

_____(2021). 2020년 어린이 안전사고 동향 분석. 안전보고서, 1-53.

허다안·허은혜·박지영·문경환·이기영(2015). 일부 생활화학용품에 함유된 성분 및 유해물질: 세정제와 소독제를 중심으로. 『환경보건학회지』. 41(5): 314-326.

Beck, Ulich(1986). *Risikogesellschoft: Auf dem Weg in eine Andere Moderne*. Frankfurt an Mail: Suhrkampverlag.

식품의약품안전처. 항생제 내성의 위험성을 알고 계신가요?(https://youtu.be/rM3A6M-r_Xs).

뉴시스1(2018.01.09.). 화장품·방향제 포함 생활화학제품 절반이 '화재위험물'. (http://news1.kr/articles/?3201329).

행정안전부. 생활 속 위험 화학제품, 안전하게 관리하기!(https://youtu.be/6UsW79lEhhw).

키워드로 보는 생활과 안전

46 전기안전사고

전기안전사고 행동 요령 영상 보기 (세이프K)

※ 무엇을 전기안전사고라고 하나요?

전기안전사고는 누전, 합선, 감전 등으로 인한 사고를 의미한다. 누전이란 전류가 흘러야 할 정상적인 도선으로 흐르지 않고 전선 피복이 손상되어 전기가 새고 있거나, 손상된 피복으로 다른 전기기계나 전기기구, 금속재료 등으로 흘러가는 현상을 말하며, 합선은 가정의 배선이나 배선기구의 용량을 무시한 전기기기의 과다 사용 시 과전류로 인한 열의 발생으로 전선 피복이 녹아 양극과 음극으로 된 두 전선이 맞닿은 상태로 이때 스파크와 불꽃이 동시에 일어나 고열이 발생되는 경우이다. 감전이란 전기가 누전되어 흐를때 사람이나 동물이 전기에 접촉되어 전류가 인체에 통하게 되어 전기를 느끼는 현상이다.[1]

※ 전기안전 어떻게 주의하나요?

전기안전사고를 예방하기 위해서는 간단한 콘센트의 사용부터 주의가 필요하다. 전기 코드를 전선을 잡고 당기는 것이 아니라 플러그 부분을 잡고 뽑는 것이 안전하다. 피복 내 구리선이 끊어져 화재가 발생되고 감전될 수 있는 위험을 줄여준다. 또한 문어발식의 배선은 과

---

1) 경상남도 재해안전대책본부(https://www.gyeongnam.go.kr/index.gyeong?menuCd=DOM_000000205005005000).

부하 및 과열로 인하여 화재의 위험이 존재한다. 따라서 사용하지 않는 플러그는 빼놓는 것이 좋으며 외출 시에는 플러그를 뽑아놓도록 하자. 젖은 손은 전기를 잘 통하게 하여 감전의 위험이 존재하므로 조심하며, 유아나 어린이들의 감전사고 예방을 위하여 어린이가 있는 집은 덮개 있는 콘센트를 사용하는 것이 좋다. 천장 등 보이지 않는 장소의 전선 등도 수시로 확인하고 점검하는 것이 필요하며, 못이나 스테이플러로 전선을 고정하는 것은 전선의 손상을 야기할 수 있으니 주의하자.

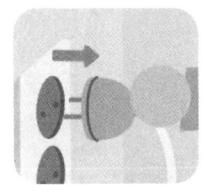
전기코드는 반드시 플러그를 잡고 뽑아야 합니다.
(피복 내 구리선이 끊어져 화재와 감전사고 위험)

문어발식 배선은 피해야 합니다.
(전선마다 전기가 흐를 수 있는 양이 정해져 있음)

전선이 손상된 경우 감전 또는 합선의 원인이 되므로 교체합니다.

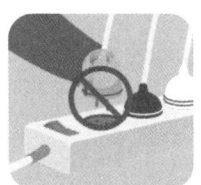
젖은 손으로 플러그나 스위치를 잡으면 안 됩니다.

유아나 어린이들의 감전사고 예방을 위하여 덮개 있는 콘센트를 사용합니다.

'위험', '고압' 등이 쓰인 장소에는 절대로 가까이 가지 않습니다.

전봇대를 오르거나 전선을 긴 막대기 등으로 찌르는 장난을 하지 않습니다.

땅에 떨어진 전선 가까이는 가지 않습니다.
(한국전력공사 123으로 신고)

누전차단기는 감전사고 방지를 위하여 꼭 사용하고 위급 시 바로 전기 차단을 합니다.

자료: 국민재난안전포털
(https://www.safekorea.go.kr/idsiSFK/neo/sfk/cs/contents/prevent/SDIJKM5121.html?menuSeq=127).

[전기안전 국민행동요령]

* 계절별로 전기안전 요령이 다른가요?

봄, 여름, 환절기, 겨울, 환절기마다 주의하여야 되는 전기안전사고가 있다. 봄철에는 배전설비를 확인하여 전선관으로 물기가 들어가지는 않았는지 배전 설비의 손상은 없는지 확인하여야 한다. 여름철에는 물 고인 신호등과 맨홀 뚜껑을 조심하는 것이 감전의 위험을 예방할 수 있다. 환절기에는 가습기 등의 전기제품을 사용하면서 습도로 인한 누전 및 합선 사고의 위험이 있으므로 가습기는 콘센트에서 떨어뜨려 사용하는 것이 좋다. 겨울철에는 난방용품 옆에는 인화성 물질을 멀리하여 화재 위험을 막는 것이 좋다.

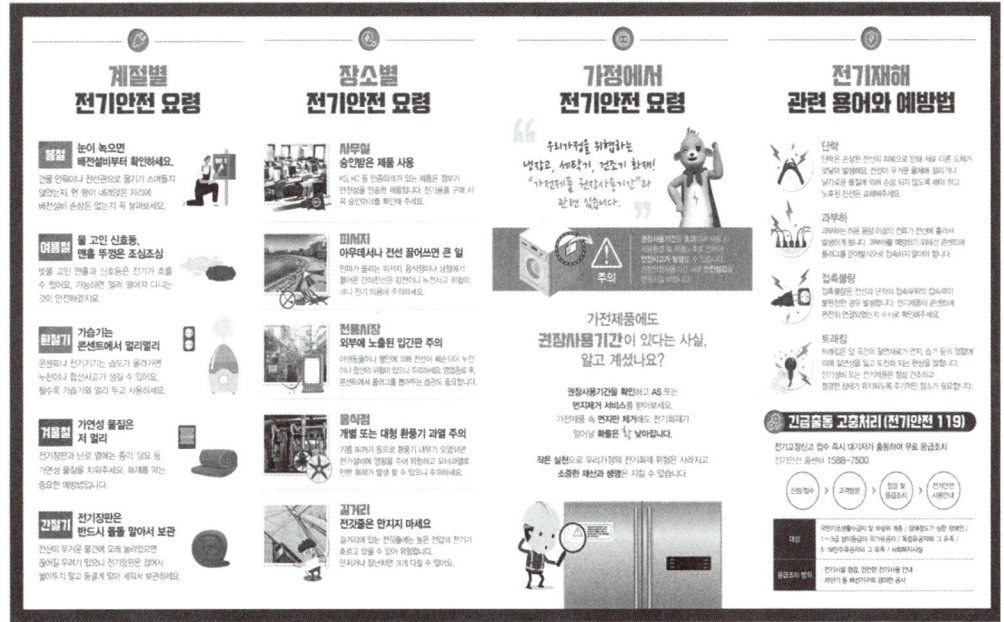

자료: 국민재난안전포털
(https://www.safekorea.go.kr/idsiSFK/neo/sfk/cs/contents/prevent/SDIJKM5121.html?menuSeq=127).

[각종 전기안전 요령]

✱ 침수지역의 감전사고는 어떻게 예방하나요?

침수지역의 경우 늘어진 전선 근처에 가까이 접근하지 않도록 하며, 절대 만지지 않도록 한다. 누전차단기가 동작한 경우에는 그 원인을 제거한 후에 사용하는 것이 중요하며, 가옥 침수 등의 상황 발생 시에는 개폐기를 내리고 전문 전기공사 업체의 의뢰하여 점검을 받는 것이 좋다. 손상된 전선은 교체하며 배선 부분은 완전히 건조된 후에 사용하여야 한다. 넘어진 전주 및 가로등 등의 파손된 전기시설물은 접근하지 말고 한국전력(123번)으로 신고하도록 한다.

✱ 정전 발생 시 어떻게 조치하나요?

정전 발생 시 창 밖으로 주변을 확인하여 정전의 규모(지역 일부, 전체인지, 해당 가옥만인지 등)를 확인하고 잠시 대기한다. 전열기 및 전자제품 등의 플러그는 뽑아 놓고, 양초나 랜턴을 켠 후 스마트폰, 건전지용 라디오 등으로 재해 상황에 대한 중계방송을 확인한다. 한 집만 정전되는 경우 누전차단기나 안전기를 확인하여 작동시키는데, 이때 누전의 경우 다시 정전이 된다. 스위치와 플러그를 하나씩 순차적으로 작동시키며 불량을 확인하는 것이 필요하다. 이때 수리를 하기 위하여 전기선을 만지지 않도록 한다. 정전 발생 시 한국전력에 신고하는 경우 즉시 출동하여 수리를 하게 된다. 전주에 올라가거나 전기설비를 직접 고친다거나 만지는 행동을 절대로 해서는 안 된다.

✱ 긴급출동 고충처리는 뭔가요?

국민기초생활수급자 및 차상위계층, 장애 정도가 심한 장애인, 1~3급 상이 등급의 국가유공자, 사회복지시설 등의 경우 전기시설 점검 및 전기 사용 안내, 차단기 등의 경미한 공사 등은 1588-7500으로 전기고장 신고를 하면 즉시 출동하여 무료로 응급조치를 하고 있다.

요약(Wrap-up)

전기안전사고는 누전, 합선, 감전 등의 사고를 의미한다.

물묻은 손으로 콘센트 만지기 등의 기본적인 사항만 조심해도 큰 위험을 예방할 수 있다.

콘센트는 규격 용량을 사용하며 먼지를 제거하면서 사용하는 것이 필요하다.

전기사고 시 전류가 흐르는 곳이나 전기시설물 근처에는 가지 않는다.

생각해 보기 멀티탭 소주로 씻어도 되나요?

 **[QR 코드 스캔]**
멀티탭 잘못 쓰면 불난다 영상 보기(YTN news)

| 참고 문헌 |
국민재난안전포털(https://www.safekorea.go.kr/idsiSFK/neo/sfk/cs/contents/prevent/SDIJKM5121.html?menuSeq=127).
세이프K. 전기안전사고 행동 요령(https://youtube.com/watch?v=YS_PWaB9040&feature=share).
YTN news. 멀티탭 잘못 쓰면 불난다?(https://youtu.be/ezEqwSHWdqQ).

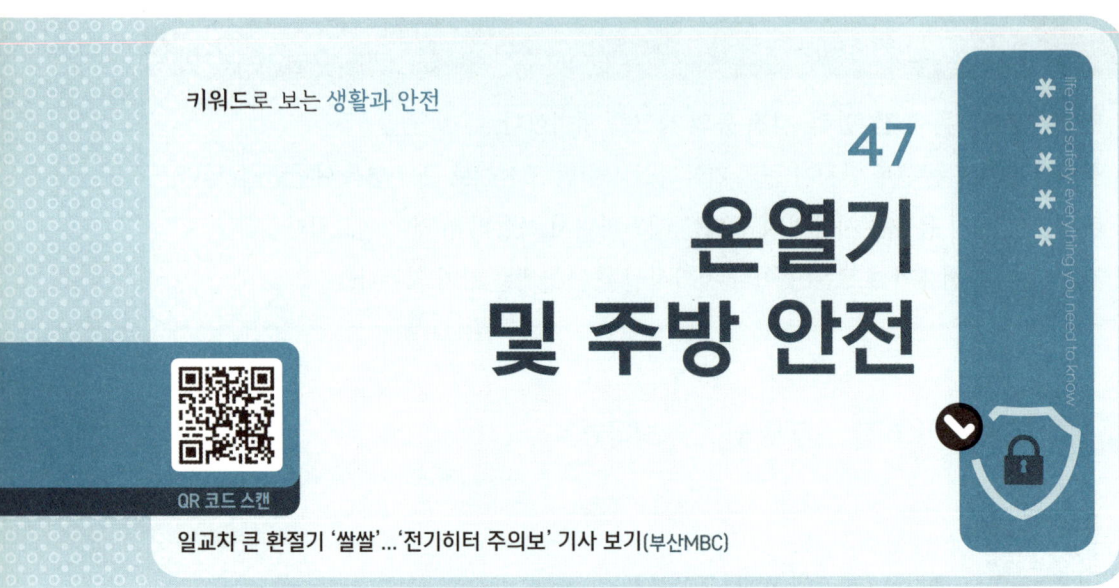

키워드로 보는 생활과 안전

47
온열기 및 주방 안전

일교차 큰 환절기 '쌀쌀'…'전기히터 주의보' 기사 보기(부산MBC)

*
추운 겨울철 난방기구로 인한 화재 위험성 어느 정도인가요?

소방청 화재 통계에 따르면, 2020년 한 해 동안 화재로 인하여 365명이 사망하고, 1,917명이 부상을 당하였다. 화재 원인별로 보면, 부주의와 전기적 요인이 화재 원인 중에서 압도적으로 많은 비중을 차지한다. 이게 겨울철 난방기구와 연관되어 있는 경우가 많다. 특히, 부산의 경우를 보면, 부산에서 발생한 전기장판 화재는 지난해까지 3년간 모두 50건 건, 겨울철 난방기기로 인한 화재 가운데 전기장판 화재가 절반이 넘을 정도로 많다(소방청, 2021).

*
화재 위험 3대 겨울용품은 무엇인가요?

전기히터, 전기장판(열선), 화목보일러가 우리가 흔히 말하는 3대 겨울용품이라고 말한다. 전기히터와 정기장판(열선)은 전기용품에 해당된다. 전기용품 및 생활용품 안전관리법에 따르면, '전기용품'이란 공업적으로 생산된 물품으로서 교류 전원 또는 직류 전원에 연결하여 사용되는 제품이나 그 부분품 또는 부속품을 말한다(「전기용품 및 생활용품 안전관리법」 제2조).

✷ 전기장판 화재 위험성을 키우는 경우는?

라텍스 소재로 만든 베개나 매트리스는 열 흡수율이 높아 자칫 과열로 인한 화재 위험이 있다. 실제 실험을 해보면, 전기장판을 켜고 라텍스 매트리스와 함께 사용하면 2~3시간 만에 온도가 100도 이상 급상승한다. 이 밖에도 온도조절기를 전기장판 위에 올려두어도 화재 위험이 높다. 또한 전기장판이 접힌 상태로 전원을 키면, 내부 전선이 손상돼 불이 나기 쉬운 상태가 된다(부산MBC 라디오, 2021년 12월 30일자).

✷ 독거노인층을 위한 온열기구 화재 예방법은?

장시간 켜놓지 말아야 한다. 요즘은 일정 시간이 지나면 자동으로 꺼지는 제품들이 나오기 때문에 그런 제품을 사용하는 게 필요하다.

✷ 전기 난방기구 사고를 예방하기 위한 안전 수칙은?

반드시 안전 인증을 받은 KC 마크 제품을 사용하여야 한다. 전기용품 및 생활용품 안전관리법에 따르면, '안전인증'이란 제품시험 및 공장심사를 거쳐 제품의 안전성을 증명하는 것을 말한다(「전기용품 및 생활용품 안전관리법」 제2조). 또한, 장시간 보관하였다가 겨울철에 꺼내서 쓸 경우 전선이 벗겨진 곳이 없는지 미미 꼼꼼히 점검하여야 된다.

✷ 주방 화재를 예방하기 위한 방법은?

주방화재는 k급 화재라고 한다. 주방용 소화기가 따로 분류되어 있는 만큼 주방에 가스레인지 등 조리기구 위에 주방용 소화기를 미리 장착해 놓는 게 필요하다.

✷ 소화기 제대로 쓰기 위한 간단 사용법

우선, 주변에 흔히 볼 수 있는 3.3kg짜리 소화기는 12초 정도 분사가 된다. 대부분 시민들이 분사 시간을 모르는 경우가 허다하다. 생각보다 소화분말이 나가는 시간이 짧다. 그래서 화재가 난 장소 앞에서 안전핀을 뽑고, 호스를 화재가 난 방향으로 한 다음, 손으로 손잡이를 움켜잡으면, 소화액이 분사가 된다. 빗자루로 쓸 듯이 분사해 주면 된다. 주의할 것은 바람의 방향을 고려하여야 한다. 자칫 소화액이 얼굴로 올 수도 있다.

＊
화재 경보기가 울리면 119가 바로 출동하는 건가요?

아니다. 단독경보형의 경우에는 말 그대로 우리집 안에서만 울린다. 따로 119에 신고를 하여야 한다. 상가 건물이나 학교, 아파트는 p형 수신기가 있어서 관리자가 화재가 난걸 전체적으로 모니터링은 가능하다. 그러나 자동화재 속보설비가 되어 있어야 소방서와 바로 연동이 된다. 큰 오피스텔, 고층 아파트, 공장 등 몇몇 건물에만 이런 설비가 되어 있다. 그래서 일반적으로는 시민들이 직접 119로 신고를 따로 하여야 한다(부산MBC 라디오, 2021년 12월 30일자).

＊
만약 주변에 소방시설이 없는 상황에서 화재에 어떻게 대응해야 하나요?

일단 화재가 발생하게 되면 연기로 인하여 질식사하는 것이기 때문에, 특히 연기를 마시지 않도록 손수건이나 옷소매 등에 물을 적셔서 입과 코를 막고, 넘어지지 않도록 낮은 자세로 벽을 손으로 짚으면서 빠르게 비상구 등으로 대피하여야 한다. 출입문이나 비상구로 대피를 못해서 베란다 등에 있을 경우, 옷 등을 이용하여 크게 흔들어서 화재가 났다는 것을 알려주는 게 중요하다.

요약(Wrap-up)

전기장판을 켜고 라텍스 매트리스와 함께 사용하면 2~3시간 만에 온도가 100도 이상 급상승한다.

온도조절기를 전기장판 위에 올려놓으면 화재 위험이 높아진다.

전기장판이 접힌 상태로 전원을 키면, 내부 전선이 손상돼 불이 나기 쉬운 상태가 된다.

생각해 보기 전기히터 화재가 발생할 수 있는 최소 거리는?

[QR 코드 스캔]
전기히터 화재, 5cm 간격에서도 발생 영상 보기(KNN)

| 참고 문헌 |

소방청(2021). 화재통계. 소방청.
전기용품 및 생활용품 안전관리법(약칭: 전기생활용품안전법) [법률 제15338호, 2017. 12. 30., 전부개정].
부산MBC. 일교차 큰 환절기 '쌀쌀'... '전기 히터 주의보'. 2021년 9월 29일자.
부산MBC 라디오 자갈치아지매 2021년 12월 30일자. "겨울철 난방기구 화재 예방"(https://www.youtube.com/watch?v=zcOcX_6mwas).
KNN. 전기히터 화재, 5cm 간격에서도 발생. 2021년 9월 29일자.

키워드로 보는 생활과 안전

48 가스 안전

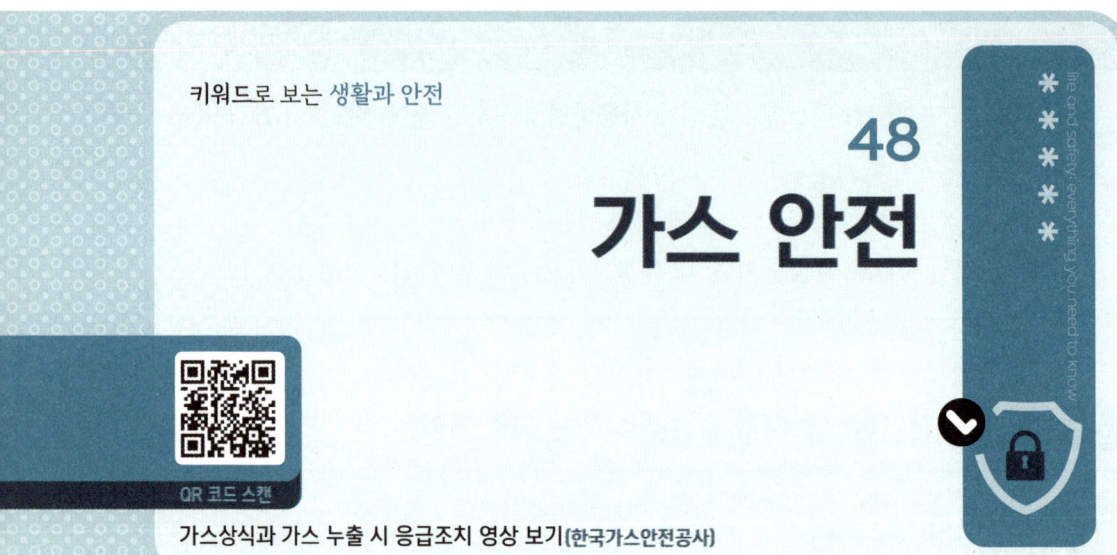

QR 코드 스캔
가스상식과 가스 누출 시 응급조치 영상 보기(한국가스안전공사)

☀ 가스란 무엇인가요?

가스(gas)란 기체 상태의 물질을 말하는데, 원래는 냄새나 색깔이 없지만 누출되었을 때 쉽게 알 수 있도록 불쾌한 냄새가 나는 물질인 부취제(메르캅탄류)를 섞어서 공급한다. 가스는 저장 및 취급하는 상태에 따라서 압축 가스, 액화 가스, 용해 가스 등 세 가지 종류로 구분되기도 하고, 연소(폭발) 가능성에 따라 가연성 가스, 조연성 가스, 불연성 가스 등으로 분류하기도 한다. 또한 인체에 유해한 위험성 여부에 따라 독성 가스와 비독성 가스로 나뉜다. 가스는 도시화 및 산업화가 이루어진 현대의 우리 일상생활에 가장 적합한 연료라고 할 수 있다.[1] 열에너지원으로 사용하는 연료 가스는 포화탄화수소(CH_4, C_3H_8, C_4H_{10} 등 C_nH_{2n+2}의 화합물), 불포화탄화수소(C_2H_2, C_3H_6 등 C_nH_{2n-2}의 화합물), CO, H_2 등으로 구성되어 있다. 연료 가스의 종류로는 고로 가스, 코크스, 유(油)가스, 천연가스(LNG), 액화 석유가스(LPG), 나프타 분해가스 등이 있는데, 우리나라에서는 주로 LPG와 LNG를 연료용 가스로 사용하고 있다.[2]

---

[1] 가스안전교육원(http://www.kgs.or.kr/edu/index.do).
[2] 한국가스안전공사(http://www.kgs.or.kr/kgsmain/index.do).

가스는 어떤 특성이 있나요?

가스는 우리가 일상생활에서 흔히 사용하는 연료로서 여러 가지 우수한 특성이 있지만, 취급 시 안전관리를 소홀히 한다면 폭발 화재, 질식 등의 사고를 일으킬 수 있는 위험이 있다. 가스의 장점은 다음과 같다. 첫째, 연소 효율이 높고 완전 연소시킬 수 있다. 둘째, 연기가 전혀 나지 않고, 재, 유황분, 질소산화물 등이 극히 적어 대기오염이 거의 없다. 셋째, 일반 연료에 비하여 점화 및 소화가 쉬우며, 순간적으로 최대의 열량을 얻을 수 있다. 넷째, 저장 및 운반이 용이하고, 장기간 저장 시에도 변질의 우려가 없다. 반면 누출된 가스가 공기나 산소와 혼합되면 폭발 화재의 위험이 높고, 저장 탱크 등이 화염에 노출되면 폭발 등을 일으키는 경우가 있어 안전관리에 특히 유의하여야 한다. 또한 연소 기구를 환기가 잘 되지 않는 밀폐된 곳이나 배기가스가 잘 배출되지 않는 공간에서 사용하면 산소 결핍으로 불완전 연소가 되어 질식, 중독 등의 사고가 일어날 수 있다.[3]

가스 안전관리는 왜 중요한가요?

최근 5년간 발생한 가스사고는 총 519건이다. 이 중 엘피 가스사고는 243건으로 전체 가스사고의 46.8%를 차지하고 있다. 가정용 연료인 엘피 가스와 도시가스가 사고의 많은 비중을 차지하고 있으므로 가정에서의 자율적인 가스 안전관리가 필요하다. 가스사고는 가스 공급자와 가스 사용자가 안전 수칙을 철저하게 준수한다면 충분히 예방 가능한 것이기 때문에 가스 안전관리가 매우 중요하다.[4]

〈연도별 가스사고 건수〉

구분	2016년	2017년	2018년	2019년	2020년
엘피 가스	48	53	46	53	43
도시가스	18	19	27	21	23
고압가스	17	11	24	9	10

3) 가스안전교육원(http://www.kgs.or.kr/edu/index.do).
4) 한국가스안전공사(http://www.kgs.or.kr/kgsmain/index.do).

부탄 연소기	18	15	24	18	22
합계	101	98	121	101	98

자료: 가스안전공사(http://www.kgs.or.kr/kgsmain/index.do).

＊ 가정에서 가스 사용 시 무엇을 지켜야 하나요?

① 가스를 사용하기 전에는 냄새를 맡아 가스가 새지 않았는지를 확인하고, 창문을 열어 신선한 공기가 충분히 들어오도록 환기를 시킨다. 콕, 호스 등 연결부에서 가스가 누출되는 경우가 많기 때문에 호스 밴드로 확실하게 조이고 호스가 낡거나 손상되면 바로 교체한다. 가스레인지 등은 자주 청소하여 불꽃 구멍 등에 음식물 찌꺼기 등이 끼지 않도록 유의한다.

② 바람이 불거나 국물이 넘쳐서 불이 꺼지면 가스 그대로 누출되므로 사용 중에는 불이 꺼지지 않았는지 자주 살펴본다. 불이 꺼진 것을 발견하면 가스를 잠근 다음 샌 가스가 완전히 실외로 배출된 것을 확인한 후 재점화한다. 사용 중에 가스가 떨어져 불이 꺼졌을 경우에도 반드시 연소기의 콕과 중간 밸브를 잠근다.

③ 가스를 사용하고 난 후에는 연소기에 부착된 콕과 중간 밸브를 확실하게 잠그는 습관을 갖는다. 장기간 외출할 때에는 중간 밸브와 함께 LPG를 사용하는 경우 용기 밸브도 잠그고, 도시가스를 사용하는 경우에는 가스계량기 옆에 설치되어 있는 메인 밸브까지 잠가야 밀폐된 빈집에서 가스가 새어 나와 냉장고 작동 시 발생하는 전기 불꽃에 의하여 폭발하는 등의 사고를 방지할 수 있다. 가스를 다 사용하고 난 빈 용기라도 가스가 남아 있는 경우가 많으므로 용기 밸브를 반드시 잠근 후에 화기가 없는 곳에 보관한다.

④ 가스가 적은 양만이 누출되거나 후각이 무딘 사람은 가스 누출을 알아차리기가 쉽지 않으므로 가스가 누출되는지 여부를 자주 점검하는 습관을 가져 사고를 예방한다. 가정에서의 가스 누출 점검 방법은 누출 위험이 있는 부위에 비눗물을 발라서 기포가 일어나는지 알아보는 것만으로도 충분하다. 호스가 낡거나 가스레인지 등 연소기가 고장난 경우를 제외하고는 호스 배관 연결 부위 같은 곳만 점검하면 된다. 만약 가스가 누출되는 것을 발견하면 용기 밸브나 메인 밸브를 잠그고 판매점 등에 연락하여 보수를 받은 후 다시 사용해야 한다.[5]

---

[5] 한국가스안전공사(http://www.kgs.or.kr/kgsmain/index.do).

가스 누출 시 행동 요령

1) 응급조치 요령

즉시 신선한 공기를 흡입한다. 피부는 오염된 의복을 제거하고 비누와 물로 즉시 세척한다. 동상이 발생한 경우에는 문지르거나 물로 세척하지 말아야 한다. 섭취 시 입 안을 세척한 후, 암모니아의 경우 많은 양의 물 또는 우유를 마시고, 염소의 경우 많은 양의 물을 마신다. 즉시 의사에게 진료받는다.

2) 누출 시 대처법

호흡을 중지하고 손수건 등으로 코와 입을 막는다. 화기 사용을 즉시 중지하여 점화원을 제거한다. 방독 마스크나 공기 호흡기 등 보호구를 착용한 2인 이상의 작업원이 신속하게 조치를 취하여야 한다. 중독에 의한 질식, 화재 및 폭발 시 화염에 의한 상해 우려가 있으므로 누출되는 가스 속으로 들어가지 않는다. 가스의 확산 상태 및 풍향을 확인하고, 바람이 불어오는 방향으로 대피한다. 위치, 장소, 피해 내용, 인원 수 등을 정확히 파악하여 한국가스안전공사, 경찰서, 소방서 등에 신고한다.[6]

가스 폭발사고 발생 시 행동 요령

건물 안에서는 2차 폭발에 대비하여 신속히 밖으로 대피한다. 폭발사고 때에는 굉음으로 청각장애를 당할 수 있기 때문에 귀를 막고 대피한다. 폭발 사고 시에는 멀리 떨어진 공터, 차폐 벽이 있는 장소 등 안전한 곳으로 신속히 대피한다. 연기와 가스에 의한 질식 등에 대비하여 파편이나 낙하물에 주의하면서 바람이 불어오는 방향으로 대피한다. 부상자는 즉시 안전한 장소로 먼저 옮긴 후에 응급조치 한다. 추가 폭발에 대비하여 전기 스위치와 화기 사용 등을 금지하고, 가스 중간 밸브를 잠근 후 창문을 열어 자연 환기시킨다.[7]

---

6) 한국가스안전공사(http://www.kgs.or.kr/kgsmain/index.do).
7) 국민재난안전포털(https://www.safekorea.go.kr/idsiSFK/neo/main/main.html; 손상철·김백윤·정용, 2018).

요약(Wrap-up)

가스는 무색, 무취의 기체이다.

가스 안전관리 미흡 시 폭발 화재나 질식 등의 사고 위험이 커진다.

가스 사용 전 환기, 켜져 있는 불꽃 확인, 사용 후 밸브 잠금, 평상시 누출 여부를 점검한다.

생각해 보기 가스 폭발의 위력은 어느 정도일까요?

[QR 코드 스캔]
'김치냉장고도 날아가'…아파트에서 가스 폭발 영상 보기(MBCNEWS)

| 참고 문헌 |

손상철·김백윤·정용(2018).『재난안전관리론』. 진영사.
가스안전교육원(http://www.kgs.or.kr/edu/index.do).
국민재난안전포털(https://www.safekorea.go.kr/idsiSFK/neo/main/main.html).
한국가스안전공사(http://www.kgs.or.kr/kgsmain/index.do).
한국가스안전공사. 가스상식과 가스 누출 시 응급조치(https://youtu.be/VoSQvjqR77A).
MBCNEWS. '김치냉장고도 날아가'…아파트에서 가스폭발(https://youtu.be/36OaLNs-ZEc).

키워드로 보는
생활과 안전

* 재난 발생 추이와 생활과 안전의 중요성
미래의 재난안전 전망

키워드로 보는
생활과 안전

49 재난 발생 추이와 생활과 안전의 중요성

키워드로 보는 생활과 안전

행정안전부의 「2021행정안전통계연보」를 참고해 보면, 태풍, 호우 등 우리나라의 자연재난으로 인한 인명 피해는 2018년 53명, 2019명 48명 등 적은 수치가 아니며, 2019년 자연재난으로 인한 피해액은 216,225백만 원이고, 복구액은 무려 1,348,759백만 원에 이른다. 산불, 유해화학물질 유출사고, 대형화재, 해양선박사고, 가축 질병, 감염병, 초미세먼지 등 사회재난의 경우에도 2015년 7건, 2016년 12건, 2017년 16건, 2018년 20건, 2019년 28건, 2021년 25건 등 꾸준히 증가 추세라는 것을 확인할 수 있다. 또한, 어린이놀이시설, 물놀이, 승강기 사고 등 생활안전 분야의 사고도 지속적으로 증가하는 추세이다(행정안전부, 2021). 이와 같이 재난 발생은 계속적으로 증가하는 추세라는 것을 알 수 있다.

한편, 볼프강 조프스키(Wolfgang Sofsky)는 "인간생활에서 완전 무결한 안전은 환상일 뿐이다"라고 제시한 바 있다. 인간은 일상생활 속에서 언제나 다양한 위험에 둘러싸여 있으며, 모든 행동에는 크든 작든 어느 정도의 위험 요소가 포함되어 있기 마련이다. 즉, 일상생활에서도 적지 않은 위험 요소가 숨어 있게 된다(볼프강 조프스키, 2007: 33 ; 이재은·유현정, 2007: 1-2에서 재인용). 이처럼, 일상생활에서 나타나는 수많은 위험이 도처에 흩어져서 인간의 생명과 건강, 재산을 위협하고 있는 상황임에도 이들 생활의 안전을 위협하는 요소들을 관리하기 위한 제도나 기관이 없거나 있는 경우에도 분산되어 있어 비효율적으로 운영되고 있는 실정이다(이재은·유현정, 2007: 1-2). 따라서 생활과 안전 차원에서 시민들의 일상생활과 직접적으로 연관된 다양한 유형의 재난에 대하여서 위험성을 미리 살펴보고, 시민 대피 요령 등 대응 방안을 숙지하고 있는 것이 필요하다.

이 책의 앞부분에서도 살펴보았듯이 자연재난, 인적재난, 사회재난, 신종재난 등 시민들의 생활과 밀접한 재난안전 분야의 경우 주관 부처와 기관이 다양하게 존재하고 있다. 즉, 시민들이 이해하기 어려울 정도로 복잡하다. 따라서 시민들의 생활과 안전 분야의 발전을 위해서는 법제도 및 조직 정비가 필요하고, 전문 인력 양성 및 예산 배정의 제도화가 있어야 하며, 부처 간 네트워크 확보가 필요할 것이다. 무엇보다도 매뉴얼 구축 및 보급이 되어야 하고, 안전생활 문화 진흥이 시급하다(이재은·유현정, 2007: 6). 즉, 시민 스스로도 각종 유형의 재난에 대하여 대처 능력을 자발적으로 갖추는 것이 필요하다. 이러한 취지에서 이 책의 중요성이 더욱 부각된다.

| 참고 문헌 |

이재은·유현정(2007). 국가위기관리의 새로운 영역 설정과 추진 전략: 국민생활안전 위기 영역의 분류와 운영 방안 모색. 『한국위기관리논집』. 3(2): 1-17.
행정안전부(2021). 「2021 행정안전통계연보」. 행정안전부.

50 미래의 재난안전 전망

키워드로 보는 생활과 안전

자연재난, 인적재난, 사회재난 그리고 신종재난에 이르기까지 미래에는 더욱더 재난의 규모가 커지고, 강도가 세지며, 발생 양상이 복잡·다양해질 것으로 예측된다. 재난의 불확실성은 높고 예측가능성이 낮다는 것이 일반적인 현대 재난의 특징이다(신상영·김상균, 2020). 따라서 구체적인 미래를 예측하고 대응하는 것이 쉬운 일은 아니다. 인류가 지속적으로 발전해 나가면서 다양한 사회문제와 생활 및 안전의 이슈들이 급격하게 증가하게 되고, 이전에는 관심의 영역 밖에 있는 문제들이 일상을 위협하게 된다. 미래의 재난 이슈는 무엇보다 복합재난으로 비화되는 것에 관심을 가져야 한다. 집중호우로 인한 산사태와 침수 문제가 시설물의 붕괴와 교통마비 등 복합적으로 나타나는 상황이 발생될 것이다. 대규모 복합 피해가 발생되어 광범위한 지역에 걸쳐 생활기반이 상실되고 극심한 피해들이 나타나는 것이다(엄영호 외, 2017).

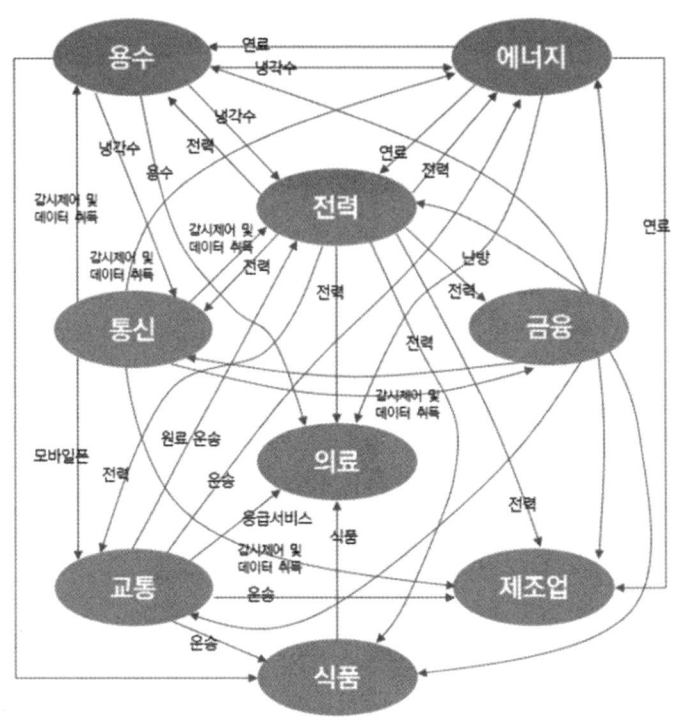

자료: 신상영·김상균(2020: 6) 그림2 재인용.

[도시 핵심기반 시설의 상호의존성]

폭풍, 폭염, 대설, 한파, 화재, 산불, 폭발, 감염병, 붕괴, 교통사고 등 우리 사회는 이제 자연재난이나 사회재난의 특정 재난만을 대비하기에는 너무 많은 재난이 발생하고 있다. 더불어 생산인구의 감소와 편중된 경제구조 등 우리 사회는 생활의 문제가 생존의 문제로 이어지고, 재난이 일상에서 준비 없이 나타나는 경우가 많아지고 있다. 미래의 재난은 극단적인 기후 위기와 글로벌 네트워크를 통하여 대형화되고 국제적인 이슈화되는 경우가 많아질 것이다. 코로나19를 통하여 우리는 특정 국가만의 재난이라는 것이 이제는 사실상 없다라는 것을 이해하고 경험하였다. 결국 기술의 발전과 진보는 우리 생활의 복잡성과 연계성, 상호의존성을 증대시키며 재난의 잠재적 연결로 나타나게 되는 것이다.

정부는 어떠한가? 4차 산업혁명이 정책에 자연스럽게 묻어나며, 기술적 진보를 통하여 혁신성장을 이끌어 나가기 위한 정책적인 노력들이 연일 보도되고 있다. 정부도 끊임없는 노력으로 국민의 삶의 질을 유지하며 생활과 안전을 지키기 위한 역할을 수행하고 있다. 국민의 생활과 안전은 정부의 역할과 존재 이유에 대한 정당성과 당위성으로 이어지게 된다. 그러나 정부는 2018년 혁신 성장 전략투자 방향을 확정하며 8대 선도산업을 통하여 미래 사회에 대한 대비를 하겠다고 밝혔으나, 이후 선도사업에 대한 추가 지정, 다시 축소 지정 등 갈팡질팡하는 모습을 보이고 있다.[1]

이러한 현상은 정부 역시 미래를 예측하고 대응하는 것이 쉽지 않다는 것으로 이해할 수 있다. 정부의 미래 대응은 다시 우리의 생활과 안전의 이슈와 연계된다. 대표적으로 제시되고 있는 정부의 8대 선도사업을 예로 들어보자. 정부에서는 미래자동차, 드론, 에너지 신산업, 바이오헬스, 스마트공장, 스마트시티, 스마트팜, 핀테크의 8대 선도사업을 선정하고 이에 대한 집중적인 투자를 강조하고 있다(대한민국 정책브리핑, 정책위키[2]). 정부는 빅데이터의 이용을 활성화하고, 정보의 신뢰성을 높이기 위한 블록체인 등의 기술 고도화 등의 기반을 마련하고자 한다. AI 기술을 통하여 신산업을 창출하고, 수소 등의 미래 친환경 에너지의 개발 및 상용화를 위한 노력들을 강조하고 있다. 이러한 노력은 결국 국민의 삶을 위한 정부의 역할이다.

미래를 상상해 보자. 수소와 전기로 운행되는 자율주행 자동차는 생활의 편리함을 증진시키고 친환경을 통하여 환경의 문제는 최소화시킨다. AI 기반의 자율주행으로 차량 간 교통사고를 미리 예방하는 등 위험을 줄일 수 있는 사회가 될 것이다. 드론(drone)은 빠르고 정확하게 정보 및 물품들을 제공해 줄 것이다. 신약과 나노 기술들이 개발되어 감염병의 위험과 바이러스로 인한 피해를 줄여줄 것이다. 희망적인 미래의 모습이다. 그러나 이 연결의 한 고리가 끊어지거나 문제가 발생되면 어떠한 결과가 나타날까? 기습적인 폭우로 자동차의 통신 마비가 나타나고, 자율주행의 오류로 교통사고가 발생되는 것은 상상 속의 현실일까? 다양한 상황 속에서도 결국 우리가 관심을 가져야 하는 것은 기술의 부작용과 보이지 않는 위험에 대한 관심과 대비일 것이다. 즉, 미래는 우리의 일상이 재난과 밀접하게 연결될 것이고 예측할 수 있다. 미래를 지나치게 걱정하는 것은 또 다른 위험으로 나타날 수 있다. 따라서 과도한 스트레스와 염려보다는 준비를 통한 대비가 중요하다. 스트레스가 재난에 포함되는 날이 올 수도 있을 것이다.

---

[1] 전자신문(2019.08.31.). "8→12→9대…'갈팡질팡' 혁신성장 선도사업" (https://m.etnews.com/20190830000208)
[2] 대한민국 정책브리핑. 정책위키, 한눈에 보는 정책, 혁신성장
https://www.korea.kr/special/policyCurationView.do?newsId=148865240

미래 재난을 대응하는 연구들에서는 크게 '회색 코뿔소'타입과 '흑고니'타입으로 재난을 구분하기도 한다. 회색 코뿔소는 멀리서도 그 위험을 확인할 수 있지만 이를 무시하여 오는 피해를 뜻하는 단어로, 과거에도 큰 피해가 발생되었고 미래에도 나타날 수 있는 재난을 의미한다. 기상, 대기오염, 감염병, 교통재난 등이 포함된다. 흑고니는 흰 백조만을 예상하였던 사람들이 검은 백조를 발견함에 따라 발생된 충격으로 미래에 새롭게 나타날 위험을 의미한다. 신기술에 따른 부작용, 생활환경의 독성, 먹거리, 공간 노후화, 드론, 자율주행차 등이 포함된다(신상영·김상균, 2020).

일상생활에서 우리가 재난에 대응하기 위한 자세는 안전에 대한 관심을 높이는 데 있다. 우리가 좀 더 편리하게 살기 위해 개발하고 발전시킨 것들이 우리의 안전을 위협하지 않도록 잘 관리하고 대비하여야 한다. 이 책의 저자들은 생활과 안전에 대하여 고민하며, 미래 우리에게 발생 가능한 재난에 대하여 아래 상자글과 같이 제시하고 있다. 미래 재난 예방과 대비의 시작은 여기 바로 지금 우리가 선 자리를 정확히 마주하는 것이기도 하다.

류상일   life and safety: everything you need to know

"기후 변화는 단지 날씨의 문제가 아니다. 기후 변화가 인류의 미래를 더욱 위협할 것이다."

양기근   life and safety: everything you need to know

"기후 위기, 재앙은 시작되었다. 생활 속 기후행동이 너와 나, 우리를 살린다."

채진   life and safety: everything you need to know

"전쟁보다 무서운 신종 바이러스 감염병에 대비하여야 합니다."

손선화   life and safety: everything you need to know

"인공지능(AI)에 의한 사이버재난을 방지하기 위한 제도적 환경을 조성하여야 합니다."

송유진　life and safety: everything you need to know

"안전표시정보 확인은 생활 속 안전을 지키기 위한 기본 수칙입니다."

황희영　life and safety: everything you need to know

"지구온난화가 심화됨에 따라 대체제가 존재하지 않는 물의 부족 현상, 즉 가뭄의 위험에 좀 더 적극적으로 대비하여야 합니다."

김정숙　life and safety: everything you need to know

"미세먼지에 적극적으로 대비하여 건강과 산업 안전을 지켜야 합니다."

주성빈　life and safety: everything you need to know

"비대면 범죄의 증가 시대, Self 안전의식을 강화하여야 합니다."

이달별　life and safety: everything you need to know

"미래재난 예방과 대비의 시작은 여기 바로 지금 우리가 선 자리를 정확히 마주하는 것입니다."

김선희　life and safety: everything you need to know

"우리가 좀 더 편리하게 살기 위하여 개발하고 발전시킨 것들이 우리의 안전을 위협하지 않도록 잘 관리하고 대비하여야 합니다."

조민상　life and safety: everything you need to know

"범죄는 우리의 생각보다 더 빠르게 환경에 적응합니다. 범죄자는 우리의 허점을 더 치밀하게 공격합니다. 알아야 대비할 수 있습니다."

엄영호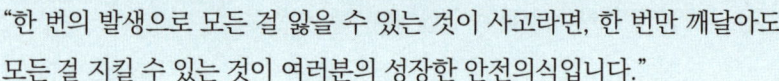

"재난은 언제든 나에게 닥칠 수 있습니다. 영화 속 거대한 재난은 이제 현실이 되고 있고, 나는 언제든 피해자가 될 수 있습니다."

이근혁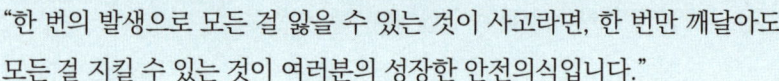

"한 번의 발생으로 모든 걸 잃을 수 있는 것이 사고라면, 한 번만 깨달아도 모든 걸 지킬 수 있는 것이 여러분의 성장한 안전의식입니다."

| 참고 문헌 |

신상영·김상균(2020). 신종 대형 도시재난과 전망과 정책 방향. 『정책리포트』. 제 301호. 서울연구원.

엄영호·엄광호·한승혜·최성열(2017). 한국의 대규모 복합피해 재난복구를 위한 방향성 연구: 동일본 대지진 이후 일본의 복구 전략을 중심으로. Crisisonomy, 13(8): 69-84.

✱ 찾아보기 ✱

가뭄 / 21
가스 안전 / 270
가스라이팅 예방 / 222
가정폭력 / 211
감염병 / 168
강풍 / 35
건강기능식품 안전 / 242
교량사고 / 115
교통사고 / 106
낙뢰 / 40
대설 / 47
데이트폭력 / 217
물놀이 안전사고 / 233
미래의 안전 전망 / 281
미세먼지 / 174
보이스피싱 예방 / 227
붕괴사고 / 125
생활화학제품과 살생물제 / 256
승강기 안전사고 / 156
식중독 / 238
아동 학대 / 203
안전디자인 / 179
어린이제품 안전사고 / 251
온열기 및 주방 안전 / 266
원전사고 / 130

재난 발생 추이와 생활 안전의 중요성 / 279
전기안전사고 / 261
조류 대발생(녹조와 적조) / 82
지진 / 72
지진해일 / 77
지하공간 안전사고 / 151
지하철 안전사고 / 120
초고층건물 화재 / 102
태풍 / 11
터널사고 / 111
테러 / 163
폭발사고 / 135
폭염 / 30
풍랑 / 54
학교안전 / 192
학교폭력 / 197
한파 / 58
항생제 내성 / 247
해외여행 안전 / 184
홍수 / 16
화산 / 87
화생방사고 / 146
화재 / 97
환경오염사고 / 140
황사 / 66

키워드로 보는
life and safety: everything you need to know
생활과 안전
* 저자 소개 *

류상일 *
충북대학교 일반대학원 행정학과 행정학박사(소방행정 및 재난행정)
고려대학교 일반대학원 북한학과 정책학 박사 과정(국가안보 및 통일정책)
현(現) 동의대학교 소방방재행정학과 교수
    외교부 재외국민보호위원회 위원
    소방청 정책자문위원
    국가직 및 지방직 5급, 7급, 9급 공무원시험 출제위원

양기근 *
경희대학교 행정학 박사
현(現) 원광대학교 소방행정학과 교수
    소방청 제3기 자체평가위원회 위원
전(前) 국가위기관리학회 회장(2018년)

채진 *
서울시립대학교 행정학 박사(재난관리)
현(現) 목원대학교 소방안전학부 교수
전(前) 소방청 중앙소방학교 전임교수

이달별 *
조지아텍대학교(Georgia Institute of Technology) 도시계획학 박사
현(現) 동의대학교 소방방재행정학과 교수
    국무조정실 4·16 세월호참사 피해자 지원 및 희생자 추모위원회 위원

황희영 *
고려대학교 행정학 박사
현(現) 동의대학교 행정정책학과 교수
    한국정책개발학회 편집위원장

엄영호 *
연세대학교 행정학 박사
현(現) 동의대학교 소방방재행정학과 교수
    기획재정부 공기업 경영평가단 위원
    소방청 소방간부후보생 선발시험 선정위원
    한국정책학회 연구이사

주성빈 *
동국대학교 경찰학 박사
현(現) 동의대학교 경찰행정학과 교수
    한국지방자치경찰학회 총무위원장

조민상 *
순천향대학교 경찰학 박사
현(現) 신라대학교 경찰행정학과 교수
전(前) 한국융합과학회 편집위원장

송유진 *
충북대학교 소비자학전공 생활과학박사
현(現) 충북대학교 소비자학과 교수
전(前) 충청북도 도정정책자문위원

김정숙 *
연세대학교 행정학 박사
현(現) 충북대학교 행정학과 교수
전(前) 한국지방행정연구원 재직(2019~2022)
    인천광역시 자치분권협의회 위원

손선화 *
연세대학교 행정학박사
현(現) 연세대 공공문제연구소 전문연구원

이근혁 *
경희대학교 행정학 박사 수료
현(現) 경희대학교 행정문제연구소 연구원

김선희 *
고려대학교 행정학 박사
현(現) 고려대학교 정부학연구소 연구원